香料共和國

從洋茴香到鬱金，打開A-Z的味覺秘語

約翰·歐康奈 John O'Connell ◎著　莊安祺 ◎譯

The Book of Spice
From Anise to Zedoary

「一盤辣椒，」蕾貝卡喘著氣說：「哦太好了！」她以為辣椒就如這個進口的名稱一樣，是很酷的玩意兒，現在這玩意兒就擺在她面前。「它們看來新鮮又翠綠，」她邊說，邊把一塊放進嘴裡。比咖哩辣，她的血肉之軀吃不消。她放下叉子，「水，老天爺，水！」她喊道。賽德利先生爆笑出聲（他是個粗人，在證券交易所工作，那裡的人喜歡惡作劇）。「它們都是貨真價實的印度貨，我向你保證，」他說：「森波，拿水給夏普小姐。」

　　—— 威廉·梅克比斯·薩克萊（William Makepeace Thackeray）

《浮華世界》（*Vanity Fair*, 1848）

推薦序
期待已久的香料故事

　　單看書名就興奮得想買100本到處送人，這是多有意思的廚房話題啊！食物與食材的遷徙，是世界各種族入侵與文化交流的證據。就像2004年維吉尼亞‧皮茲（Virginia Pitts）導演的短片Fleeting Beauty，印度女人在白種男友裸背上彩繪世界香料地圖，用10分鐘說完印度殖民血淚史，香艷刺激，卻飽含無法言喻的血脈疼痛。作者約翰‧歐康奈（John O'Connell）幼年吃過印象深刻的坦都里雞（Tandoori Chicken）正是印度常見的香料掛爐烤雞。

　　我喜歡在翻譯書籍時躲到陌生城市，在隔絕狀態下專注到作者情境裡。有一回去紐約，行前跟朋友約法三章，我負責煮飯，朋友負責買菜，在翻譯完工前，我絕不上街。未料一下飛機進門，看見地板上高高堆放了尚未拆封的套書，朋友說這是給我用的，一大套倫敦出版的世界食物源流史。我每次關上電腦進廚房，朋友就隨便抽出一本，翻開一頁隨手一指，我就要變出一道從未嘗試過的菜餚。

　　有時，我竟蹲坐在廚房地板上，忘記做飯。這套文字書，涵蓋世界食材與菜餚的轉變軌跡，完全沒有圖片，卻讓人讀得津津有味，自行醞釀出想像的畫面來。

　　譬如，巴比倫人用胡蘿蔔葉入菜，從不吃根莖，直到歐洲鬧

饑荒，才有了如今橫行全世界的營養蔬果，卻再也不吃香氣濃郁的葉子。於是，我在紐約蔬果店裡，經常買菜時大喊：「別動我的葉子！」菜販非常驚奇而好笑地說：「這能吃嗎？這裡多的是，都給你吧！」我只要我的。蘿蔔葉，無論白紅皆纖維過粗無法直接做菜，雖然香氣不同，都能用鹽軟化脫水後，切成細末，轉為最好的香菜，可以拌飯，也能取代蔥花烙蛋餅。若過多吃不完，還能整把掛在廚房裡晾乾，慢慢取用，泡水便能還原，也可以跟長得像洋蔥的大茴香（Fennel）一起煲湯，保證香濃清甜。

又如水果與海鮮入菜，是西班牙從加勒比海帶回歐洲的烹調方式，徹底改變了全球飲食的融合（fusion），等同一場烹飪革命。英國人從早午餐到上下午茶與宵夜，都有來自世界各地的點心影響，隨便一道菜，都能捕捉出錯綜複雜的典故來。

自從認識了食材歷史與地圖後，又進而對歐美超市滿牆任取的香料罐兒，產生極大的好奇。那一罐罐像小時候糖果店整齊排列的糖果罐，五彩繽紛又香氣迷人，簡直要把人看暈了，真想全部搬回家試試。就好像畫家進了顏料店，什麼顏色都在向你招手，全部擠在顏料盤上，才好愉快地動手塗鴉。

英國歷經大航海殖民時代，橫跨各大洲而受到多種族菜系影響，作者自幼在倫敦長大，對食物產生極大的好奇，既寫專欄且自己動手實踐，又研究世界烹飪史，信手捻來，說香料掌故，讓人看得食指大動，幻化出許多烹調的畫面來。

我常跟朋友說，食物的歷史與地圖可以讓人進廚房時，有參考的

趣味畫面,做飯有了樂趣,自然會引出自己的創意來,融合不就是這麼來的嗎?有了這本《香料共和國》,我相信你走入廚房時,將增添許多想像的調味料來。就像我在舊金山遇到的西班牙饕餮說的,每次吃到好東西,大廚總是說:「用想像力做出來的。」

許多人說英國人不重視吃,我卻非常羨慕作者住在倫敦,大航海帶給英國的餐桌革命,讓作者有了世界風貌的飲食經驗,對食材源流史如數家珍,說香料說得如此完整而趣味橫生,既能當字典又激發人對香料有更豐富的想像,尤其對香料陌生的台灣人來說,看完這本書,再靠近超市香料架,便有會心一笑的親切感了。

作家　陳念萱

那些「看不到」的，總是令人著迷

講到吃，那些「看不到」的，總是特別令人著迷：鼻尖繚繞的香氣、埋伏的味道、冷不防的回憶、意外得到的經驗、有趣的傳說和歷史故事⋯⋯

搬到義大利居住前，我不會做菜，認識的香料大抵一樣，就是黑胡椒。在台灣，吃東西方便，做菜的機會少，外頭餐館小攤子林立，豐儉由人；若偶爾想體驗廚藝之樂，卻又不願從頭做起，超市裡不少半成品，買回家輕鬆可以變出好菜，「五香蒸肉粉」就是這麼一樣美好小物。

不過到了歐洲，就不是這麼回事了：人在異鄉，肚腹有兩種挑戰，不但得適應新國度的飲食，還必須懂得在胃犯鄉愁時，想辦法用當地的食材來滿足。

有天，我想吃粉蒸排骨。想當然，在義大利根本買不到有濃濃五香味的蒸肉粉；窮則變、變則通，一陣研究下，我發現「五香」其實是八角、丁香、肉桂（或桂皮）、小茴香、花椒（或白胡椒）五種香料；計畫把這五種香料分別買齊，按比例調配，看是否能解決問題。饞念的驅使下來到這一步，卻赫然發現新挑戰：超市根本買不到這些香料。問了幾個廚師朋友該上哪買？大家一致給的答案竟然是「藥房」。

＊　＊　＊

家鄉「胃」照顧好了，還是不能喘息，因為適應新國度的飲食也讓我花了不少工夫。異地生活前幾年做靴子國料理，怎樣就是「少一味」：想做千層麵的白醬，買來麵粉、奶油、牛奶，依樣畫葫蘆做出來的白醬濃稠度夠、奶味有了，但肥軟潤滑的成品像件穿不挺的白襯衫，少了骨幹支撐，吃來煩膩。直到眼尖偷師，認真地觀察家裡的婆嬸姑嫂們怎麼做白醬，我才恍然大悟。

原來她們加了肉豆蔻！

這讓我大開眼界：來到義大利後，不但學到胡椒有黑白紅綠，而且每回看家裡的婆嬸姑嫂們做菜，都像使巫術一樣，總會加進一些我不認識的小粉末。快過年，我練習婆婆的手路菜，花一整個早上慢燉閹雞高湯，想在年菜桌上端出道地的閹雞高湯配義大利餛飩。但我的雞湯就是少了一味。

心有不甘，下樓問她，剛好老人家也在做同一道菜（光聞香氣就知道我的版本差了一大截）。把鼻尖伸進婆婆的大湯鍋，不死心追問，婆婆氣定神閒地撈出湯鍋裡的料讓我一一比對：閹雞整隻，check；紅蘿蔔，check；芹菜，check；帕馬乾酪磨盡剩的硬皮（是廚房裡的小撇步，但有學到），check；撈出的最後一樣，是煮軟的洋蔥，看了讓我失聲驚嘆：洋蔥上竟然插了丁香。「雞肉是溫的食物，補上熱的丁香，天冷時喝最好！」傻媳久久參不透的道理，婆婆說來竟然如此簡單，自然而然。

＊　＊　＊

　　的確，攤開中世紀的古老食譜，並不難發現當時的人很愛在食物裡添加香料。他們不僅迷戀那奇異神秘的香氣，更深深相信屬熱的香料可以幫助消化、平衡體內的涼寒。難怪義大利媽媽們做菜總是擅長用香料，而且把「好的廚師等於半個醫生」這句話常掛嘴上。這些見解，在《香料共和國》一書中得到印證，就用丁香做例子吧，書中提到它可以防牙痛、當麻醉藥、治療潰瘍發炎，還可以抑制口臭，被當作口氣清香劑！

　　中世紀的廚房裡繚繞不絕的除了香料迷人氣息，還多的是傳說與軼聞。我特別喜歡一本中世紀末期的食譜《論廚藝》（*Du Fai de Cuisine*），書寫的人，是義大利一個貴族世家的御廚齊夸（Chiquart）。這本書裡約有七成的食譜以香料入菜，齊夸更詳細描述了這個家族連兩天辦流水席的好菜：光是烤鰻魚的醬汁，就用了薑花、肉桂、非洲豆蔻、丁香、胡椒，香料種類不但多，用量更是豪邁，以現代味蕾的標準而言，這道辦桌大菜的滋味實在好難想像。不過，當時的富人猛吃香料，不是追求美味而是為了「面子」，另一樣看不見卻很迷人的東西。

＊　＊　＊

　　讀《香料共和國》這本書，讓十多年來居住在異地的我，好多問題瞬間豁然開朗：它不但將香料的前世今生娓娓道來（肉桂、胡椒、

11

番紅花、丁香……沒有一樣不具藥性），還清楚交代這些小東西如何串起世界的不同端點、促成交流。我止不住想像赴歐生活之初，若有這本書收在錦囊當法寶，不知會省了多少文化衝擊（還有肚腹的掙扎）？

　　喔，還忘了告訴你：英文中「香料」這個字，來自拉丁文 'speciēs' —— 字根源於 speciō「看見」；字尾 -iēs 專門用來指示抽象名詞 —— 現在你應了解，為什麼講到吃，那些「看不到」的，總是特別令人著迷！

飲食作家　楊馥如

目次

推薦序：期待已久的香料故事（陳念萱）＿5
推薦序：那些「看不到」的，總是令人著迷（楊馥如）＿9
導言＿19

A
印度藏茴香（Ajowan）＿48
多香果（Allspice）＿51
芒果粉（Amchur）＿59
歐白芷（Angelica）＿61
洋茴香（Anise）＿63
胭脂樹紅（Annatto，婀娜多）＿64
阿魏（Asafoetida）＿69
菩提香（Avens，水楊梅）＿73

B
黑胡椒（Black Pepper）＿76
藍葫蘆巴（Blue Fenugreek）＿87

C
菖蒲（Calamus）＿92
葛縷子（Caraway）＿94
小豆蔻（Cardamom）＿101
角豆（Carob，刺槐豆）＿106
桂皮（Cassia）＿109
芹菜子（Celery Seed）＿110
辣椒（Chilli Pepper）＿113

肉桂（Cinnamon）__ 124

丁香（Cloves）__ 135

芫荽（Coriander）__ 146

畢澄茄（Cubeb）__ 150

孜然（Cumin）__ 151

咖哩葉（Curry Leaf）__ 155

D　蒔蘿（Dill）__ 158

F　茴香（Fennel，大茴香）__ 162

葫蘆巴（Fenugreek）__ 168

G　南薑（Galangal，高良薑）__ 174

薑（Ginger）__ 179

天堂子（Grains of Paradise）__ 189

塞利姆胡椒（Grains of Selim）__ 195

H　辣根（Horseradish）__ 200

J　杜松（Juniper，歐刺柏）__ 204

L　甘草（Liquorice）__ 210

蓽茇（Long Pepper）__ 214

M　豆蔻皮（Mace）__ 216

馬哈利櫻桃（Mahlab）__ 217

薰陸香（Mastic）__ 219
木乃伊粉（Mummia）__ 223
芥末（Mustard）__ 231
沒藥（Myrrh）__ 239

N
黑種草（Nigella）__ 248
豆蔻（Nutmeg，肉豆蔻）__ 253

O
鳶尾草（Orris，香根鳶尾）__ 267

P
紅椒粉（Paprika，匈牙利紅椒）__ 270
粉紅胡椒子（Pink Peppercorns）__ 272
罌粟子（Poppy Seed）__ 273

Q
蘇利南苦木（Quassia）__ 280

S
番紅花（Saffron）__ 282
山椒（Sansho）__ 293
芝麻（Sesame Seed）__ 294
羅盤草（Silphium）__ 301
匙葉甘松（Spikenard）__ 309
八角（Star Anise）__ 310
鹽膚木（Sumac）__ 314
花椒（Szechuan Pepper）__ 318

T
羅望子（Tamarind，酸豆）__ 322

薑黃（Turmeric）__ 327

V 香草（Vanilla）__ 330

W 苦艾（Wormwood，中亞苦蒿）__ 340

Z 鬱金（Zedoary）__ 348

混合香料總覽__ 353
阿德魏（Advieh）__ 353
蘋果派混合香料（Apple Pie Mix）__ 354
巴哈拉特（Baharat，阿拉伯混合香料）__ 355
柏柏爾（Berbere）__ 355
比札阿舒瓦（Bizar a'shuwa，阿曼混合香料）__ 356
肯瓊（Cajun，卡疆）__ 356
卡薩里普（Cassareep）__ 357
恰馬薩拉（Char Masala）__ 357
摩洛哥青醬（Chermoula）__ 357
中國五香粉（Chinese Five-Spice Powder）__ 358
咖哩粉（Curry Powder）__ 358
杜卡（Dukkah或Duqqa）__ 364
芝麻鹽（Gomashio）__ 365
綠咖哩醬（Green Curry Paste）__ 365
哈里薩辣醬（Harissa）__ 366
哈瓦傑（Hawaij）__ 367
庫姆里蘇內利（Khmeli Suneli）__ 368
苦椒醬（Kochujang或Gochujang）__ 368
拉卡馬（La Kama）__ 368
馬來西亞混合香料（Malaysian Spice Mix）__ 369
馬薩拉（Masala）__ 369
瑪莎曼咖哩（Massaman）__ 370

米特米塔（Mitmita）___370

英式混合香料（Mixed Spice）___370

五味混合香料（Panch Phoran）___371

大蒜辣椒醬（Pilpelchuma 或 Filfel Chuma）___371

法式四香料（Quatre-Épices）___371

哈斯哈努特（Ras El Hanout）___372

紅咖哩醬（Red Curry Paste）___373

桑巴粉（Sambar Powder）___373

日式七味粉（Shichimi-Togarashi）___373

塔比爾（Tabil）___374

塔克利亞（Taklia）___374

塞爾（Tsire）___374

札塔（Za'atar）___374

蘇胡克（Zhug 或 Zhoug）___375

註釋___377

致謝___393

導言

　　我頭一次品嚐辛辣食物的記憶，迄今還歷歷如繪。當時我大約9或10歲，媽媽、姐姐和我到倫敦去看雪蘭阿姨，她是非常虔誠的愛爾蘭天主教信徒，住在馬里波恩（Marylebone，倫敦西北區）的小公寓，房子要是留到現在，一定能賣到好價錢。雪蘭阿姨並不是我的親阿姨，而是我媽的老朋友，我們小孩都為她著迷，因為她說曾有天使在夜裡來看她。（她說天使有「你這輩子所見到最美麗的臉龐」，還有一頭金色的鬢髮，就如天使該有的模樣那樣，對著她微笑。）

　　我們到海德公園野餐，在躺椅和慢跑人士之間舖上大毛巾，上面放滿了印著瑪莎百貨（Marks & Spencer）專屬「聖麥可」（St Michael）*品牌的綠色袋子，有鬆軟的白餐包和薯片，以及一瓶瓶的檸檬水，一盒盒白色的沙拉，包心菜和柑橘漂浮其間。有焦糖甜點——液態的焦糖布丁，上面摻了一坨坨奶油，還有塗了艷紅色塗料的雞腿，黏呼呼，聞起來是怪怪的優格味道。

　　「呃，」我由塑膠盤裡撈出一隻腿來，問：「這天殺的是什麼？」

　　「這是坦都里雞，」我媽答道：「大老遠由印度的坦都來的。」她湊過來雖小聲卻嚴厲地吩咐：「不要在雪蘭阿姨面前說『天殺

譯註
* 瑪莎百貨只賣此種牌子的包裝食品。

的』。」

　　我一口咬下雞肉，甘美多汁，是我畢生吃過最美味的食物，坦都的人怎麼那麼厲害，能發明這樣好吃的菜！那帶著乳脂的酸味，那帶著一絲檸檬香的溫和胡椒味……且慢，那其他的味道是什麼？隨著我的唾液分布到我口腔內部的味道？

　　只有一個詞可以形容，是我以前從來都用不到的詞：辛辣。

　　那是1981、或許是82年 —— 就在幾年前，瑪莎百貨產品開發部一位凱西・查普曼（Cathy Chapman）小姐才引進了一系列高品質的冷凍包裝食品，徹底改變了英國零售食品的風貌。頭一種就是基輔雞捲（chicken kiev），1979年一推出就風靡市場。不久她又推出一種提卡馬薩拉烤雞咖哩（chicken tikka masala），冠以「全英國最愛的美食」之名，乘勝追擊。（瑪莎百貨的坦都里雞腿很可能也是查普曼的點子）。

　　業界都把提卡馬薩拉烤雞咖哩簡稱為CTM，這應該是英國的發明。廚師阿莫德・阿斯拉姆・阿里（Ahmed Aslam Ali）的兒子說，他父親於1970年代初在格拉斯哥經營什希馬哈勒（Shish Mahal）餐廳，有顧客抱怨說他的坦都里雞（我們現在才知道，原來「坦都里」是指煮雞的泥窯，而不是地名）「有點乾」。阿里的解決辦法是開一罐湯廚（Campbell's）番茄湯，加點印度特有的綜合香料格蘭馬薩拉（garam masala）、一點乳脂，然後倒在雞肉上。那滋味怎一個「讚」字得了。

　　這故事很精彩，精彩到2001年的外交大臣羅賓・庫克（Robin

Cook）都引用它，在社會市場基金會（Social Market Foundation）發表了一篇知名的演講，讚美多元文化。庫克稱CTM「徹底說明了不列顛如何吸收和適應外來的影響」。他說：「提卡烤雞原是印度菜，但為了滿足英國人喜歡肉浸在汁裡的口味，所以加上馬薩拉醬汁。」

這話可以說對，也可以說不對。印度食物史學者目前的看法是，這道菜絕非有些人批評的「不道地」，而是混合了奶油雞（murgh makhani）的作法，至於奶油雞，則是在1947年印巴分治之後，由新德里的莫蒂瑪哈勒（Moti Mahal）餐廳發明（或至少發揚光大）。而且如果要談淋肉汁的肉，還可以回溯到老早老早以前，古代的美索不達米亞，如今屬伊拉克所有，底格里斯河和幼發拉底河之間的土地，可以證明這種烹飪方式絕非英國人獨喜。

法國的亞述文化專家尚‧布泰羅（Jean Bottéro）解譯出三塊破黏土板上約西元前1700年美索不達米亞地區使用的阿卡德（Akkadian）文字，他發現這其中不但有舉世現存最古老的食譜，而且這些食譜十分複雜，證明了當時已有科學根據的烹飪方法，讓原本以為當時人類只會把豆類煮成一團爛糊的他和同僚大吃一驚。他收集整理這些食譜，出了《舉世最古老的料理：美索不達米亞的烹飪》（*The Oldest Cuisine in the World: Cooking in Mesopotamia*, 2004）一書，其中就包括原始的咖哩菜餚，羊、山羊、鴿子、公鹿和鷸鴣等肉類用火炙燒至焦黃，然後浸在油膩的香料肉湯裡煮。作家兼美食部落格主蘿拉‧凱利〔Laura Kelley，又名絲路美食家（The Silk Road Gourmet）〕，就以布泰羅的書為本，自行研究，結論是美索不達米亞南部的蘇美人可能已

會運用各種香料，包括肉桂、甘草、角豆、蒔蘿子、杜松、鹽膚木、孜然，和阿魏。

　　我想要說明很簡單而且本書也會不斷印證的一點：飲食習慣的改變並不是一板一眼循序漸進，沒有人想要、而且也不能夠監督管理，這些改變是出於意外，尤其是來自同化。兒時吃坦都里雞的驚艷印象，對我日後30年的味蕾產生了作用，經由蜿蜒的味覺幽徑網路，影響我的烹飪和我想吃的食物。簡言之，它讓我愛上了辛香的食物。

　　自1970年代以來，結合不同飲食傳統元素的「融合」菜色大行其道，但老實說，除此之外，還可能有其他的選擇嗎？

　　比如在許多非印度人眼裡，莫格來（Mughlai）菜就是「正宗印度食物的同義詞」[1]，但其實它是綜合北印、中亞和波斯的菜系，是侵略的紀念。同樣地，凡上印度咖哩餐廳必嚐的酸咖哩文達盧（vindaloo，用大蒜、酒、醋等配料製作的肉類咖哩）* 則是來自於葡萄牙的傳統菜酒蒜燉肉（carne de vinha d'alhos），是葡萄牙殖民印度果阿（Goa）而傳入的口味。在馬來西亞的瑪瑪（Mamak）飲食 —— 泰米爾裔穆斯林所吃的食物中，莫格來菜系的科瑪（korma，一種烹飪方式，指用香料與優格醃過，並且加上奶汁與堅果的慢燉食物）菜和其他地方不同，添加了椰奶，並以八角調味。南亞民族古吉拉特人離開印度西岸，前往肯亞和烏干達時，也讓他們的飲食融入了當地的烹飪。出了十餘本食譜的印裔知名女星瑪德赫‧傑佛瑞（Madhur Jaffrey）精準地描寫道：

---

* 參考http://magazine.chinatimes.com/ctweekly/20140911005245-300106

肯亞－印度家庭可能會今天吃葡萄牙風味的霹靂霹靂（peri-peri）蝴蝶蝦——用非洲霹靂椒（bird's-eye chillies，雀眼椒）、大蒜、孜然和檸檬汁或醋調製的大蝦，明天又吃綠香菜雞、芥末子燒玉米，和穆斯林常吃的綠豆蔻高湯煮肉和米製成的燉飯。[2]

　　有時毫無共同點的飲食文化會採用同樣的香料，比如在耶路撒冷，猶太人和阿拉伯人為了經典混合香料札塔（za'atar，盛行於北非和土耳其的中東綜合香料，有白芝麻、鹽膚木、百里香、奧勒岡葉和海鹽）的起源而爭論不休，但如英國名廚約登・奧托倫吉（Yotam Ottolenghi，以色列人，與塔米米在倫敦跨越族裔與政治，合開以巴餐廳）[*]和山米・塔米米（Sami Tamimi，巴勒斯坦人）指出的，以巴的飲食文化已經「碾碎融合，不可能拆散，它們時時互動，彼此不斷影響，因此再也沒有純粹可言。」[3]

　　食物一如語言：不斷的變動是常態，想要以嚴格的規則分門別類是不可能的，因為在現實世界裡，食譜就是以偶然而不經意的方式四處傳播。

　　當然，跨國旅遊、移民，和網路的盛行，使這個過程更如火如荼展開。比如上週我想要把剩下的一些梅子用掉，因此翻閱國家信託協會（National Trust）出的食譜，決定做一道中世紀晚期的古法燉羊肉。我讀了食譜，覺得如果用爪哇的畢澄茄或非洲的馬拉奎塔胡椒（melegueta pepper，天堂子）取代黑胡椒，滋味會更好，可是我去本

---

[*] 參考 http://orientaldaily.on.cc/cnt/china_world/20130121/00180_048.html

地的森寶利（Sainsbury's，英國第二大連鎖超市）卻找不到 —— 真教人意外！可是到倫敦南區非洲－加勒比海裔社區中心的布瑞斯通市集（Brixton Market），卻得來全不費工夫，而且就算找不到，網購也一定很簡單。

布泰羅說，所有的社會都會發展出「常規和儀式，甚至可能醞釀出神話，規範食物的使用，讓食物除了食用之外，還有另外的價值。」[4]讀一讀社會史學家桃樂西・哈特利（Dorothy Hartley）的精彩之作《英格蘭食物》（*Food in England*, 1954），就會明白這個國家從前也有許多這樣的儀式，比如認定牲畜必須在「月缺時期」宰殺，或是認定如果海綿手指餅乾凸出表面，雞蛋和檸檬果凍就會腐壞。到了我成長的1980年代，這樣的儀式依舊存在，不過和烹飪不再有關係，而是和品牌、包裝和便利息息相關 —— 延續1953年美國史文森（Swanson）公司推出冷凍電視餐以來的趨勢。

每逢週日，我們全家總會一起聚餐，不過平常日子卻捧著電視餐對著電視。我贊同美食作家羅絲・普林斯（Rose Prince）的說法：「準備晚餐和擺設杯盤的儀式就是快樂」[5]，可是我剛離婚的母親卻不作如是想，她得全職工作，晚上回家已毫無烹飪的心力。在英國廚藝作家與評論者奈吉爾・史雷特（Nigel Slater）2003年的回憶錄《土司：敬美味人生》（*Toast*）中，我看到她的身影 ——「只會加熱冷凍豬排青豆餐」，覺得烹飪「是嚴厲的考驗」[6]。我們吃了很多現成的基輔雞餐（不過不是瑪莎百貨的 —— 太貴了）還有微波的奶油培根義大利麵。

我們所不吃的是辛辣食物——坦都里雞腿例外。我們家位於什羅普郡（Shropshire）和史丹佛郡（Staffordshire）交界附近的小村莊洛格海茲（Loggerheads），離德雷頓市場（Market Drayton） 4 英哩，穆勒乳品公司（Müller Fruit Corners）所在地，對面就是一家中國菜館安布羅西亞（Ambrosia）。好不好吃？不知道，因為我們從沒去過，就算我們吃得起也不會去。在我童年時期，中下階層白人夢想的美食一定是義大利而非印度、中國，或東南亞的菜色。（至於非洲，多年來我受援助非洲行動的影響，一直以為那裡是「不毛之地」，其食物就是空投稻米。）

我們家用橄欖油當沙拉醬，還用馬克杯喝了不少濃縮咖啡強度的義大利 Lavazza 咖啡，就連還是兒童的我也不例外，這說明了許多事情。我們雖有香料調味架，卻從沒有用過那些灰撲撲的香料罐，它們只是放在那裡，在燦爛的夏陽光輝之下蒙塵，任其內容物變味失色。

一直到我大學畢業，搬到倫敦，在文化娛樂活動預告雜誌《出遊時光》（Time Out）工作，才知道除了超市的冷凍咖哩雞外，還有許多辛香料食物。我記得自己捧著《出遊時光》出版的《年度餐飲指南》——厚厚一大本倫敦最佳餐廳的指南，為所有的分類和次分類目眩神迷，為它寫稿教人不由得暗自興奮，彷彿在延展浩瀚的城市知識寶典。誰會知道天底下有形形色色這麼多種類的美食，而單單一個都市就能收納它們全部？

在印度喀拉拉邦出生長大的達斯・史瑞哈蘭（Das Sreedharan）[*] 開了喀拉拉菜連鎖餐廳拉薩（Rasa），總部設在倫敦市西北斯多克紐

---

* 他和餐廳的介紹，參考 http://www.rasarestaurants.com/UserPages/ViewAboutDas.aspx

溫頓（Stoke Newington）區，該餐廳分店在我們辦公室附近的夏洛特街開張時，同事成群結隊，興奮莫名地去嚐鮮（可惜這家分店在2012年停業了），而就算中國城的食物品質並非全都頂尖，但當你突然想飲茶時，只要走5分鐘到拐角就可如願，依舊教人欣喜。

如今我烹飪國際化的程度，遠非12歲當年還在吃雀目牌（Birds Eye）冷凍牛排時所能想像，我幾乎天天都用香料，而且竭盡所能，盡情發揮。然而就算只是單純的用法，效果也可能同樣精彩。我最愛的一道食譜是我所用過的第一道「咖哩」食譜——史雷特《30分鐘廚師》（*The 30-Minute Cook*, 1994）中的速簡咖哩羊肉，這是我當年為慶祝自己遷來倫敦所買的食譜，如今在孩子們很晚才上床、我沒多少時間煮自己的晚餐時，發揮了大作用。我衷心推薦這本食譜。

史雷特讓我有了做實驗的信心，由速簡咖哩羊肉開始，香料很快就成為我日常烹調不可或缺的一環：用薑汁糖漿和多香果淋在地瓜上；用哈里薩辣醬（harissa，一種突尼西亞辣醬）和乾果填塞雞腹；烘焙番紅花康瓦爾圓麵包、香料十字小麵包和孜然麵包。幾乎沒有食物不能用香料畫龍點睛，不過我的孩子可能會告訴你，在炸魚條上撒匈牙利紅椒粉，也未免太過分了。

* * *

如今我們把香料視為理所當然，處處可見，而且賤如塵土，但其實香料可說是自古以來最重要的商品——比石油和黃金都還重要。歷史曾把它們視為聖物，儘管就飲食的本質來說，它們根本並非必要。

從沒有人因為缺乏香料而死，但卻有成千上萬的人，包括掠奪者和受害者為它而死。因為控制豆蔻、肉桂、丁香和黑胡椒等重要香料交易而產生的私欲，使歐洲的商業強權犯下許多和目前在中東動盪地區所見相似的暴行。

然而，要是沒有香料貿易帶來的財富，恐怕根本不會發生文藝復興。大仲馬在描寫威尼斯時，把這點說得十分透徹：「在香料刺激造成的興奮影響之下，智能的表現達到高峰。提香的畫作是否香料的功勞？我忍不住要這麼想。」[7]（十五世紀末時，威尼斯每年由亞歷山卓進口50萬公斤的胡椒，不過後來數百年，鄂圖曼帝國限制威尼斯與敘利亞和埃及的交易，香料對威尼斯繁榮的重要性就降低了。）

所有重要的探險告訴我們世界是怎麼構成的，由故事書中傳奇人物如哥倫布（在西班牙君主贊助下4度橫渡大西洋的義大利人）、葡萄牙探險家瓦斯科·達伽馬（Vasco da Gama，史上第一位由歐洲航海到印度的人）和同為葡萄牙人的麥哲倫（他航行至東印度群島，完成地球史上第一次環球航行），全都免不了出於貪婪，想要找出香料生長的地方，省掉掮客——那些在威尼斯和君士坦丁堡販售香料的阿拉伯和腓尼基商人們。

在達伽馬之前，香料沿著各種商隊路徑來到歐洲，不是越過中東，就是繞著紅海來到埃及，並沒有獨一無二的「香料路徑」。它們的起源是印度、斯里蘭卡、中國和印尼。有些香料，比如豆蔻和丁香，生在遙遠而狹小的島上，地圖上沒有標記〔豆蔻產於西太平洋的班達群島（the Bandas）；丁香則生在摩鹿加群島（Moluccas Islands，

今Maluku，馬魯古）〕，只能由這些島上取得。然而一旦建立了海上航路，填滿了地圖上的空白之後，香料就由歐洲直接掌握，各國也成立了龐大的企業，如英國的東印度公司和荷蘭的聯合東印度公司（Vereenigde Oostindische Compagnie，簡稱VOC）負責香料的交易，並統治香料植物生長的土地。然而當香料開始在非原生地培養種植之後，這些大企業的壟斷也就瓦解。

不過或許在進一步往下讀之前，我們該先為我們的詞彙下個定義。究竟香料是什麼？英文spice這個字源自拉丁文specie，意思是「種類、類別、類型」，和special（特別）、especially（尤其）和species（物種）同樣的字根。在我看來，此字最佳的現代定義是史學家傑克·特納（Jack Turner）在《香料傳奇》（*Spice: The History of a Temptation*）一書中所說的：「廣義來說，香料並非香草植物，香草是公認有香味草本植物的綠色部份，香草植物有葉子，而香料卻是由植物其他部位取得的：樹皮、根、花苞、樹膠和樹脂、種子、果實，或花柱的柱頭。」[8]但另一位在香料界鑽研多年的權威，美國作家菲德列克·羅森嘉頓（Frederic Rosengarten）則主張：「很難分辨香料和香草植物，因為烹飪用的香草植物其實就是一組香料。」[9]

雖然我對羅森嘉頓之說不敢苟同，但各位可以看出他的立論由何而來。如果採用他的看法，那麼像龍蒿（tarragon）這種香草植物的八角氣味就應算是香料而非藥草。而且在香料的價格還未普及到一般家庭能使用之前，一般人是用根本不屬於香草植物的辛香植物如蓍草（bloodwort）、琉璃苣（borage）、地錢（liverwort）、菊蒿（tansy）

和鳳仙花（patience），來創造香料的效果。

此外，我也不確定鼠尾草（Salvia hispanica，薄荷屬的開花植物）的種子奇亞子（chia）算不算香料，雖然它符合特納的標準（是一種種子），又因為富含 ω-3脂肪酸、纖維素、抗氧化物和礦物質，因此被大家當成超級食物，但它本身既沒有什麼味道，就我所知也很少用在烹飪上，我想可以因它的醫藥功能把它收進來，但我沒有 —— 儘管值得一提的是，香料原本就是有益健康的超級食物。

香料的故事是屬於全球的，一路走來，在印尼、馬來西亞、斯里蘭卡、印度、埃及、伊朗、伊拉克、中國、俄羅斯和馬達加斯加都有站要停，但也不要忘記新世界的南北美洲、北歐、中歐和東歐，以及英國。德高望重的食物史學者安德魯・道比（Andrew Dalby）認為這也影響香料的定義：香料是「生在遙遠的地方，經由長距離的貿易而得，並且有獨特的香氣」[10]；是「來自單一有限地區的天然產物，需求殷切，價格高昂，人們為其風味和香氣所願付的價錢，遠超過原產地的價格」[11]。大多時候，尤其是古代，香料常作為藥用，而非為添加食物的風味，也用在塗油儀式，或者當香水和化妝品。但道比也指出，食物和藥物之間的區隔往往很模糊。

結果演變成，在中世紀，「香料」往往是指昂貴的進口物品，因此除了肉桂、豆蔻、黑胡椒之外，這個詞還包括了杏仁、柳橙、龍涎香（抹香鯨消化系統所分泌的蠟狀物質，用來製造香水）和各種染料、油膏、醫藥物質，如作為藥用的木乃伊屍體，或者由亞歷山卓的煙囪刮下來的屑屑，製成膏藥，用來敷在皮膚膿瘡上。如今我們認為

香料可食，而像乳香（frankincense）和甘松香（spikenard），則是不可食的芳療藥物，但其實從前卻把這些「可食」的香料當作焚燒用香：據說羅馬暴君尼祿在第二任妻子死亡之時，就把全城的肉桂都付之一炬。

沃爾夫岡‧施菲爾布許（Wolfgang Schivelbusch）在他的「香料、刺激物和麻醉品的社會史」（注意，他把這些東西歸為一類）《味覺樂園》（*Tastes of Paradise*, 1979），自創了一個類別Genussmittel，意即「娛樂品」，指吃喝或吸入體內以提供感官的喜悅滿足，而非只出於需要而攝取的物質。這種分類法把香料和茶、咖啡及糖，以及酒精、鴉片和古柯鹼都列為同類。（經過再三思量，雖然比起奇亞子來，納入茶、咖啡和糖頗有道理，但我還是決定不納入本書。它們有浩瀚的內容，值得專書介紹，列入書中會使主題失衡）。

在歐洲，香料入菜在中世紀達到巔峰。在此首先要消除一個以訛傳訛的說法是：當時的人用香料作防腐之用，用來掩蓋腐臭食物的味道。如果是為了這樣的目的，還有其他許多方法和材料可用，價錢也不到一半高昂。其實香料在當時是身分地位的象徵，是奢侈精緻的極致，讓使用者自覺高人一等，彷彿他們參與了神奇稀罕的事物，卻只能意會，難以言傳。

對於香料應用多廣的問題，大家的說法莫衷一是，程度可能超乎你的想像。施菲爾布許的說法恐怕有點誇張，他說中世紀的食物「只不過是使用調味品的工具，而這些調味品的組合，在今天看來一定會覺得很奇特」[12]，而且顯然較低階級的人，在如牛奶麥片粥等日常飲

食上用不起香料，可能唯有自家栽種不用花錢的芥末例外。不過上流人物當然會在烹飪中用香料，何況自盎格魯－撒克遜時代以來，就常以肉桂和豆蔻加入啤酒和葡萄酒調味。

中世紀已經可以買到現成的混合香料，最常見的是「白粉」（blanch powder，顏色淺白，由薑、肉桂和糖調製而成）、「濃粉」（powder fort，辣味，主要是薑和各種胡椒）和「甜粉」（powder douce，味如其名，味道較甜，十四世紀烹飪書《巴黎好媳婦》（Le Menagier de Paris）的作者說，它含有薑、肉桂、豆蔻、南薑、糖、天堂子）。

由諾福克（Norfolk）上流社會帕司頓家族（the Pastons）1422至1509年的信函史料裡，我們知道瑪格麗特・帕司頓（Margaret Paston）常派另一半到倫敦採買她在當地買不到的商品，其中就包括由義大利熱那亞來的香料、無花果和糖漿，其中糖漿是當時新流行作為藥用。她在一封信中要在倫敦的兒子告訴她黑胡椒、天堂子、丁香、豆蔻皮、薑、肉桂、米、番紅花和南薑的價格，「如果倫敦比這裡便宜，我就寄錢給你幫我採購。」[13]

1452-53年間，白金漢公爵（Duke of Buckingham）每天都幾乎用2磅香料，但這絕非正常的做法。至少有一位食物史學者認為，比較可能的作風是：貯存大量的香料「準備作特製餐點，而非日常調味之用」[14]。

就像在古波斯一樣，中世紀的歐洲是在大餐宴席上才會用到香料。理查二世御廚留下的《烹飪大全》（Forme of Cury，約1390年）

食譜中，可以看到有些香料菜餚是在餐末當儀式送上來，搭配稱作希波克拉斯（hippocras）的香料葡萄酒。如番紅花等香料也讓食物「鍍金」（endoring），使它們顏色鮮艷，光彩奪目，強調了廚師畫龍點睛的功力，不過「鍍金」這個方法其實是源自阿拉伯中世紀的傳說，認為食用金箔可延年益壽。

中世紀調製食物十分講究：一隻閹雞可能配白醬，另一隻則配黃醬。檀香精華可創造逗人食慾的紅；歐芹（parsley，或稱荷蘭芹、洋芫荽、洋香菜、巴西利和酸模（sorrel）則會使菜餚變綠。有一種很流行的駝色醬汁是採用亞麻薺（cameline），十三世紀法國烹飪書《塔伊旺的肉類食譜》（*Le Viandier de Taillevent*）中列出其作法：

> 亞麻薺：製作亞麻薺醬汁，把薑、大量的肉桂、丁香、天堂子、豆蔻皮，也可加一點蓽芨（long pepper，又名長胡椒），全部磨碎；把浸了醋的麵包瀝乾，然後全部混合在一起，加鹽調味。[15]

《中世紀廚房》（*The Medieval Kitchen*，1998）一書的幾位作者寫道：「追根究柢，中世紀的廚師是煉金術士，只是他追求的不是黃金，而是色彩。」[16]而且中世紀對香料的狂熱並非歐洲獨有的現象：十四世紀初，蒙古帝國的御廚在大都（北京）烹飪時就用了24種不同的香料。

大部份的食物史學家都主張，阿拉伯飲食對歐洲中上階層的烹

調方式影響深遠，羅森嘉頓就認為十字軍東征刺激了貿易，使得從聖地來的進口商品「空前豐富」：「椰棗、無花果、葡萄乾、杏仁、檸檬、柳橙、糖、米，和形形色色的東方香料，包括胡椒、豆蔻、丁香和綠豆蔻」[17]。但也有人提出異議，克利佛德‧萊特（Clifford A. Wright）認為：「十字軍對西方歐洲飲食並無影響」，因為「義大利商人當時已主宰東方，伊斯蘭政權也掌控西班牙和西西里，因此早就發生了文化接觸。」[18]

＊　＊　＊

當然，在中世紀和地理大發現之前，就已經有香料的故事，或者該說「諸多」香料的故事。

各位想先聽哪一個故事？創世紀37:18-36約瑟的故事如何？這個故事曾被改編為音樂劇《約瑟的神奇彩衣》（*Joseph and the Amazing Technicolor Dreamcoat*），說約瑟被嫉妒他的哥哥賣給一群由基列來，用駱駝馱著香料、乳香、沒藥的以實瑪利商人，往埃及而去。還是想聽先知穆罕默德的故事？他的第一任妻子哈蒂嘉（Kadijah）是香料商人的遺孀，他自己也經商有道，後來才獲得《古蘭經》的啟示。又或者嚐百草的神農，傳說他生下來才3天就會說話，1週就能走路，3歲就識農事。他不厭其煩的研究植物的特性，親嚐了365種藥草，即使差點致命亦在所不惜：他吃了一種野草的黃花，腸子斷裂，來不及喝解藥就死亡。

或許最教人心曠神怡的故事，是中世紀歐洲關於香料由何而來

的傳說，這些故事由阿拉伯人和腓尼基人流傳而來，用意是要保守香料真實來源地點的商業秘密。這段時期的文學作品孜孜不倦地把香料和世外桃源結合在一起，比如十三世紀法國宮廷詩歌〈玫瑰傳奇〉（Roman de la Rose）中所描寫芳香四溢的秘密花園。英國大詩人喬叟（Chaucer）的翻譯如下：

> 另外還有許多香料，
> 如丁香和甘草，
> 薑和天堂子，
> 肉桂和鬱金，
> 還有其他美好的香料
> 可在上桌時享用。

在愛爾蘭佚名詩〈柯坎樂土〉（The Land of Cockayne，約1330年）中的諷刺烏托邦中，烤豬背上插著刀子以加快切肉的過程，同樣也可看到豐富的香料：

> 草地中央有棵樹，
> 看來賞心悅目，
> 根是薑與南薑，
> 嫩芽是鬱金，
> 花是豆蔻皮，非常美，

樹皮則是肉桂味，

果實是丁香，其味舉世無雙，

也不會缺少畢澄茄。

　　有人認為香料是由伊甸園的河水沖下來的漂流物。在赫里福德大教堂所收藏約繪於1300年的世界地圖「赫里福德地圖」（Hereford Map）上，伊甸園位於東方亞洲，而《世界及其人種描繪》（*Expositio totius mundi et gentium*）這份地質調查的佚名作者說，住在那裡的人是一種叫作甘馬（Camarines）的民族，他們「以野蜂蜜、胡椒和天降甘露為食」[19]。

　　傳說中，住在香料天地裡的還有其他像人一樣的生物：生有狗頭的犬頭人（Cynophali）；臉長在胸上的無頭族（Blemmyae）；和光用一隻大腳跳來跳去的遮陽腳（Sciopods）：「夏天一到，他們就躺在地上，用大腳遮蔭。」

　　這些故事有許多都被搜羅在約翰・曼德維爾爵士（Sir John Mandeville）的《奇幻旅遊記》（*Itinerarium*）裡，據說這故事的主角是聖奧爾本斯（St Albans）的英格蘭騎士，但作者卻是比利時的僧侶貞・德・朗格（Jan de Langhe）。儘管這本旅遊記的故事全是由中世紀後期義大利探險家鄂多利克・波代諾內（Odoric of Pordenone）等來源收集而來的無稽之談，卻被哥倫布當作參考，可是十分諷刺的是，它卻引導歐洲人發現了辣椒、香草和胭脂樹紅等新世界的香料。

　　歷史學者查爾斯・孔恩（Charles Corn）寫道，香料喚起了「即

使不算神話也可說是傳奇的連續事件，是扎根於古代的故事」[20]。中國和阿拉伯商人在西元六、七世紀時就已經在摩鹿加群島做起香料生意；在印度河流域文明挖掘出的遺物也發現，早在西元前3300-1300之間，人類就已經會使用香料：在印度北部哈里亞納邦古城法瑪納（Farmana）的磁器，和葬在當地的骨骸齒縫中，都有薑和薑黃的遺跡。

我在後文中會一再提到《愛柏斯紙草紀事》（*Papyrus Ebers*），這是古埃及的醫學指南，應該是寫於西元前1550年，於1874年被德國著名的埃及古物學家喬治‧愛柏斯（Georg Ebers）發現，故以其名為名。書中有許多外科手術技術和藥物的資料，並且載明如洋茴香、芫荽子和葫蘆巴都是極重要的古埃及藥物。（其中有一種治腹痛的療法，是調和牛奶、鵝油和孜然服用，看來滋味不錯！）

羅馬食譜書《烹飪技法》（*De re coquinaria*）中，列了許多充滿異國風味，手法澎湃的食譜，此書據說是美食家阿皮基烏斯（Marcus Gavius Apicius）的傑作，不過可能是誤傳。食譜裡大量使用香料，尤其是黑胡椒和蓽茇，是羅馬人由印度馬拉巴（Malabar）海岸直接取得。時間約在西元前30年，羅馬消滅了埃及艷后的托勒密王國之後，派船由紅海赴印度，趁7月藉季風之便出航，11月回航。

＊　＊　＊

雖然本書對香料的醫藥價值只能作籠統的摘要，不過不論在治療特殊疾病，或者恢復失衡的身體平衡兩方面，其作用都值得一

提，尤其是因為這還能讓我介紹如普林尼（Pliny）、泰奧弗拉斯托斯（Theophrastus）、迪奧科里斯（Pedanius Dioscorides）和約翰·傑勒德（John Gerard，約1545-1612）等人，解釋他們為什麼舉足輕重，以及書中為什麼多次提到他們。

根據體液醫學（humoral medicine）的說法，健康是由四種體液平衡而來：血液、黏液（phlegm）、黃膽汁（choler）和黑膽汁（black bile），這些體液的性質分別是冷、熱、濕或乾。由古希臘醫師希波克拉底（Hippocrates）一直到西元二世紀的蓋倫（Galen）以降，也都採用呼應這個理論的語言文字，用phlegmatic（冷靜）、bilious（脾氣壞）、choleric（暴躁易怒）和melancholy（憂鬱）等字彙來描述個性的特徵。〔印度傳統醫學阿育吠陀也主張健康來自三種體質的平衡：風（Vata）、火（Pitta）和土（Kapha）。〕

不同的香料會對體液產生不同的影響，而每個人體液的組成各不相同。像黑胡椒這樣又辣又乾的香料就能抵消濕、寒飲食的不良效果。厚重的藥物學論著列出了各種藥物的特性和評比，其中很多都是香料。最知名的藥典是隸屬於羅馬皇帝尼祿軍隊的希臘外科醫師迪奧科里斯（約西元40-90）所著的五大鉅冊《藥物誌》（De materia medica，約西元50-70）。書裡列出了600種植物（也有一些動物和礦物），以及衍生而來的上千種藥物。不可思議的是，這一套書可能因為寫作風格簡明而理性之故，一直到十九世紀都被當成重要的藥理學書籍。

迪奧科里斯之前，則有泰奧弗拉斯托斯（約西元前371-287），

他生於萊斯沃斯（Lesbos）島，是亞里斯多德的學生，亞里斯多德死後把他的藏書送給泰奧弗拉斯托斯，後者也取代了老師，成為呂克昂（Lyceum）學園的領導人。泰奧弗拉斯托斯被奉為現代植物學之父，他寫了兩本植物論文集《植物誌》（*On the Causes of Plants*）和《植物之生成》（*Enquiry into Plants*），園藝作家安娜‧帕佛德（Anna Pavord）在精彩的《植物的故事》（*The Naming of Names*, 2005）一書中說他是：「頭一個搜集植物資料的人，也是頭一個提出大問題：『我們有什麼植物？』『我們如何區別這些植物？』的人。」[21]

泰奧弗拉斯托斯把植物歸為四個類別：喬木、灌木、半灌木和藥草。他常遭人批評，備受尊敬的植物學者阿涅斯‧亞貝（Agnes Arber）在《藥草：起源和演化》（*Herbals: Their Origin and Evolutio*, 1912）就說：「他的敘述除了少數例外，都乏善可陳，所提的植物也極難辨識。」[22]但泰氏對他自己的知識有限直言不諱，他解釋自己所列的乳香和沒藥缺乏內容，是因為他也沒有其他的資料。

儘管泰奧弗拉斯托斯有這些缺點，老普林尼（西元23-79）在他7大冊37卷的百科全書鉅著《自然史》（*Naturalis historia*，或博物誌）中，還是抄襲了他的內容，只是老普林尼和（或）他的抄寫員抄了一大堆錯誤。他把長春藤和岩薔薇（rockrose）混為一談，因為兩者希臘文很相似，然而老普林尼的著作一直傳誦到中世紀，而泰氏的著作卻湮沒無聞，直到十五世紀初才以希臘原稿重現於梵諦岡，由希臘學者西奧多羅‧加撒（Teodoro Gaza）譯為拉丁文 —— 這時泰氏才重新顯出了重要性。

維蘇威火山爆發，摧毀了龐貝和赫庫蘭尼姆城，老普林尼也遇難。50年後，克勞帝亞斯·蓋倫納斯（Claudius Galenus，後以蓋倫Galen知名）在小亞細亞的帕加瑪（Pergamon）出生，他是富有建築師之子，年輕時在貿易集散地亞歷山卓學習，就對香料藥物產生興趣。他在治療格鬥士的傷勢之中，學到許多經驗和重要的解剖知識，久而久之累積了許多論文，被稱為「蓋倫全集」（Galenic corpus），為現代醫學奠定了基礎。

蓋倫奉體液醫學為圭臬，他的藥理學取材自泰奧弗拉斯托斯、迪奧科里斯，和老普林尼，以及其他較沒有名氣的作者，如赫拉斯（Heras of Cappadocia）和克里托（Statilius Crito）等醫師。由單一一種物質所構成的藥物是「單純」製劑（simple），而蓋倫的特長則在於製造所謂的「草藥」（galenicals，植物製劑）。他製作的「糖漿」──解毒的萬靈丹，含有上百種不同物質，其中許多都是香料。〔蓋倫的糖漿需要40天調製，貯存12年方能服用，不過羅馬皇帝馬可·奧里略（Marcus Aurelius）在蓋倫為他調配好藥之後，只等了2個月就服用，也存活下來……〕

德高望重的蓋倫是古代醫學和文藝復興學者之間的橋梁，但他之所以能夠永垂不朽，是因為後來的百科全書作者如塞維爾的埃斯多（Isidore of Seville，560-636）等採納他的觀念，並把它們發揚光大之故；在盎格魯－撒克遜的英格蘭，中世紀醫書如《巴德醫書》（*Bald's Leechbook*）和收錄各種祈禱文、符咒和藥草的《藥方》（*Lacnunga*，約西元1000年），有些藥方就出人意表用了外國香料，如黑胡椒、肉

桂、鬱金。

不過最重要的發展發生在伊斯蘭世界,九世紀的巴格達是當時的知識強權,在這裡,在當時所謂的「翻譯時代」,穆斯林學者把古拉丁和希臘文的醫學文獻譯為阿拉伯文。蓋倫的觀念最能引起共鳴,被收進塔巴里(al-Tabari, 838-870)的《智慧天堂》(*Paradise of Wisdom*)或是伊本·西那〔Ibn Sinna,亦稱阿維森納(Avicenna)〕的《醫典》(*The Cannon of Medicine*),後者博學多才,發明了蒸餾的過程,以此方法提煉藥草和香料的精油,用來製作香水。

當時西方陷入黑暗時期,落後東方數世紀,一直到十二世紀,義大利南方薩雷諾(Salern)老修道院的藥房成立了一所醫科大學,開始歐洲自己的翻譯時代,把希臘、羅馬和阿拉伯的醫書譯回拉丁文,創造出全新的歐洲醫典,才迎頭趕上。

我在本書中會一再引用上述這些「藥草書」的內容,自古以來這些植物目錄一直都存在,不過十五世紀中葉之後印刷普及,使它們更加流行:有些藥草書中有美麗的木製版畫插圖,不但有醫藥上的實用價值,而且也賞心悅目。亞貝說,可以稱得上「藥草書」的第一本書是1525年理查·班克斯(Richard Bankes)的《藥草》(*Herbal*)。次年在英格蘭出版的《偉大藥草》(*Grete Herball*),取材自法國資料,作者佚名,書中強調蓋倫觀點,宣稱寫作目標是要找出「各種藥草的益處,以醫治四行運轉造成人體的各種疾病和炎症」。(請記住在此時 'herbs' 一字意指草本植物,因此也包括我們現在視為香料的植物。)

在本書中還會一再提到的兩本藥草書是尼古拉・寇佩柏（Nicholas Culpeper, 1616-1654）和約翰・傑勒德的作品。寇佩柏是藥劑師的徒弟，後來成了窮人的醫師：他在政治上是激進派，認為醫藥應該是公共服務，而非商業行為。他的《藥草大全》（*Herbal*, 1653）基本上是皇家內科醫學院拉丁文藥典的平價方言版，另附有即使在當時都算是標新立異的占星學，可想而知，遭皇家內科醫學院痛斥為「胡言亂語」。

　　傑勒德熱愛園藝，只是他這本《藥草全書》（*Herball*, 1597）極不可靠，混合了迪奧科里斯、泰奧弗拉斯托斯、老普林尼，和法蘭德斯藥草學者林布特斯・杜朵恩斯（Rembertus Dodoens）所寫的內容。就連第1版的版畫也是由其他植物作品抄襲而來。只是久而久之，它卻建立了其實並不應得的權威。可是它既然這麼膾炙人口，因此我們在研究歐洲的香料時，也必須考量到它的內容。

＊　＊　＊

　　進入十八世紀，香料的風光日子結束了：當時人們的口味改變，歐洲人的重心轉移到如可可、咖啡等新的異國風味刺激品。到十九世紀，曾經大啖香料的英國人對香料的態度轉成懷疑，甚至厭惡。香料有它發揮的地方（殖民地），而且如咖哩肉湯這種添加香料的菜餚應該也不會對人體有什麼壞處，可是大家還是敬而遠之。畢頓太太（Isabella Beeton）*的《家務管理大全》（*Book of Household Management*, 1861）一書，就引用一篇〈巴利斯醫師談飲食〉的文章說：

---

* 這位作家、記者、編輯嫁給開出版社的畢頓先生，發表了一些雜誌文章，包括抄襲讀者寫來的食譜，見https://en.wikipedia.org/wiki/Isabella_Beeton，是英國耳熟能詳的人物，大概如傅培梅之類，後面還會再提到她多次。

香料原本就不適合溫帶氣候的人食用……香料最大的用處就是刺激食欲，但它最糟的特性則是破壞胃腸的健康。如果需要用辛香料調味才能彌補肉類誘人的風味，那麼就該懷疑肉質的好壞。[23]

接下來數百年，英國飲食的特色都是這種以安全為重的島民心態，再加上戰爭（自給自足的強硬態度大行其道）和物資緊縮，使這種作風更根深柢固。外國垃圾？誰想吃那玩意兒？奈吉爾·史雷特的回憶錄《土司：敬美味人生》中，我最喜歡的一段是在他全家想哄年老的芬妮阿姨吃她從未吃過的義大利麵時，「芬妮阿姨低頭看著膝蓋。『我非吃不可嗎？』我看她快要哭出來了。」[24]

如今，提卡馬薩拉烤雞咖哩成了英國人最愛吃的菜餚，越想，越教人覺得這是莫大的成就。

其實過去十年來，廣義地說，就是伊拉克戰爭開始以來，英國飲食的重要發展就是中東食物大行其道，這股趨勢可說是由我最喜愛的美食作家克勞蒂亞·羅登（Claudia Roden）在1960年代開始推動。十年前只能在專賣店買到的香料 —— 鹽膚木，現在幾乎每一個超市都看得到了。而且現在凡是食譜，都至少要提供一道倫敦地中海風味餐廳奧托倫吉（Ottolenghi）的菜色不可：比如《河邊小屋每日青菜食譜！》（*River Cottage Veg Every Day!*, 2011）就有淋上中東芝麻醬（tahini）的櫛瓜（courgette，就是zucchini，西葫蘆）和四季豆沙拉，還有和2013年暢銷減肥食譜一起搭賣的《快速減肥食譜》（*The Fast*

Diet Recipe Book)中，收錄了撒上孜然的茄汁燒蛋（Shakshouka，是中東地區經典早餐，用平底鍋炒香洋蔥丁，加入番茄丁、香料等煮成濃稠的醬汁，然後放入雞蛋）。

東方烹飪對當今時尚西式飲食的影響，一如中世紀時一樣。宗教戰爭刺激了我們的欲望，讓我們想要品嚐東地中海區的食物。2007年含有諷刺意味的《邪惡軸心食譜》（The Axis of Evil Cookbook）主打的笑話就是，大部份的歐美人士對於兩伊和敘利亞人民究竟吃些什麼根本一無所知。可是短短幾年過去，情況卻已截然不同。如今走進倫敦鬧區，你就會發現原本1990年代的紅餐廳（Cafe Rouge）或皮亞夫（Le Piaf）等法式餐飲，如今都成了如黎巴嫩香料食堂（Comptoir Libanais）和雅拉雅拉（Yalla Yalla）等備受歡迎的中東風味連鎖餐廳。

我疑惑除了美食的可口滋味之外，這種對中東食物的興趣來自何方，不由得想到小說家兼文評家安伯托・艾可（Umberto Eco）的理論：只要歐洲產生「危機感，對它的目標和機會感到不確定，它就會回到自己的根 —— 而歐洲社會的根毋庸置疑，是在中世紀」[25]。

無意義的宗教戰爭撕裂世界，在這樣的衝突混沌之中，飲食的共鳴可能是結合我們向前行的最佳路徑，是我們以私人、自己的方式記述一切的方法，是不論情況如何，都能團結我們的故事。就像奧托倫吉和塔米米說的：「飲食是一種基本的享受，是舉世所有人都共有且為之陶醉的感官本能，不該受到破壞。」[26]

我在寫作本書時，把它稱為「香料的百科全書」，意味著我的使命是綜合所有香料的大全。其實我的本意比這個目標更基本：我要說

一系列發人深省的有趣故事，說明香料在開發現代世界的過程中所扮演的角色。為了達到這樣的目的，我綜合了各種領域，也引用了許多作家的作品，希望呈現在這裡的結果不致太過天馬行空而偏頗離題。

本書中，我刻意在自己的發言之外，呈現了許多不同的聲音，想要效法我最崇拜的美食作家 —— 如珍・葛瑞森（Jane Grigson）、伊麗莎白・大衛（Elizabeth David）和桃樂西・哈特利，她們的作品就像永恆的對話（和其他的作家，也和過去的作家），探索各種想法，不是因認同而放行，就是因為這些想法有所欠缺而必須再深入探究。十六世紀的學者威廉・透納（William Turner）在他的藥草集中也作了同樣的嘗試，這本藥草集由1551到他1568年去世為止，分為三個部份出版，他為自己提出了下列這樣的辯護，教我不禁莞爾：

> 有的人說，既然我這書是擷取諸多作者的作品而來，那麼我提供的是其他人的結晶，而沒有我自己的心血。對此我要回答：如果蜜蜂由其他人草地上生長的各種草本植物、灌木和喬木的花朵採集而來的蜜可以稱作蜂蜜，那麼我也可以把我勞心勞力向其他諸多作者學習並搜羅而來的成果稱作我的書。

我的目標極廣泛。我希望在說明每一種香料之時，都能夠闡述它作為植物的背景、歷史的意涵，以及在烹調上的應用。然而本書絕非香料的定論，頂多只能說是這浩瀚無涯主題的導言。從前香料撩撥我們想像力的神奇力量或許已經不再常見，但它們持續的影響力依舊不

容否認。傑克・特納說：「它們的意義依舊與我們同在」，光是它們的名字就已經「留下了言語的辛香，呼應了多姿多彩豐富又重要的過往，教人驚喜不已。」[27]

印度藏茴香（*Ajowan*）

Trachypermum ammi

　　印度藏茴香亦稱作香旱芹、細葉糙果芹、衣索比亞孜然、阿育魏實、獨活草或阿印茴，繖形科，長了斑紋的紅棕色種子和大粒的芹菜種子很像，氣味如百里香，但更辛辣刺鼻。其精油約含有50%的百里香酚，這是一種氣味極重的苯酚，用作殺菌清潔劑，常見於印度（主要是西部的拉賈斯坦邦，Rajasthan）、巴基斯坦、伊朗和阿富汗，多半出口，提取後的百里香酚，可添加在牙膏和香水裡。

　　印度藏茴香也用在健胃整腸，尤其在印度，常用來治腹瀉、脹氣，及其他胃部不適。有時是整顆嚼食，但更常是以「歐姆水」（Omum water）的方式服用，有點像緩解嬰兒腸絞痛時餵食的「驅風水」（gripe water）。一般市售的驅風水則不用印度藏茴香，改為蒔蘿

或茴香，並添加酒精。

印度藏茴香烹飪的用途有限，但許多印度美食和零食都不能沒有它，比如印度麵餅（paratha）和凡是要用鷹嘴豆粉（besan）的食譜，如排燈節（Diwali）的應節食品鷹嘴豆酥（besan sev），這是略帶辛辣味的鷹嘴豆粉所製的酥條，教人吃了還想再吃。在印度食譜中，印度藏茴香有時稱作獨活草（lovage），其種子是整粒販售，要食用時先壓碎而非研磨。

英印手冊《印度管家及廚師大全》（*The Complete Indian House-Keeper and Cook*, 1888）建議你在每2夸脫的水瓶裡加入1磅印度藏茴香子，自行蒸餾歐姆水。書中建議：「霍亂流行時，在印度藏茴香裡滴20滴利眠寧（chlorodyne），可預防下痢。」不過艾德蒙‧約翰‧瓦林（Edmund John Waring）在1868年的《印度藥典》（*Pharmacopeia of India*）中，雖然稱讚印度藏茴香「可以掩蓋苦口良藥的氣味，緩解消化不良」，但卻認為它對於治療霍亂的效果「非常有限」。

一般認為印度藏茴香對風濕症、關節炎和耳朵疼痛（與溫牛奶、大蒜和麻油混合）有療效，也能治氣喘、祛痰化咳、並治療其他呼吸道的疾病和口臭。有些通俗的阿育吠陀（印度傳統醫學）醫書說，用捲菸紙捲起一定份量的印度藏茴香種子吸食，可治偏頭痛，不吸菸的人可以把種子壓碎製成糊，塗在額頭上，也可有同樣的療效。

書上常說印度藏茴香是印度的產物，不過史學家安德魯‧道比指出其梵文名稱yavani的意思是「希臘香料」，意味著它是「由希臘位於中東的諸多王國之一」[28]抵達印度次大陸。羅馬人稱之為ammi，

認為這是孜然的一種，有時候會加進衣索比亞和厄利垂亞（Eritrean）的混合香料柏柏爾（berbere，見〈混合香料總覽〉）——故稱為「衣索比亞孜然」。

參見：孜然、蒔蘿、茴香。

多香果（Allspice）

Pimenta dioica

　　雖然有人以為多香果是英式混合香料（見〈混合香料總覽〉），但其實這種植物香如其名，果實兼有丁香、肉桂和豆蔻的香氣。它還有另一個英文名字：pimento（源自西班牙文的胡椒pimiento一字，哥倫布當初發現它時，就以為 —— 而且很希望它是胡椒，所以這麼稱呼它）。其實多香果是濃香常綠喬木，灰色調的樹皮平滑有光澤，生有深綠色的葉片，在果實尚未成熟時就摘下來乾燥備用。這種植物原生於西印度群島和中南美洲，要生長7、8年才會結果，生長15年後進入壯年，之後百年會結果不斷。

　　在牙買加的石灰岩山坡，由於有鳥類傳布多香果的種子，因此可以看到這種樹木成簇成叢生長。不過從前這種樹是人工栽植，作為

步道路樹裝飾用，或者栽植在商業種植園內。十九世紀的牙買加種植園常把多香果和糖、菸草或咖啡等其他作物一起栽種，這些作物是1728年由總督尼可拉斯・洛斯（Nicholas Lawes）所引進，與這些作物相比，多香果「幾乎不用花多少力氣栽種」[29]。1807年一份牙買加生活的英文紀錄就說明了採收多香果的方法多麼簡單俐落：

> 其果實要用手採摘；1人在樹上摘樹枝，然後把它交給下面的3人（通常是婦女和兒童），讓他們採枝上的莓果。勤勞的工人1天就可採滿1個20磅的袋子。[30]

這些「勤勞的工人」都是奴隸，除了採果之外，還要負責砍伐野生的多香果樹，好騰出土地作其他農業用途，並且用多香果木材製成雨傘和手杖。有資料說，這些用品「用塗染、雕刻和其他方法，製成琳瑯滿目的花樣」，因為多香果木材有相當的硬度，可「防止它們破裂或彎曲」[31]。由1881年的出口報告可以看出，共有逾4,500捆「每捆約500至800根多香果手杖，在當年前9個月由牙買加起運」，難怪到1882年政府會立法限制公認已失控的貿易。

多香果的莓果一旦採摘，就經曬乾，等到它變成褐色，其內的種子萎縮。牙買加原住民阿拉瓦克（Arawak）和泰諾（Taino）族用這些莓果醃製肉類，調味兼防腐，他們在稱作buccans的烤架上燻製肉類 —— 由此字衍生出法文字boucanier，意指在西印度群島用這種烤架烤野生牛、豬的獵人，後來這些獵人變成海盜，因此這個字迂迴輾

轉成了英文海盜‘buccaneer’的字根。1494年，哥倫布第二次新大陸之行登陸牙買加之後，西班牙墾殖者也用原住民的方法醃製肉類，稱作 charqui（肉乾），此字又迂迴輾轉（來自秘魯而非西班牙文Quechua）成為英文字jerky（肉乾）的根源。

西班牙人隨船帶了數千名西非人到牙買加當奴隸，幸運的人逃脫之後，不是自己獨立墾荒，就是到山區內地加入泰諾族，這些人被稱為Maroons（逃亡的黑奴）—— 源自西班牙文亡命之徒cimarrón。他們騷擾西班牙（和後來的英國）佔領者，經常突襲墾植園，如果被逮到，就會遭驅逐出境或更嚴重的責罰。

香料肉乾其實是逃奴的食物 —— 融合了3種不同傳統的烹調方法：西班牙、泰諾族和西非（尤其是迦納）。不過雖然它的作法是採用古老的西非方式，比如用葉子包肉，或者把肉埋在置放熱石頭的坑裡，才能在蒸的過程中保存肉汁[32]，但4種最重要的成份卻都取材自本地：牙買加遍地都是的百里香、火辣的蘇格蘭圓帽辣椒（scotch bonnet pepper）、十六世紀初引進牙買加的薑以及多香果，在製作肉乾的過程中燃燒多香果木材，並且把它的莓果壓碎或磨粉，加進醃漬汁浸泡，或者乾醃。

該以「浸泡」或「乾醃」法製作肉乾，純視個人喜好的口味，說不定你會覺得其中一種做法比另一種更正宗。海倫・韋林斯基（Helen Willinsky）在《肉乾：牙買加的燒烤》（*Jerk: Barbecue from Jamaica*, 1990）一書中偏好乾醃，但如今浸泡法似乎更流行，或許是因為用醋、醬油或柳橙的果汁 —— 隨你愛用哪一種，加在味道平淡

的超市肉類上，有軟化肉質之效。

　　肉乾讓當地人自豪，這並不足為奇：它大受歡迎，也意味著當地民眾對領導階層的壓迫心存反抗。牙買加聖安區（St Ann）最佳肉乾中心（Best Jerk Center）的老闆溫斯頓・居禮（Winston Currie）告訴《紐約時報》說：「肉乾是我們的菜，不像來自英國的肉餅，也不像來自印度的煎餅。」[33]

　　由後來多香果在英國的流行來看，它究竟花了多長的時間，才在牙買加和墨西哥〔用在混醬（moles，以紅辣椒為底，加入各種香料）之中〕之外的地方造成影響，倒教人好奇。早在十七世紀初，英國就已經知道這種香料，因為allspice這個英文字自1621年就已經出現。1655年，英國繼西班牙之後成為牙買加的統治者，因此多香果的供應不虞匱乏，只是起先它的價格太低，「不值得讓擁有這種芳香樹木的業主去採果」[34]。1694年4月8日，多塞特郡（Dorset）金士頓萊西（Kingston Lacy）鄉間別墅的瑪格麗特・班克斯（Margaret Banks）買4盎斯豆蔻花了2先令，買4盎斯丁香和豆蔻皮花了3先令，但買半磅（8盎斯）的多香果卻只要1先令[35]。

　　1793和1807年間，多香果出口的平均量只有176萬7千5百磅，然而到1835-38年，這個數目增為534萬7千9百磅，到1858年則已超越900萬磅。1835年已經廢奴，1878年島上的歷史紀錄建議「蓄奴業主及其律師所忽略的工作（即採集多香果），值得自由黑人注意」[36]。

　　在英國，卡士達醬（custard，奶黃醬）、派和布丁都使用多香果，它和鳳梨（十七世紀初首度引進歐洲，維多利亞時期的人用上

覆玻璃的溝渠來栽植，稱之為「鳳梨坑」）之類異國風味的甜水果有密不可分的關係。葛瑞森告訴我們，在約克夏，多香果被稱作「丁香胡椒」，加在凝乳塔（curd tard，鮮乳加熱至乳水分離，然後用這凝結的乳狀物加蛋和鮮奶油所做的塔）裡；也用在坎伯蘭醋栗蛋糕（Cumberland currant cake，又稱「壓扁的蒼蠅蛋糕」，因為其中的乾醋栗看來好像壓扁的蒼蠅），葛瑞森記得她小時候到英格蘭東北部拜訪親戚時吃過。[37]北約克夏曠野的居民有一道特產，那就是胡椒蛋糕，加了糖漿和白蘭地，它的名字「可能是來自牙買加胡椒，也就是多香果」[38]，不過有些食譜是用豆蔻、葛縷子和薑取代。

幾乎所有的歐洲醃泡汁都用多香果作為主要的香料，高脂魚類如鯡和鯖很快就會腐敗，因此在尚未發明冰箱之前，不是得馬上把牠們吃掉，就是得在捕獲當天鹽漬。用加了香料的醋來浸泡這些魚（以及小魚、牡蠣、蛤蚌類）的浸漬法就稱作'caveaching'（醃漬魚之意），全歐洲都有大同小異的作法，比如有時會先用豬油炸魚再醃，或者用生魚排包住洋蔥，像丹麥的'rollmops'（香料浸漬的鯡魚）。'Sousing'（醃魚）這種作法，則是先把魚用加了香料的醋煮過，再行醃漬。

就在沒多久之前，醃漬鯡魚這一行是整個經濟的基礎，讓彼得黑德（Peterhead，位於蘇格蘭最東端）這類的蘇格蘭小漁村成了新興城鎮，可是1950年代初至60年代中的濫捕，使北海魚量驟減了50%以上[39]，而近20年來，吃醃鯡魚長大的世代凋零，不列顛食用醃鯡魚的人數也只剩少數，不過它在北歐依舊流行。在瑞典，醃鯡魚（matjessil）是仲夏節前夕（Midsummer's Eve）必吃的傳統美食，通

常都佐以酸乳、蝦夷蔥，和加了蒔蘿調味的白煮馬鈴薯。

　　伊麗莎白‧大衛告訴我們，添加香料的鹽漬牛肉是英國富豪或貴族在鄉間老宅耶誕節必備佳餚，這道菜非得要加多香果調味不可。的確如此，名廚羅利‧李（Rowley Leigh）把這種肉稱為「梅子布丁*，用大量丁香調味的火腿和香料酒（mulled wine，以葡萄酒和辛香料調製的熱飲酒）一起調製」[40]。不過幾乎每一個國家的醃牛肉都有自己獨特的變化：南非是乾肉片（biltong），土耳其是風乾肉（pastirma），義大利是風乾牛肉（bresaola）。愛爾蘭風乾醃牛肉經過「精心剔骨」，號稱永不腐壞[41]，因此法國人大量購買，運到加勒比海甘蔗園去餵奴隸。直到後來他們才發現，其實新英格蘭的鹹鱈魚比較便宜。在愛爾蘭，醃牛肉和包心菜依舊是喜慶的美食，只是若真的算起來，這道菜在美國的愛爾蘭酒吧出售的數量還比在愛爾蘭本地來得多，據達瑞納‧艾倫（Darina Allen）在《愛爾蘭傳統烹飪》（Irish Traditional Cooking, 2012）一書中說，這道菜「幾乎已經被人遺忘」[42]。

　　在英國和愛爾蘭，這種醃牛肉有時稱作'corned beef'，這個詞最先是羅勃‧波頓（Robert Burton）在《憂鬱的剖析》（Anatomy of Melancholy, 1621）中使用。請注意這裡的'corn'一字和玉米並無關係，而是指粗粒的鹽。自中世紀以來，就常用硝來保持肉的色澤。至於一次大戰時的罐頭鹹牛肉則是截然不同的另一種產品，它的來由是另一個故事：是由德國化學家傑斯圖斯‧馮‧李比格（Justus von Liebig）所發明，當時為了取牛皮，宰殺了烏拉圭的牛群，他必須想個廉價的方法來處理這些肉。

---

* 梅子布丁（plum pudding），又名聖誕布丁，並沒有梅子，而是因為以前把葡萄乾稱作plum故名，最早因無法保存肉類，故把肉類、水果一起加糖、香料慢煮製成布丁。

在《醃漬與瓶瓶罐罐》（*Pickled, Potted and Canned*, 2000）中，作者蘇・薛帕德（Sue Shephard）引用了1864年的美味食譜「梅爾頓牛肉」（Melton Hunt Beef），作法是用一大塊牛肉，先風乾，然後每天用磨成粉的多香果、搗碎的杜松果、粗紅糖、粗鹽、黑胡椒、切碎的紅蔥頭和乾月桂葉搓揉。這樣還沒完，還要再加上硝、大蒜和岩鹽，經過10天後，把這塊肉用串肉桿串好定型，再以山毛櫸和橡木材以及蕨類和草燻燒7天。[43]

用鹽水浸漬的牛胸肉是最典型的猶太食物，意第緒語稱作pickelfleisch。食譜作家漢娜・葛拉斯（Hannah Glasse）在1747年稱之為「猶太人的醃牛肉法，可以送到西印度群島，浸在醃漬水中一年不壞，小心保存的話也可送到東印度群島。」但其實pickelfleisch也稱作corned或corn牛肉。塞滿配料的醃牛肉三明治在1930、40年代由紐約開始流行，擴展到美國其他有大量猶太人口的城市：「巴爾的摩鬧區東隆巴德街有一段曾是猶太人生活的重心，滿街都是熟食店，就被取了『醃牛肉街』（Corn Beef Row）的綽號。」[44]到1960年代，醃牛肉三明治成了美國主流食品。Pickelfleisch和pastrami（煙燻牛肉）不同，後者是1870年代由羅馬尼亞猶太人引入紐約，其牛肉先略微乾燥之後，再以煙燻，然後抹上香料、大蒜和紅辣椒。

伊麗莎白・大衛說：「有些人在耶誕布丁裡大量使用多香果」[45]，不過她也明白表示自己寧死也不願加入其中。〔她出了名地討厭耶誕節，稱之為「大過分」（Great Too Much）。〕就我所搜集來的資料，梅子布丁最早的食譜，包括伊萊莎・艾克頓（Eliza Acton）* 和葛拉

---

* 伊萊莎・艾克頓（1799-1859）英國廚師、詩人，寫了最早以家庭而非專業廚師為目標讀者的食譜。

斯的在內,最偏愛的香料是豆蔻和薑,不過在蘇格蘭記者克莉斯汀·伊索貝·莊斯頓(Christian Isobel Johnstone)以筆名瑪格麗特·杜德(Margaret Dod)發表的《廚師與主婦手冊》(*Cook and Housewife's Manual*,1862)中,她做的「日常小梅子布丁」需要「一點點多香果」,而豪華的三體布丁(Trinity pudding)則需要丁香、肉桂和豆蔻,再飾以冬青花環,以驅避女巫。

參見:肉桂、丁香、豆蔻

芒果粉（Amchur）

Mangifera indica

　　印度各地各有不同的酸料，喀拉拉邦的魚類烹調常用藤黃果（cambodge，長得像南瓜），而印度西岸的康坎（Konkan）地區則常用燭果（kokum）為豆糊調味，並製作助消化的雪酪（sherbet）。在這兩種情況下，兩種香料都是由剝除果肉的果皮經曬乾後製成，貯存在密閉罐中，避免日曬，上面再覆蓋一層鹽防腐保鮮。

　　在西方國家較為知名的是芒果粉，可能是因為較常見，但它和上述兩種酸料是差不多的東西，只是呈粉末狀，而且是芒果所製。芒果粉是北印獨有，不過在南印，也會用未經處理（即未曬乾或磨粉）的青芒果作為烹調用的酸料，比如維傑彥・坎納皮里（Vijayan Kannampilly）在《喀拉拉邦基本食譜》（*The Essential Kerala Cookbook*,

2003）中的青芒果沙丁魚咖哩，就是經典之作。

芒果在印度已有逾4,000年歷史，十分常見，用途廣泛也就不足為奇，在印度神話儀式中扮演重要的角色，比如把芒果葉放在金屬大肚瓶裡，葉尖正好接觸水面，為的是向愛神卡瑪戴瓦致敬。芒果中心呈扁橢圓形的種子可以磨成粉末，富含鉀、鎂和鈣，是所謂的「飢荒食物」，在收成不好的時候，也能提供基本的營養。就算製成蜜餞，芒果依舊是豐富的維生素C、E和A的來源。在航海或者沒有新鮮芒果時，常以芒果蜜餞預防壞血病。

從前一般家庭常自製芒果粉，如今卻都買現成貨。它顏色為米黃，有一股獨特的氣味，像滿是灰塵的熱帶倉庫，質地粗糙。有時也會添加薑黃。它的味道又苦又甜，有一點樹脂味，就像羅望子一樣，加在咖哩、湯和印度甜酸醬（chutneys）以及某些小吃和水果用的恰馬薩拉（chat masala，馬薩拉指多種香料混合起來的調味料，chat是指小點心，見〈混合香料總覽〉）。芒果粉雖很適合加在素食中，但用在醃漬醬汁裡，也能保持魚和肉類的軟嫩。在拉賈斯坦的烤魚（machchi ke sooley）菜中，醃泡汁裡的芒果粉能和同樣有保持肉類柔嫩功能的另一種香料卡切里（kachri）相輔相成。卡切里是拉賈斯坦土產的一種野生黃瓜，取其皮曬乾之後磨碎，其中的植物蛋白酶能保持肉質軟嫩。

芒果粉優於羅望子之處在於，它在高溫下表現較好，而且毋需準備，但若使用量太多，味道可能會壓過其他香料。

參見：鹽膚木、羅望子

歐白芷（Angelica）

Angelica archangelica

　　歐白芷屬歐芹家族，生得很高（可達7英呎），莖粗，開白花。老祖母那一代如果要做水果蛋糕，一定會先用糖煮這種植物青綠色的莖，然後加入其中，但現在卻很難買得到，如果你有幸能找到新鮮的歐白芷，可自行用糖漿煮其莖部，在過程中加入小蘇打就能「固定」它鮮綠的色澤。

　　歐白芷當然算是香草植物，Angelica意思是天使，意味它可對抗巫術的魔法。它的任何部位都可以食用，種子（用來加在琴酒和苦艾酒內調味）和質地如海綿的芳香根部（生有彎曲的小根，看來像木刻的魷魚）都是香料。

　　數千年來歐白芷根都作藥物使用，主要是治療肺疾和傷寒，不過

約翰・傑勒德建議用煎煮，可治瘧疾發寒。他說這藥還能消腫：「少量的根磨粉連服數天可治水腫，對抽搐、痙攣和癲癇也有效⋯⋯它還能治療痔瘡，方法是煎煮葉和根部，浸泡臀部，並把這柔軟的藥草趁熱敷在患處。」[46]

葛瑞薇太太〔Mrs M. Grieve，1931年出版《現代藥草》（*A Modern Herbal*）一書〕建議把這種香料泡水服用：

> 把6盎斯的歐白芷根切薄片，加上4盎斯蜂蜜、2個檸檬的檸檬汁和半及耳（gill）的白蘭地混合，加入1夸脫沸水，浸泡半小時。[47]

歐白芷在十六世紀傳入不列顛，可能是源自敘利亞。不過最能接受歐白芷的地方是北歐，有時用它的根製成麵包。維多利亞時期對冰島、格陵蘭和法羅群島的指南寫道：

> 當地和鄰近國家居民都把歐白芷當作美食，根莖都入菜。在靠海岸的山區、海鳥築巢處，這種植物長得最大最好。在格陵蘭它稱作quannek⋯⋯一般認為這種植物在北國的風味比在溫暖國度好。[48]

參見：蒿尾

洋茴香（Anise）

Pimpinella anisum

　　大部份的地中海國家都至少有一種洋茴香風味的烈酒，比如法國的茴香酒（pastis）、希臘的烏佐酒（ouzo）、中東的亞力酒（arak）。再往遠一點看，哥倫比亞版本的阿瓦爾殿得烈酒（aguardiente，此字是西班牙語系世界對於蒸餾酒、烈酒的總稱，酒精濃度在30%以上）就含有洋茴香，不過那芬芳茴香腦的味道可能是來自茴香或八角，而非出自洋茴香。洋茴香是像蒔蘿的1年生植物，開黃白色的花朵，它生有羅紋的灰綠色種子就像小小的曼陀林一樣，和茴香子一樣經常在烹飪時使用。洋茴香原生在埃及和希臘，古代常用在香料酒裡，拜占庭藥酒正是烏佐酒的前身，常在4月份飲用。

參見：茴香、甘草、八角

胭脂樹紅（*Annatto*，婀娜多）

Bixa orellana

　　1866年法皇拿破崙三世思及法國都市窮人的飲食習慣，感到憂心。（這是一種說法，更有可能的說法是，他擔心法國軍隊所需的費用暴增。）因此他懸賞要找出能夠像奶油一樣營養但卻便宜的抹醬取代。凡是能創造出這種產品的化學家，必有重賞。

　　3年後伊波特・米格－穆列斯（Hippolyte Mège-Mouriès）有了成果。他把牛脂肪和脫脂奶混合，攪拌成為他所謂的 'oleomargarine'（人造奶油），這個字的由來是反芻動物乳脂肪中的飽和脂肪酸 margaric acid。

　　後來大家就把這個產品稱為 Margarine，轟動一時，不只在法國大受歡迎，唯一的問題是人造奶油原本的狀態是像豬油一般的白色，

引不起食欲，製造商添了黃色染料，馬上引起美國乳製品業者遊說團體的不滿，儘管奶油本身也常在草況不佳影響奶油色澤時染色，但乳製品業者還是展開反人造奶油的神聖使命，結果對人造奶油業者大為不利。即使在1902年美國法律修正之後，國會依舊向使用黃色染料的人造奶油徵收每磅10美分的稅。

人造奶油製造商為了規避收稅，就讓消費者把產品買回家後，再自行添加色素。他們把小包的黃色色素附在人造奶油包裝裡，消費者只要用湯匙把它和人造奶油一起攪拌即可。1950年代初，包裝技術已經大為改善，捏揉人造奶油的包裝就可戳破含有色素的膠囊，使顏色均勻分布。這種禁止染色的法令一直到1950年代才撤銷，到1968年，美國乳品業重鎮威斯康辛才准許在該州販售人造奶油。（迄今威斯康辛的餐廳如果用人造奶油取代奶油依舊違法）。

人造奶油必須要像奶油那樣非是黃色不可，最了解個中奧妙的人非路易‧切斯金（Louis Cheskin）莫屬。他是上世紀最偉大的行銷大師，也是塑造萬寶路「男子漢」形象的推手。他的「感官移情」（sensation transference）理論主張，人會把他們對產品包裝的印象移植到產品本身。把人造奶油的牌子稱為「帝皇」（Imperial），用鋁箔紙包裝，上面印個王冠，誰還會在乎它是不是乳牛生產的？只要它的顏色是和奶油一樣的黃色，根本沒人會在乎。

切斯金在《行銷媒體的色彩指南》（*Color Guide for Marketing Media*, 1954）一書中如此說明：「在西方文化中，我們看到紅色就聯想到喜慶，藍色就想到卓越，紫色是尊榮，綠色是自然，黃色是陽

光，以此類推。」[49]因此人造奶油最初是為了創造陽光的感受，才採用了像二甲基黃這類以煤焦油為原料的苯胺色素。不過到1930年代後期，這種色素可能會致癌，因此整個產業改用天然色素胡蘿蔔素和胭脂樹紅 —— 當時在歐洲稱為E160b。

胭脂樹紅也被當成香料使用，來自胭脂樹（Bixa orellana，又稱紅木）三角形的種子和附著於種子上的果肉。這種小樹有光滑的卵形葉片，上有紅色的葉脈，開粉紅或白色的花朵，原生於熱帶南美和加勒比海地區。它的紅色果實多刺，每一顆果實蠟質的紅色果肉附著了約50粒種子。胭脂樹有時稱作achiote（阿秋弟），尤其是在和烹飪有關的內容之中常用此名，這是那瓦特（Nahuatl，墨西哥南部和中美洲包括阿茲特克人的印第安人）語。另一個名稱口紅木（Lipstick Tree）則說明了其種皮內色素製作化妝品的另一個用途。

阿茲特克人在熱巧克力裡添加胭脂樹紅，因為他們喜歡這種色素把他們的嘴色染成紅色，食物史學者道比說，這教我們想到「在阿茲特克人的想法中，喝可可就等同飲血」[50]。印地安馬雅人用它來畫戰紋，加勒比人（Caribs，美洲原住民）亦然。法國傳教士兼植物學者尚-巴布斯提．拉巴（Jean-Baptiste Labat，1663-1738）記載，多明尼加的婦女在丈夫去襲擊其他村落之前，會用稱為uruni的染料畫丈夫的身體，也就是用油溶解胭脂樹紅，「這樣的妝飾可免他們受太陽曬傷或因風而皮膚乾裂，還可保護他們免受蚊蟲叮咬。」[51]厄瓜多的查奇拉斯（Tsáchila）族迄今依舊用它來染紅頭髮。

蘇格蘭植物學者喬治．唐（George Don）在《重被花植物通史》

（重被花是具有花萼和花冠的花，亦稱雙被花，*General History of the Dichleamydeous Plants*, 1831）中，說明了這種香料如何由種子中提煉出來：

> 這種果實的果肉取出之後，放進木製容器，加入適量熱水讓紅粉或果肉浮起，並且不斷攪拌捶打果肉，或者用鏟子或湯匙慢慢讓種子剝離。等種子完全剝離之後取出，液體則靜置待沉澱之後輕輕把水倒掉，再把沉澱物放進淺容器中，放置陰涼處待乾。等到黏稠度合適，再把它製成球或餅狀，放在通風處風乾，等它完全堅固。……高品質的胭脂樹紅呈火紅色，色調明艷，觸感柔滑，可以完全溶於水中。[52]

他認為胭脂樹紅「有鎮定滋補之效」，「可緩解痢疾和腎疾」。飲用胭脂樹種子和樹葉製的茶，據稱有催情之效。

胭脂樹紅依舊大量運用在爆米花、冰淇淋、炸魚條、即食馬鈴薯粉、洋芋片、雞蛋布丁、包心菜沙拉、西班牙香腸（chorizo）、乳酪（比如萊斯特紅乾酪 Red Leicester）、任何黃橘色的食物都可用。有時也稱作「窮人的番紅花」，不過名廚瑞克‧貝利斯（Rick Bayless）不以為然：「如果你用的胭脂樹紅不新鮮，或者用的很少，那麼你只會注意到它橘色的色澤，但如果多用一點新鮮的胭脂樹紅，那麼任何菜餚都會有一股清新樸實的異國芬芳，在我看來就和麝香氣味的優質番紅花一樣教人陶醉，而且當然便宜得多。」[53]在中美洲的猶加敦半島

（Yucatán peninsula），磨碎的胭脂樹種子則和大蒜、鹽、奧勒岡和其他香料 —— 通常是孜然、丁香、肉桂和多香果混合，製作醃漬肉用的阿秋弟糊（recado rojo）。在製作用小火慢烤入口即化的墨式烤豬肉（cochinita pibil）時，胭脂樹紅更是必備香料。

參見：番紅花、香草

阿魏（*Asafoetida*）

Ferula assa-foetida

　　這植物的名字提供了一點它資料的線索：assa（是波斯語的「樹脂」之意）和foetida（是拉丁文的「惡臭」之意）。這香料惡臭至極，像是沾滿糞便的醋蛋，臭到法國人稱之為 'merde du Diable'（魔鬼的糞便），臭到你要非常小心地用氣密罐貯存，否則香料架上的其他香料都會染上它的味道。儘管如此，還是有些動物喜歡它，常被用來作為誘捕狼、魚和蛾等動物的餌。

　　羅馬人把阿魏稱為敘利亞或伊朗羅盤草，是他們所珍視的昔蘭尼加（Cyrenaic，北非古國，位於今利比亞東部）羅盤草的低等版本（見〈羅盤草〉），這是一種開黃花的多年生植物，高度為6-12英呎，源自幾種巨大的茴香，原生於阿富汗和伊朗，在那裡長成密林，不過

有一種較矮小的納香阿魏（Ferula narthex）則生於喀什米爾北部。栽種的方法是在春天時，把它輕輕栽入土裡，必須要4年才能收成。

據說阿魏是亞歷山大大帝率軍隊行經阿富汗東北發現的，起先他們以為找到了羅盤草，但很快就明白了他們的錯誤，只是在昔蘭尼加羅盤草絕種之後，阿魏成了頗受歡迎的替代品。迪奧科里斯指出這兩個品種的不同之處：

> 只要嚐一口昔蘭尼加羅盤草，丹田就會湧出一股體液，它有非常健康的香氣，因此不影響口氣，只有一點氣味；而米底（Median，伊朗）的羅盤草效力較差，而且比較臭。[54]

阿魏的乳狀樹脂由粗厚的莖和生了硬毛像胡蘿蔔的肉質根部提煉，新鮮時是珍珠色澤，但隨時間變久而變暗。其臭味來自於二硫化物，而隨著香料放久，臭味也就消失，而變成大蒜炒洋蔥這種比較引人食慾的氣味。比較謹慎的廚師會選用粉狀的阿魏，其硬樹脂已經磨碎、和麵粉混合。

儘管西方國家一直到1970年代才開始使用阿魏（在印度稱為hing），但它在印度飲食中是常見的香料，尤其是在南部的泰米爾（Tamil）、古吉拉特（Gujarati）和喀拉拉邦的素食，用青蒜-大蒜味為底烹煮豆類，還可避免脹氣。

某些虔誠的印度種姓階級不食洋蔥和大蒜，認為它們不淨，這時阿魏就是很好的替代品。曾任果阿葡萄牙總督醫師的賈西亞・德・奧

塔（Garcia da Orta）在《論印度草藥和藥物》（*Colloquies on the Simples and Drugs of India*, 1563）中，提到阿魏在印度流行的程度：

> 你們必須知道，在印度各地，用途最廣泛的就是阿魏，不論是製作藥物或烹飪皆然。每一個有辦法買到它的人，都會大量運用在食物上……他們添加在自己吃的蔬菜裡，先用它塗抹鍋子，再把它當成調味料，加在所有的食物中。[55]

德·奧塔或許覺得這是「舉世最難聞的味道」[56]，不過英國作家湯姆·史托巴特（Tom Stobart）卻稱之為「印度人之所以能創造美味素食料理的神奇魔法」[57]。如果沒有它，你就很難製作好吃的印度泡菜，而且它的味道雖然可怕，卻並不會影響浪漫的製作過程。當代小說家阿蘭達蒂·羅伊（Anuradha Roy）就不勝懷念地記述看她阿姨用阿魏醃野梅的過程，「芥子油、糖漿、五香、阿魏和辣椒加在一起的黏稠混合物，會緩緩變成檸檬的色澤，接納冬陽溫暖的映照，直到味道恰到好處。」[58]

十六世紀蒙兀兒人（Mughals）侵略印度北方，把阿魏帶到印度。我們可由十六世阿克巴大帝朝中高官記載當時宮廷生活的《阿克巴實錄》（*Ain-i-Akbari*）中看到，他的御廚已經會使用阿魏。《巴格達烹飪大全》（*Baghdad Cookery Book*, 1226）則顯示阿拔斯王朝（Abbasid，穆罕默德之後的第三任伊斯蘭哈里發）飲食已經使用了全株的阿魏植物，尤其視其葉片為珍饈。

阿魏作為藥物，則被當成萬靈丹，既是麻醉劑，也是興奮劑，不過前者因為是與鴉片混合使用，因此很難說究竟發揮效用的是什麼。在印度傳統醫學中，它就像羅盤草一樣被當作墮胎藥，在泰國，它則是治腸絞痛外用藥mahahing的有效成份，使用時塗抹在腹部。

　　在維多利亞時代，西方世界採用酊劑形式的阿魏。1822年加拿大毛皮商人亞利克西斯・聖馬丁（Alexis St Martin）遭火槍近距離射擊，在胃部留下永遠的瘻管。美國軍醫威廉・博蒙特（William Beaumont）死馬當活馬醫，「用稀釋鹽酸和3、40滴阿魏酊劑加入酒裡，每天擦3次；此舉頗有成效，大幅改善了傷口的情況。」[59]

　　另一相關品種古蓬阿魏（F. galbaniflua）能產生更芬芳的樹脂，稱作白松香（galbanum），用在薰香及香水中，比如嬌蘭的「夜間飛行」（Vol de Nuit），和香奈兒的19號香水。

參見：羅盤草

菩提香（*Avens*，水楊梅）

Geum urbanum

菩提香是具有「香料效果」的草本植物的最佳例證（見〈導言〉），有時稱作海甘藍（colewort）或聖本篤藥草（St Benedict's herb），它的根部有強烈的丁香味，因此在都鐸時代的菜園裡很常見。

菩提香是薔薇科多年生植物，喜歡生在樹林和潮濕的樹籬裡，可以長到12英呎高。它的葉子可用在沙拉中，十七世紀極富盛名的作家與園藝學家約翰．伊夫林（John Evelyn）就建議用生菜、青蒜、薄荷、芝麻菜（rocket）和「海甘藍葉片」，撒上油和蛋，就是「美味沙拉」。[60]它的根可像丁香一樣，加入啤酒、湯和燉菜中，也能放在床單桌布等家用布料裡，保持清新香味，兼有驅蟲之效。煎煮根部之後的汁液可用來漱口，防治口臭。

請注意如今'colewort'這個字有時是泛指蕓薹屬植物。

參見：丁香

黑胡椒（Black Pepper）

Piper nigrum

　　西元735年5月26日，《英吉利教會史》（*The Ecclesiastical History of the English People*）的作者聖比德（Venerable Bede）在他長居50年的賈羅（Jarrow）修院溘然長逝。儘管他的弟子說他臨終前那段時間「經常呼吸困難」，但這位英國歷史之父依舊使盡全力，要人把裝有他「僅有寶藏」的盒子拿來，分給大家。

　　這些寶貝包括：兩條手帕，一點馨香，和一些胡椒子。

　　由謝爾本（Sherborne）地方的主教聖亞浩（Aldhelm）所出的一則謎語，我們知道胡椒當時是非常罕見而昂貴的食品，「為珍饈佳餚、君王盛宴和桌上的美食調味」。一位修士竟能擁有多到臨終時要分配給大家的份量，或許聽來奇怪，不過這有它的道理；儘管

盎格魯-撒克遜的修士在許多方面都刻苦自律，壓抑欲望，但他們所居的修院卻是大地主，很容易就能取得他們所要的肉類、小麥和蔬菜，結果免不了失去節制。比德就曾寫到，柯丁罕修院（Coldingham Abbey）在西元683年付之一炬，就是因為住在其中的修士不知檢點之故。他寫道：「他們為貪食、酒醉、流言蜚語和其他越軌的行為付出了代價。」[61]（柯丁罕修院男女修士兼收，自然免不了麻煩。）

此外英國修道院院長亞勒斐克（Aelfric）在《聖徒傳》（Lives of the Saints）中也提到，這些修士都是「習慣美食的貴族」，就算技術上得要避免飲宴。論隱修院規則的《會規的一致》（Regularis Concordia）中也有一條豁免的規定遭到濫用：「在外旅行時的待客之道」，而且就如安·哈根（Ann Hagen）所言，在「國王、貴族和地主以飲宴回報他們的僕從，展現他們的地位之時」[62]，修士又怎麼可能自外於這樣的社會？

比德的胡椒歷經長遠的旅程才來到賈羅。英國史學家羅伯特·雷西（Robert Lacey）和丹尼·丹席格（Danny Danziger）揣測，這些胡椒可能是英國商人由義大利北方城市、古倫巴第王國首都帕維亞（Pavia）採買來的。帕維亞是「西北歐與東方的貿易中樞，當時有紀錄描述商人在市郊提契諾河畔的曠野搭帳篷」[63]。而這些胡椒可能是穆斯林商人由巴斯拉（Basra，現伊拉克港都）帶來，然後他們再由歐洲帶回他們所需要的穀類、木材、織品、鐵。

不過胡椒最根本的來源是印度西南沿岸，在馬拉巴和特拉凡科（Travancore）的森林裡，胡椒（Piper nigrum）這種多年生攀緣藤蔓

植物長得如火如荼。十八世紀初，荷蘭東印度公司的牧師賈可布斯‧維斯契（Jacobus Canter Visscher）寫道：「它在低地欣欣向榮，在高地、山坡和高山上益發茂密。這種植物並非生長在開闊的曠野，而是生在樹旁，攀藤而上，需要依附。」[64]它也需要遮蔭，直接曝曬在太陽下太久，就幾乎不結果實。印度其他地區亦有胡椒生長，1637年東印度公司商人彼德‧孟迪（Peter Mundy）就在古吉拉特的蘇拉特（Surat）發現一個「胡椒園」。他在日記中記錄了這段經歷：

> 他們在這些樹下種了胡椒，這植物繞著樹長到約10-12英呎高，像我們（英國人）的長春藤纏繞橡樹一樣，鉤緊纏繞黏附在樹上。他們告訴我說，這植物可以有10-12年的收成；然後他們再栽新株。今年的果實才剛收成，因此有些攤在太陽下曝曬；但還有一些果叢，有未熟也有已熟的，還留在樹上葉片之間。漿果成熟時變成寶石紅，而且透明晶瑩……大如小粒的青豆，味道甜而辣。[65]

維斯契稱胡椒是「最廉價但絕非最無用」的香料，這也是當今世人的看法。胡椒十分普遍，用途如此廣泛而隨意，根本很少有人把它當作香料，更沒有人認為它有什麼特別。「沒有必要列出胡椒的用途，因為所有的主菜、湯、鹹味的醬汁、沙拉和前菜全都會用上。」卡洛琳‧希爾（Carolyn Heal）和麥可‧歐索普（Michael Allsop）在《香料烹飪》（Cooking with Spices, 1983）中如是說，的確如此。[66]

更糟的是，胡椒的名字和其他許多雖然特色相似（辣、刺激）但在植物學上根本毫不相干的植物很像：辣椒、馬拉奎塔胡椒（天堂子）、花椒、卡宴辣椒（cayenne pepper，牛角椒）……'peppery' 的意思就像 'spicy' 一樣，也是指辛辣。

黑胡椒僅次於辣椒，是交易第二廣泛的香料，就像鹽膚木一樣有很多用途，不論是菜色調味，或是在烹飪中當配料使用，都一樣有用；撒在草莓上就和在牛排上一樣豐富刺激，然而就因為它用途廣泛，反而常遭忽視。

正如伊麗莎白・大衛指出的，胡椒常會使用過度：「法國餐廳的廚師往往在胡椒牛排上加了太多胡椒，結果受害的顧客一口咬下，嗆得說不出話來。」[67]許多歐美人士只要一聽到胡椒，腦海馬上就會浮現這道菜色，可是如果以為這道菜有正宗傳統的烹調方式，就未免忽視了它身世不明的起源。

胡椒牛排並非世代相傳的傳統法國菜，而可能是1930年代由巴黎艾爾貝（Albert）餐廳的廚師艾密爾・勒區（Émile Lerch）所創，他發現原本由美國運來的乏味冷凍牛肉一經添加胡椒，味道就鮮活美味。不過也有不同的說法，請參閱《拉魯斯法國烹飪百科全書》（*Larousse Gastronomique*）。

胡椒的卷鬚上生有穗條，上有成串細長的胡椒子。植株栽種要3-5年才會開始結果，之後每3年結一次果，可持續40年。要收成時，採果的人用小梯子由一條藤蔓移到另一條藤蔓，用手摘有些漿果成熟變紅的穗條，但大部份的漿果還是綠色，這些綠色的果實就放在

墊子上，在太陽下曝曬，等它們變黑變皺。如果要製作辛辣味更爽口的白胡椒子，就要先把紅和橘色的漿果裝袋，在流水下泡1週，使外殼腐爛，以便用手剝除。綠胡椒子有時候會連莖趁新鮮銷售，但較常是醃泡後出售，用在泰式菜餚〔比如泰式風味辣炒（pad cha）〕，或是法式陶罐派（terrines）、餡餅法國派（Pâtés）、奶油醬汁等。

雖然最佳的胡椒品種依然出自喀拉拉邦，比如塔拉斯塞爾伊（Tellicherry）和瓦亞納德（Wynad），但其他地方，如砂勞越（馬來西亞婆羅洲）、貢布（柬埔寨）、彭賈（Penja，喀麥隆）和門托克（Muntok，印尼）的胡椒也很受重視。越南種植胡椒，起初品質只被歸為良好平均品質（Fair Average Quality，FAQ，國際貿易中買賣農產品的一種標準），現在卻是數一數二的生產國，佔全球產量的3成，每年生產15萬噸，而印度則是4萬5千噸[68]。越南胡椒通常含有較高的胡椒鹼，也有芬芳的前調。

胡椒一經研磨，很快就會喪失香氣，因此永遠都該買整粒的胡椒，並且在烹調的最後才加入。米儂奈特胡椒（Mignonette pepper）是黑白混合胡椒，在加拿大某些地方還添加芫荽子，創造「強力胡椒」。至今還有人認為白醬最好用白胡椒，因為磨碎的黑胡椒撒在白醬裡不好看，這想法倒奇怪，因為黑胡椒徐徐散發的辛辣味和奶油醬的質地相輔相成，這比較重要。

黑胡椒雖然重要，但為了某種原因，一直都未被列入香料史學家查爾斯‧孔恩所謂的「神聖三位一體」香料：丁香、豆蔻和豆蔻皮，也就是促成文藝復興和隨後野蠻重商主義的香料。在中世紀之初，賦

稅和嫁妝常用胡椒支付，因此有「胡椒子租金」（peppercorn rent）的說法，雖然如今這個詞表示象徵性的極低租金，不過在1430年代可不是這麼回事，根據牛津伯爵的家計簿，1磅的胡椒和1隻豬的價格相當。[69]

1180年香料商人在倫敦成立同業公會，要確保他們的商品能清潔到某個合理的標準，這公會就稱作「胡椒商同業公會」。《烹飪大全》（Forme of Cury, 1390）搜集到理查二世御廚的食譜中，有一道用來調製小牛肉和野味的胡椒醬，如今應會稱作黑胡椒醬（sauce poivrade）：「以油脂煎肉，淋上高湯和醋，然後加入胡椒粉和鹽，放入鍋中燉煮。」

不過到了十六世紀初，胡椒就失了它的地位，它不再和皇家相關，成了粗糙、土氣烹飪的同義詞，這或許是因為達伽馬在1498年5月20日抵達馬拉巴之後，葡萄牙和威尼斯爭取香料控制權，供應過剩之故。胡椒種植也由印度擴及蘇門答臘和西爪哇，亞齊蘇丹國也因出售胡椒獲得巨款，而成為十六世紀強權。

古羅馬也有類似的故事。西元前13年，羅馬詩人何瑞斯（Horace）曾提到香料是稀世之珍，「包在紙片裡很不安全」。不過隨著羅馬擴張，它也由奢侈品變為必需品。西元176-180年間，有54種商品在運往羅馬之前，必須先在亞歷山卓港支付關稅，稱作「亞歷山卓關稅」，但羅馬皇帝馬可・奧里略把胡椒由名單中剔除。[70]

到西元92年，胡椒需求殷切，因此圖密善（Domitian）皇帝在羅馬「神聖大道」之北的香料區興建了專門貯放胡椒的倉庫。西元

408年，西哥特人亞拉里克（Alaric the Visigoth）封鎖羅馬，要求3,000磅胡椒及其他金銀財寶才肯退兵，結果也如願以償。

在《烹飪技法》中，阿皮基烏斯幾乎每一道食譜都用了胡椒，而且常是他列出的第一個成份；不過約翰・愛德華茲（John Edwards）說，那書中的「胡椒是廣義，肉桂、綠豆蔻和豆蔻都包括在內」[71]。我們能確定的是，作為作料的胡椒常用精工雕琢的銀製胡椒罐（piperatoria）上桌。羅馬人不論征服哪裡，都會把胡椒帶去，也因此，歐洲各地都可看到這樣的胡椒罐。

現在收藏於大英博物館的霍克森（Hoxne）胡椒罐是1922年薩福克郡（Suffolk）一名農夫用金屬探測器尋找榔頭時發現的，這罐子的形狀是一名羅馬婦女雕像，她戴著耳墜，頭髮編了辮子〔「顯然是非常時髦的貴婦」，尼爾・麥葛瑞格（Neil MacGregor）在 *A History of the World in 100 Objects* 如是說。〕當時要填滿這罐子，必然要花一大筆錢，但這家人竟有三個 —— 真是「奢侈得教人眼紅」。[72]

在羅馬的農神節，人們也經常互贈胡椒。這個節慶贈禮是為了維繫關係：因此禮品必須要等值，不然關係就會不平衡。羅馬詩人馬歇爾（Martial）就曾描寫一名羅馬富豪接受了胡椒和乳香、盧卡尼（Lucanian，當今義大利一區）香腸，及敘利亞葡萄糖漿等外國商品禮物。儘管胡椒在古羅馬處處可見，卻並非人人都喜愛，老普林尼就不了解為什麼大家會為胡椒庸人自擾：

胡椒受到大家喜愛的確很驚人，在某些商品中，它的甜味很

誘人，在其他商品中，其外觀也討喜。但胡椒作水果或漿果都乏善可陳，它唯一怡人的性質是辛辣，而我們竟為此老遠跑去印度！[73]

胡椒是羅馬和印度交易的基礎，要不是希臘航海家西帕路斯（Hippalus，不過他是住在埃及的羅馬臣民），也不可能建立這樣的關係。西帕路斯在西元45年左右了解了阿拉伯海上季風每季改變方向的方式，在5至10月間吹西南風，11-3月間則吹東北風。西帕路斯的說法首見於西元一世紀的《紅海航行指南》（*Periplus of the Erythrean Sea*），這個指南有點像當時的孤獨星球旅遊指南，提供給想經商的人，裡面包含了航海訣竅，和哪個港口適合哪種貨物等建議。

羅馬人是由穆奇里斯（Muziris）這個港口城市取得胡椒，約相當於現今喀拉拉邦的柯欽（Cochin），據《紅海航行指南》說：「許多船隻滿載來自阿拉伯的商品，希臘人（……國王）也派大船到這些市場城市，為的是採購大量的胡椒。」根據穆奇里斯的紙草上記載西元二世紀亞歷山卓商人和希臘金融家簽下的合約，一船胡椒就價值700萬古羅馬幣。

水手只要看到海中有目光凶惡的紅眼海蛇扭動，就知道他們已經接近穆奇里斯。法國海軍軍官兼奴隸販子路易·德·葛朗普雷（Louis de Grandpré）1790年寫道，在馬爾地夫和馬拉巴海岸之間，他看到「海面上有許多活蛇……我們一接近馬爾地夫，牠們就出現，但數量並不很多，直到我們離海岸8-10里格時，牠們的數量才

大增。」馬拉巴外海的海蛇黑而短，蛇頭如龍，而且的確生有「血紅的眼睛」。[74]

羅馬滅亡之後，阿拉伯世界主宰了香料貿易，印度洋就變成了如傑克．特納所說的「穆斯林的湖，是海上文明之家，產生了如辛巴達和他到神奇的香料、巨鳥和怪獸、精靈和黃金等國度的旅行故事。」胡椒真正的來源被刻意抹除，或至少混淆視聽。塞維爾的埃斯多雖然知道胡椒來自印度，那裡有成林的胡椒樹，但他也相信這些樹是由毒蛇所守護——正巧呼應了海蛇的故事。他認為當地人在胡椒收成時，為了嚇跑蛇，必須在樹上放火，結果把白色的胡椒子燒成焦黑發皺：

> 火把胡椒燒成黑色，因為儘管胡椒的果實不同，但它原本是白的。未成熟的胡椒稱作「長胡椒」；未被火燒的則是「白胡椒」。如果胡椒重量輕，那就放久了，重的才新鮮。大家要注意奸商用銀或鉛沫撒在放太久的胡椒上，讓它量起來重一點。[75]

其實長胡椒叫蓽茇（P. longum），是截然不同的植物。（見〈蓽茇〉）。

迪奧科里斯認為「所有的胡椒大體上都性熱、利尿、助消化、吸水，可以清除使瞳仁變黑的物質」[76]。他建議在發燒顫抖時飲用胡椒水。（這也是印度傳統醫學阿育吠陀的治療方法。）阿育吠陀的排毒

茶trikatu就是胡椒、蓽茇和薑的混合物，用來促進胃的功能。而用磨碎的白胡椒和奶油製成糊，不時舔上一口，對喉痛也有神效。希波克拉底建議如果月經不調，可用胡椒混合蜂蜜與醋服用，而路易十四的藥師皮耶・波麥（Pierre Pomet）則寫道：「在任何合適的擦劑上滴幾滴胡椒油，然後塗在會陰處，一天3、4次，可治不舉。」[77]

1980年代以來，有幾個研究主張胡椒鹼對健康的主要益處在於它能促進「生物利用度」（bioavailability），阻止代謝酶影響養分和藥物的吸收，讓它們發揮更大的效果。

最受歡迎的一道英印菜餚咖哩肉湯（mulligatawny）源自殖民時代的馬德拉斯（Madras，印度東南部城市），當地廚師在英國人要求煮湯時，把印度酸辣湯（rasams）改良，在高湯裡加了米、蔬菜和肉類，然後用豆類使它更加濃稠，再加上略烤的黑胡椒子、小茴香子（cumin seeds）和芫荽子。這道湯很快就流傳到印度次大陸上各英國殖民地點，日後每一次英印宴會和舞會，都免不了會上這道「很辣的咖哩肉湯」。[78]

十七、十八世紀赴印度發展的英國人娶了印度婦女為妻之後，形成了英印社群，咖哩肉湯成了這個族群週日午餐必食的經典菜色。《馬德拉斯烹調筆記》（*Culinary Jottings from Madras*）的作者亞瑟・肯尼-賀伯特上校（Colonel Arthur Kenney-Herbert）認為，這是一種使人舒暢的療癒食物（comfort food），應該只配米飯食用：「這道菜裡有如此多的調味料、香料和味道濃烈的成份，更不用說依習慣搭配的那一勺米飯 —— 只要一入口，不論任何人都會感到自己敏銳的味覺

失靈了。」[79]這道菜的食譜有很多，大部份都是用咖哩粉或牛角椒加在胡椒上。畢頓太太和伊萊莎‧艾克頓〔她在1864年出版《小家庭現代烹飪》（*Modern Cookery for Private Families*）中的咖哩肉湯食譜，公認是英國食譜中頭一次出現這道菜）〕都沒有特別提到黑胡椒。丹尼爾‧桑提亞哥（Daniel Santiagoe）在《咖哩廚師助理》（*The Curry Cook's Assistant*, 1887）建議加「少許」胡椒，不過這位被約翰‧倫敦‧山德（John London Shand）帶回倫敦的錫蘭廚師卻明確表示，他用番紅花、薑、孜然和芫荽所調製的乳狀混合物是專為歐洲人所製作的。

參見：天堂子、塞利姆胡椒、蓽茇、粉紅胡椒子、花椒

藍葫蘆巴（Blue Fenugreek）

Trigonella caerulea

　　黛拉・戈德斯坦（Darra Goldstein）在她的著作《喬治亞盛宴》（*The Georgian Feast*, 1999）中提到非常精彩的喬治亞創世神話：上帝在創造世界時，曾暫停工作吃晚餐，沒想到吃得太專心，一不小心被高加索山脈絆倒，結果把盤子裡的東西都撒到下面的土地上：「因此喬治亞就得到了由天上掉下來的豐富廚餘。」[80]

　　喬治亞最優質的香草和香料生長在西北部山巒起伏的斯瓦涅季（Svaneti）地區，這是個與世隔絕的神奇之境，中世紀的村落和保護它們的石塔樓錯落有致。其中有一種香草叫作utskho suneli，意思是「來自遠方奇特的香氣」：很可能是由印度傳入，更常見的名字叫作藍葫蘆巴，味道比一般的葫蘆巴（T. foenumgraecum）溫和，氣

味如乾草，用途有三：用在知名的喬治亞混合辛香料庫姆里蘇內利（khmeli suneli）中；加在瑞士香料起司Schabziger之中；和混入某些種類的義大利提洛爾（Tyrolean）黑麥麵包，比如未經發酵的酥脆搖麵包（schüttelbrot）[*]。

就如印度的格蘭馬薩拉（見〈混合香料總覽〉）一樣，庫姆里蘇內利這種混合香料也沒有固定的成份，一般包含藍葫蘆巴（磨碎的種子和豆莢）、芫荽子、大蒜、乾燥的金盞花〔當地稱為伊梅列季番紅花（Imeretian saffron，伊梅列季為喬治亞的地名）〕、辣椒和胡椒，不過比例會依要熟煮的菜而調整。寶拉·沃佛特（Paula Wolfert）在《東地中海烹飪》（ *The Cooking of the Eastern Mediterranean*, 1994）中的食譜還加上丁香、乾薄荷和羅勒。

庫姆里蘇內利也可用來抹在肉類上，或者加在燉菜之中。戈德斯坦還提到它其他的特別用途：可添加在濱黑海的阿布卡茲亞地區（Abkhazia）用網油（包覆動物內臟的膜狀油脂）包裹製作的阿布卡茲亞香肉丸（abkhazura，佐李子醬和梅子汁）；塞浦路斯傳統香腸（sheftalia）；和胡桃一起加入包心菜裡（胡桃包心菜，kombostos ruleti nigvzit）；以及加在茄子沙拉（badridzhani mtsvanilit）裡。

質地堅硬、綠色色澤、味道濃烈的瑞士牛乳起司（Schabziger，在美國稱Sap Sago）只在瑞士最小的州格拉魯斯（Glarus）製造，當地的修士在西元八世紀發明了這種起司作法，並且用修院花園中生長茂盛的藍葫蘆巴調味。1463年4月24日，當地居民在露天舉行的議會中通過法令，規定瑞士牛乳起司必須要有產地標籤，因此它成了最

---

[*] 搖麵包（Schüttelbrot / Pane Scosso）義大利北部，靠近德奧邊境地區，一種非常硬的黑麥麵包，做的時候需要用力把它壓平。

早的商標產品。這種起司製成圓錐型，但通常磨碎食用，比如撒在義大利麵食上，或者和奶油混合製成味濃刺鼻的抹醬。藍葫蘆巴的用法是把乾燥的莖葉而非種子和種莢磨成粉末，因此技術上來說不屬本書的範圍，應算是香草而非香料，但它實在有趣，不可不提。

中藥用藍葫蘆巴種子來緩解「睪丸腫痛」。[81]

參見：葫蘆巴

菖蒲（*calamus*）

Acorus calamus

　　這種沼澤植物在北美土生土長，十三世紀時波蘭最先開始栽植，從前曾以糖煮其地下莖當成甜食，尤其是在英格蘭東岸，認為這可防治東英吉利（East Anglia）時疫瘧疾間歇性的發燒症狀。

　　最優質的菖蒲根呈紅或綠白色，有甜香、味道辛辣刺鼻、質地堅實。葛瑞薇太太的《現代藥草》建議在烹飪時以菖蒲根來取代肉桂、豆蔻和薑。她寫道：

　　菖蒲的地下莖在東方主要是當成草藥，治療消化不良和支氣管炎，也可以當止咳糖嚼食，由古早時代起就是印度傳統醫師最常用的藥物，每一個印度市集都可看到把這種地下莖加

糖熬煮，當成藥販賣。[82]

鼻煙通常會摻入磨碎的菖蒲，一度流行的飲料史托克頓苦酒（Stockton Bitters）也添加了這種成份。

迪奧科里斯把菖蒲稱作acoron，源自希臘字coreon，意思是瞳孔，據說菖蒲可以治療瞳孔的疾病。

參見：鳶尾

葛縷子（Caraway）

Carum carvi

阿嘉莎·克莉絲蒂（Agatha Christie）倒數第二本瑪波小姐探案小說是《柏翠門旅館》（*At Bertram's Hotel*, 1965），我沒有算1976年的那本《死亡不長眠》，因為它雖是她最後出版的作品，但其實早在1940年就已經寫好了。作者描寫這棟與小說同名的陳舊倫敦建築物，把它當成老式鄉紳家庭到倫敦來消磨時光的去處，代表年老的克莉絲蒂所懷念的生活方式：「如果這是你頭一次來到柏翠門，那麼一走進去，你就會心驚地感覺到你進入了已經消失的世界，時光倒流，你再度置身愛德華七世時代*的英國。」[83]

塞莉娜·哈吉夫人和魯斯康上校在那裡喝茶時，熱心的侍者立刻推薦旅館「美味的種子蛋糕」。「種子蛋糕？」哈吉夫人問道：「我

---

* 約1901-1910年。

已經多年沒吃到種子蛋糕了,是真的種子蛋糕?」侍者肯定說是:
「廚師擁有這食譜已經多年了,你一定會喜歡的,我敢保證。」[84]

　　侍者的熱心實在教人動容,不論種子蛋糕象徵什麼意義,都很少有像葛縷子種子蛋糕這樣讓人有兩極反應的食品。這種蛋糕源自東英吉利,傳統上是春天製作,用來慶祝麥子播種結束,分給農場工人食用。最有名的早期烹飪書都會收錄種子蛋糕食譜,有的不只一種,因此品質最好的蛋糕就會在最重要的場合亮相。伊萊莎・史密斯(Eliza Smith)的《主婦大全》(*The Compleat Housewife*, 1727)號稱有三種種子蛋糕食譜,後來也收在漢娜・葛拉斯的《烹飪的藝術》(*The Art of Cookery*, 1747)和畢頓太太的《家務管理大全》。

　　亞瑞貝拉・布克瑟(Arabella Boxer)在《英格蘭食物》(*Book of English Food*,1991)一書中承認,種子蛋糕基本上就是味道濃重的磅蛋糕:「有些人非常喜愛,但有些人卻極其厭惡。」[85]伊莉莎白・艾爾頓(Elisabeth Ayrton)更進一步在《英國烹飪》(*The Cookery of England*, 1974)中寫道:「幾乎人人都討厭種子蛋糕,因為很少有人能忍受葛縷子種子的味道。」[86]布克瑟引述作家兼廚師喬治・拉薩爾(George Lasalle)的話,說他幼時「曾被一間板球場觀眾席賣的種子蛋糕嚇壞」,布克瑟表示能理解,但她自己卻覺得種子蛋糕「樸素」的味道其實滿美味。

　　然而由較古老的食譜來看,種子蛋糕其實未必「樸素」,它應該是滋味豐富濃重的蛋糕,用葡萄牙的馬德拉酒(Madeira wine)、白蘭地、玫瑰露或牛奶保持濕潤,就像耶誕蛋糕一樣,是「保久蛋

糕」，可以放上數週不腐壞。只是它同樣也簡單純樸，因此在伊莉莎白‧蓋斯凱爾（Elizabeth Gaskell）的小說《克蘭弗德》（*Cranford*, 1853）中，退休的女帽商巴克小姐用它來招待喜與貴族沾親帶故、作風傲慢自大的寡婦傑米森太太，作者藉其他角色之口這麼描述：

> 我看到傑米森太太吃種子蛋糕……我很吃驚，因為我記得她上次聚會時曾經告訴我們，她家從不吃種子蛋糕，它教她想到香皂，她一向都拿薩瓦餅乾招待我們。不過傑米森太太卻能體諒巴克小姐不明白上流生活的習慣，為了避免她尷尬，所以她吃了三大塊種子蛋糕，而且擺出在反芻一樣的平靜表情，和牛很像。[87]

如此說來，克莉絲蒂筆下的哈吉夫人竟然這麼喜愛這種蛋糕未免奇怪，不過之所以如此，可能是因為在1850年代和二十世紀初之間，種子蛋糕的地位有所提升，或許是因維多利亞時代後期中上階級的幼兒們如今長大成人，以挑剔的懷舊心情說出：「是真的種子蛋糕？」

不過對於二十世紀初的文人團體布魯姆斯伯里社團（The Bloomsbury group），種子蛋糕已經夠好了。根據《布魯姆斯伯里食譜》（*The Bloomsbury Cookbook*, 2014），藝術家凡妮莎‧貝爾（Vanessa Bell，即作家維吉尼亞‧吳爾芙的姐姐）長久以來的廚師葛莉絲‧希金斯（Grace Higgens）就常做種子蛋糕饗客，當年貝爾雇用她到查

爾斯頓（布魯姆斯伯里團體在鄉間聚會之所）的「寶地」時，她年方16，「很不稱職」，但後來卻練出一手好手藝，吳爾芙甚至向她要食譜，「因為除了你的蛋糕之外，其他蛋糕我都不愛吃。」[88]

不論此事真相如何，下面都是《主婦大全》所列的「最佳食譜」：

> 5磅的細麵粉和4磅的細砂糖攪拌過篩；把糖和麵粉混合，用細網篩過濾；接著用玫瑰或橙花水洗4磅奶油；務必用手攪動奶油，直到它呈乳狀，再打20個蛋，一半的蛋白加入6湯匙甜雪利酒；再一次一點加入麵粉；等烤箱快要熱了才能開始攪拌；要讓蛋糕靜置一下才能放進烤模。等你要把它放進烤箱時，加入8盎斯加糖的柑橘皮，同量的香橼，1磅半的葛縷子糖，混合均勻，放入烤模，烤模下方要墊紙塗奶油；用大火烤2-3小時，如果需要可以冰藏。[89]

上面這道食譜以及葛拉斯、伊麗莎白・莫克森（Elizabeth Moxon）、畢頓太太（她加了白蘭地和許多豆蔻和豆蔻皮）等人食譜中的酒精和糖漬果皮，使得這些蛋糕和布克瑟印象中一、二次大戰之間乾巴巴而且樸素的蛋糕有天壤之別，她所引用的食譜——凱瑟琳・艾芙斯（Catherine Ives）的《廚師不在時》（*When the Cook Is Away*, 1928），只靠橘皮緩和葛縷子的辛辣味。史密斯在《主婦大全》的神來之筆，則是不按基本食譜那樣加入葛縷子種子，而是添加可能

會讓牙齒碎裂的葛縷子糖果，也就是大家稱的糖梅。

在克雷門特‧克拉克‧莫爾（Clement Clark Moore）的《耶誕老人來了》（*A Visit From St Nicholas*, 1823）書中，孩子們滿腦子都是糖梅在跳舞的影像，只是那並不是我們大部份人想的那樣。糖梅和梅子一點關係也沒有，這種糖果是選一粒種子或種仁，通常是葛縷子或綠豆蔻種子或杏仁，在其上澆撒一層又一層的糖，這個費力的過程叫作 'panning'。這裡所謂的「梅」是指這道甜點卵形的形狀像梅。

湯姆‧史托巴特受不了麵包裡葛縷子種子的味道，花了大半夜的時間把它們一一挑出來。這個「不可能的任務」後來卻變成「我學登山時期，每一次要爬奧地利阿爾卑斯山之前的序曲」[90]。這種植物是繖形科2年生草本植物，葉片叢生，有很多褶邊，生有繖形花序的乳白色花朵。其根和葉可食，但商業種植主要是為了它的種子 —— 深褐色，上有顏色較淺的脊。

葛縷子種子有苦苦的甘草味，很受羅馬人喜愛，他們稱之為 karo 或 careum（根據普林尼，此字源自 Caria：是安納托利亞西部、此植物生長的地區，故名；英文 caraway 則源自古阿拉伯文 karawya）。阿皮基烏斯把它們用在多種醬汁裡，比如沾白煮肉的醃魚醬（elixam allecatum），不過量很少，通常只用「一撮」。德國、奧地利和東歐烹飪中則很常用葛縷子，泡菜、匈牙利紅燴牛肉，和捷克的醃雞乾料都會使用，搭配辣椒粉、鼠尾草和黑胡椒，我的子女也很喜歡。

葛縷子加在野味中調味，早在十四世紀就已經開始，它們還可以去豬肉和鵝肉的油膩。《烹飪大全》（1390）就有一道美味的燜煮豬

肉（cormarye），是用大蒜、紅酒和葛縷子與芫荽一起燜煮。而且葛縷子也是北歐和東歐黑麥麵包最受歡迎的香料，可以抵消酸麵麵種的酸苦味。

北歐烈酒阿夸維特（akvavit）和德國香甜烈酒庫梅爾（kümmel），都用葛縷子加味。kümmel是德文（這個字也是德文的孜然，有幾種歐洲語言，數種香料都共用這個名字；在法國，葛縷子就叫做cumin des près），瑞典的Bondost和丹麥的Havarti起司也加了葛縷子。亞爾薩斯的芒斯特起司（Munster Géromé）往往和一小碟葛縷子種子一起上桌佐食。

在歐洲之外，葛縷子種子的用途只限於北非的哈里薩辣醬（見〈混合香料總覽〉）和moghli等的中東布丁，傳統上有添丁之喜時，就要製作這種布丁慶祝：「傳說除非這家人真的喜愛女兒，比如在一連生了4個壯丁之後得女，才會為女嬰製作這種布丁。」[91]

在包心菜的菜餚上撒葛縷子種子的習慣，意味著它們有預防消化不良和腸胃氣脹之功〔要順帶一提的是，葛瑞森的《蔬菜書》（*Vegetable Book*, 1978）中列出的葛縷子起司鑲包心菜葉食譜其實並不如表面上那麼噁心〕，如果和蘋果一起食用，則更為有效，就如在莎士比亞的《亨利四世》第二部中，夏祿邀福斯塔夫所做的：

不，你要來看我的果園，我們要在涼亭裡吃去年我親自嫁接的水果，配一盤葛縷子等等。

葛縷子對健康的其他功效則比較可疑。迪奧科里斯建議臉色蒼白的少女可服葛縷子油進補，寇佩柏則認為葛縷子「可以明目」，而且「種子磨粉敷在皮膚上，可以去除藍黑色的瘀青」。[92]

參見：芹菜子、蒔蘿、茴香、葫蘆巴、黑種草、芝麻

小豆蔻（*Cardamon*）

Elettaria cardamomum

　　我最喜愛一則關於小豆蔻的故事，是湯姆‧史托巴特在《香草、香料和風味》（*Herbs, Spices and Flavourings*, 1970）書中所提到的一段插曲。這位山友、動物學者和影片製作人當時正在孟買，他的一位印度朋友在咖哩中發現一隻他以為是蟑螂的東西：

> 他把它撈了出來，叫了服務生，服務生叫來經理，經理又叫來廚師。如果按照經典的義大利版演出，這時廚師應該一口吞了蟑螂，咂咂嘴說：「你不愛吃這美味的小魚嗎？」但這位印度廚師卻彬彬有禮地指出，這隻蟑螂原來是一大粒多毛的「小豆蔻」種子。[93]

小豆蔻是薑科的多年生草本植物，原本在南印和斯里蘭卡是野生植物，但現在也在其他的熱帶國家栽種，比如主要的產地瓜地馬拉以及坦尚尼亞。它的莖或總狀花序上生有種莢——卵形的小球，裡面有排成三道雙排的15-20粒種子，由植物底部生長出來，拖在地上。種莢收成之後，經過清洗再曝曬在太陽下，或用烤箱烤乾。購買小豆蔻時最好是連莢一起買，因為一去皮，尤加利的味道就會很快消失，如果把種子磨成粉，香氣會消失得更快。

在古希臘，品質較差的小豆蔻（假小豆蔻）稱作amomum，而品質較優的（真小豆蔻）則稱作kardamomom。「真」小豆蔻有好幾種品種，而總體說來，真、假小豆蔻之間的差別，遠比真肉桂和假肉桂（桂皮）的差異來得大。究竟希臘人所謂的假小豆蔻是什麼，眾說紛紜，它們的分級甚至影響了植物學家卡爾‧林奈（Carolus Linnaean, 1707-1778）的命名：假小豆蔻的種名是Amomum，比如A. subulatum，也就是「黑豆蔻」，這可能就是被史托巴特的朋友當成是蟑螂的東西。

在中國，各品種的小豆蔻是做成中藥而非用來烹調（不過在四川菜中，某些滷菜的確有用到小豆蔻）。草豆蔻[*]和豆蔻屬的砂仁用來治療腹痛嘔吐，十六世紀李時珍的《本草綱目》也認為不肖商人常拿來假冒真小豆蔻的砂仁，能治「虛勞冷瀉、積食不化、腹中虛痛下氣、止痛鎮靜，也治咳嗽」：

其種子用來防腐調味，提振精神，據說還能加快溶化銅和

---

[*] 小豆蔻＝草豆蔻＝綠豆蔻。

鐵、魚骨，或不慎吞下的任何金屬或異物。[94]

把香料分為「真」和「假」的習慣和香料的市場價值有關，小豆蔻很昂貴，僅次於番紅花和香草，是第三昂貴的香料。不過有些假的小豆蔻不但為人所接受，而且更受喜愛。在衣索比亞和厄利垂亞菜色中，Aframomum corrorima，即korarima，就用在柏柏爾和辛辣的米特米塔（mitmita）之類的混合香料之中（見〈混合香料總覽〉，而黑豆蔻的死忠粉絲則堅持說，它那股煙熏、樟腦的味道能把原本平淡無味的米飯和豆子菜餚變得活潑。（土耳其香料飯中一直把小豆蔻當成舉足輕重的成份。）

不過公認最佳的小豆蔻是綠豆蔻中的馬拉巴和邁索爾（Mysore）兩個品種，後者含有大量的芳香物質桉葉油醇和檸檬油精，種莢越小、色澤越淡，風味越好。白種莢通常是綠種莢用過氧化物化學處理所得，據說是為了在乳狀醬汁或印度米布丁等食物中的外觀之故，以免綠色顯得突兀，不過說真的，很難想像有誰會在乎。另一種說法是，綠豆蔻的種莢由印度運往北歐的過程中，因旅程漫長，受了日曬而漂白。[95]北歐人是因維京人往君士坦丁堡劫掠時發現這種香料，習慣了漂白種莢較溫和的味道，他們用來醃製鯡魚，或者加在派或芬蘭小麵包捲（pulla）等麵包中。可能因為船運速度增快，因此必須在出發地就先漂白種莢，而不能再依賴不可靠的大自然。

（羅森嘉頓提到了小豆蔻在北歐大受歡迎的另一個理由：「在瑞典，男人在外喝酒之後，往往會嚼小豆蔻的種子，回家之後老婆才不

會聞出他的酒味。」[96]如果不相信，不妨想想箭牌口香糖的成份中也有小豆蔻。）

舉世所生產6成的小豆蔻都運往阿拉伯國家，作為貝都因咖啡的主要成份（40%以上），當地人稱這種咖啡為gahwa，招待客人飲用這種咖啡有非常繁複的儀式：在家烘焙香料原豆——也加入番紅花、丁香和肉桂，等客人來後泡煮咖啡，用稱作dallah的特製咖啡壺倒入小杯中待客。「銅製咖啡壺有像鳥喙一樣的長壺嘴，通常會塞到一些打開的小豆蔻莢」，曾經見過（也喝過這種咖啡）史托巴特權威地說[97]。「在近東地區的貿易站和警察局裡，再沒有比小豆蔻氣味的咖啡更具特色的氣味，」羅森嘉頓補充說：「喝下3杯，並且發出咂嘴的聲音，是禮貌的表現。」[98]

有時主人準備這種咖啡時，似乎是臨場製作，詹姆斯·貝利·佛萊瑟（James Baillie Fraser）在《庫德斯坦、美索不達米亞等地遊記》（*Travels in Koordistan, Mesopotamia, &c.*, 1840）中寫道：「阿拉伯人的確很喜歡小豆蔻，常加在他們的咖啡裡」：

> 如果你走進一個阿拉伯族長的帳篷裡，咖啡在你面前泡製，你就會看到主人在咖啡壺最後一次燒開時，或者在過程中，由他的錢包或口袋裡拿出幾粒東西，交給僕人加在飲料裡，那些就是小豆蔻。我認為他們認為這是尊敬客人的象徵。[99]

這樣泡出的咖啡「如白蘭地一樣濃烈，像膽汁一樣苦，但卻精

緻、熱情，教人精神一振。我們喝了一兩小杯這樣的咖啡之後，就起身告辭。」[100]至於哂嘴發聲的問題，佛萊瑟則並沒有提，教人失望。

參見：薑、塞利姆胡椒

角豆（Carob，刺槐豆）

Ceratonia siliqua

　　馬太福音3:4講到施洗約翰「身穿駱駝毛的衣服，腰束皮帶，吃的是蝗蟲、野蜜」。這是否表示他真的吃了蝗蟲 —— 那種總是群集蜂擁的短角蚱蜢？並非如此，因為由其他篇章，我們知道他的飲食是「純素」。這裡所謂的蝗蟲（locust）指的是 'locust bean'，是角豆樹的豆莢，也就是開花豆科植物，英文稱為carob的種子，此字源自中世紀角豆莢的法文carobe。

　　角豆莢長6-12英吋，扁平、發亮、皺縮，呈褐黑色，就像燒焦的菜豆。其紅色的卵形種子沿著寬而淺的中央槽排列，非常堅硬。用酸洗去種皮，把胚乳磨細，就成了黃白色的粉末槐豆膠，通常用在優格、鞋油、殺蟲劑和化妝品等可食或不可食產品中當增稠劑。角豆是

粗賤的食物，是食物短缺時的飢荒食物（角豆抗旱），通常拿來餵食牲畜，就如《聖經》（路加福音15:16）中講到一個生性揮霍小兒子的故事：

> 於是去投靠那地方的一個人；那人打發他到田裡去放豬。
>
> 他恨不得拿豬所吃的豆莢充飢，也沒有人給他。

每一顆角豆種子的重量都一定是0.21公克，阿拉伯珠寶商拿來當天平的砝碼，因此有「克拉」（carat）一字，這字源自此樹的希臘文kerátion。君士坦丁大帝在西元312年鑄造的羅馬金幣蘇勒德斯（solidus）的重量就相當於24顆角豆種子。喜歡猜謎的朋友，這就是為什麼24克拉黃金代表純金的由來。

另一種粉末則是用去了種子的角豆豆莢磨細而來。這種角豆粉有巧克力的溫暖香氣，常用來代替巧克力，不過如果以為它比巧克力健康就錯了。雖然角豆的脂肪只有可可的一半，也不含咖啡因或可可中主要的過敏原可可鹼，可是糖份很高。中東烹飪喜在燉菜和開胃菜中用角豆糖蜜，比如土耳其的nazuktan，用茄泥和壓碎的杏仁、再加芝麻醬和薄荷做成沾醬。在埃及，齋戒月（Ramadan）傳統上也要飲角豆汁，最佳的角豆汁公認來自亞歷山卓。在馬爾他則用角豆糖漿來治咳嗽。

角豆樹原生於地中海和近東地區，現在則是任何柑橘類水果能生長的地方都可見。位於薩卡拉（Saqqara）地方的古埃及第一王朝墳

墓中，已經可見到陶器上寫有角豆果的名字，不過泰奧弗拉斯托斯稱角豆為「埃及無花果」，他寫道：「這種植物埃及根本沒有，而是生長在敘利亞和愛奧尼亞，也生長在尼多斯（Cnidos，在今土耳其）和羅得島（Rhodes，愛琴海）」。希臘克里特島的崔斯艾克利西斯（Tris Ekklisies）有舉世最大的天然角豆林。

參見：香草

桂皮（Cassia）

Cinnamomum cassia

味道較淡的一種肉桂，在中國很普遍。

參見：肉桂

芹菜子（celery seed）

Apium graveolens

　　我們現在所知的芹菜：黃色種的洋芹（Apium graveolens dulce）是十七世紀義大利園丁把氣味刺鼻的野生芹菜smallage改良而來，野生芹菜生在鹽沼裡，荷馬的《伊利亞德》中就描寫邁爾彌頓人（Myrmidons）的馬吃這種植物。如今芹菜在義大利是了不得的大事，通常是燉煮或者加上起司絲烤成金黃，把它用得淋漓盡致。義大利芹菜大半生長在普利亞（Puglia）、卡拉布里亞（Calabria）和坎帕尼亞（Campania）區。西西里有它自己的小莖品種，加在燉菜糖醋茄子（caponata）裡。

　　到1699年約翰・伊夫林撰寫《論沙拉》（*Acetaria: A Discourse of Sallets*）時，最新流行的義大利芹菜成了時髦的成份：

我們原本對義大利芹菜（apium Italicum，歐芹屬）很陌生
（它出現在義大利的時間不很久），它是一種辛辣、味道較濃
的馬其頓香菜或野芹……因為它高雅而芬芳的味道，所以出
現在大人物的餐桌上和盛宴中。[101]

　　洋芹是歐芹屬2年生草本植物，每2年就會生出灰棕色有脊的
小果實。這種植物喜涼爽溫和的氣候，根淺、需要許多水分。嚴格
來說，芹菜「種子」（其實是果實）是野芹的種子，切下莖幹倒吊起
來，蓋住種子頭待其乾燥。

　　芹菜子應整顆購買，要用時再壓碎，由於味苦、用量宜少，「就
像煮味道濃烈的梗一樣」[102]。加在有蛋的菜、魚、沙拉醬裡味道調
和，也可撒在黃瓜和番茄（及番茄汁）、麵包，尤其是搭配起司的餅
乾和香辣糕餅中。「芹子鹽」就是把磨碎的芹菜子和鹽混合，常用於
美國熱狗、鵪鶉蛋和血腥瑪麗。其實在最早的血腥瑪麗雞尾酒中，
並沒有芹子鹽，也沒有塔巴斯科辣醬（Tabasco，見〈辣椒〉），一直
到1951年，曾任紐約華爾道夫飯店（Waldorf Astoria Hotel）公關的
泰德‧索西耶（Ted Saucier）把當時熱銷的調酒集結成冊出版《乾
杯》（Bottoms Up），收錄三種血腥瑪麗的調製法，其中之一才列了芹
子鹽。之後不久，芝加哥「拜菲德幫浦房」（Byfield's Pump Room）
餐廳首開先河，用芹菜梗裝飾這種飲料，而這家餐廳正是歌手兼鼓
手菲爾‧柯林斯（Phil Collins）1985年專輯《不用外套》（No Jacket
Required）的靈感來源，因為當時這位歌手去用餐，卻未穿外套，不

符該餐廳的服裝規定、被趕了出來。

　　在古希臘，栽種野芹是為了其藥性 —— 可驅風健胃和利尿，在古羅馬，據凱爾蘇斯（Celsus）的《醫術》（*De medicina*，約西元40年），則是當作止痛劑。希臘人把芹菜和死亡聯想在一起，用芹菜葉來編織葬禮的花環。它所含的化學成份洋芹腦（apiol）則是墮胎藥。由西洋芹和歐芹蒸餾出的油也含有洋芹腦，在中世紀時用來墮胎調經。如果大量食用，可能會造成肝腎衰竭。

　　新鮮的西洋芹葉片可用在沙拉和醬汁裡，莖苦、味刺鼻，有時用在法式菜餚，但通常先燙過去苦，使其味道變得甜一點。塊根芹（turnip-rooted celery）亦是源自西洋芹。

辣椒（chilli pepper）

Capsicum annuum（普通辣椒，1年生辣椒），
C. frutescens（灌木辣椒，小米椒、斷魂椒）等

1987年，葡萄牙裔音訊工程師費南度‧杜瓦提（Fernando Duarte）帶朋友羅比‧布洛辛（Robbie Brozin）到約翰尼斯堡郊區羅斯頓維爾（Rosettenville）一家葡萄牙餐廳雞地（Chickenland）去吃飯，他們非常喜歡這家餐廳，結果把它買了下來。布洛辛是創業家，本來就會做這樣的事，並且把餐廳按費南度的名字改名為南都（Nando's）。

「雞地」餐廳究竟為什麼這麼吸引人？原來它賣的是火烤霹靂醬醃漬過的辣味雞。霹靂醬 Peri-peri 或 pili-pili，是非洲斯瓦希里語奇特品辣椒（chiltepín），或稱雀眼椒，是常見小米椒的變種。小米椒原生在南北美洲，但經西班牙和葡萄牙人流傳，散布到歐亞非洲各地，

即使過了兩三年，它的種子依舊可以生存。[103]南都的醃雞醬就是用葡萄牙移民帶到南非的醃漬法，以莫三比克種植的灌木狀辣椒為材料：壓碎辣椒，加入柑橘皮、大蒜、洋蔥、鹽、胡椒、月桂葉、檸檬汁、紅椒粉（稍後再加更多紅椒粉）、西班牙椒（pimiento，番椒，同樣稍後再多加）、茵陳蒿（tarragon）、羅勒和奧勒岡。

難怪它風味絕佳。而以南都的觀點，好吃就意味著辣。小說家約翰·蘭徹斯特（John Lanchester）思索這家連鎖餐廳為什麼風靡全球時這麼說：「通常我到南都，點的都是『中辣』雞肉堡，那已經很辣。但有一次我像標準局那樣想了解辣的程度有什麼不同，因此到本地的分店點了『辣味』，沒想到一口咬下，我就淚如泉湧，滿臉通紅。天曉得『特辣』會是什麼樣子。」[104]

當今只要一談到spicy，就當成是辣，這全是chilli一字惹的禍。阿茲特克（那瓦特語）把各種辣椒植物的果實（其種莢其實是漿果，但園藝學家稱之為果實）都稱為chilli。保羅·波斯藍（Paul W. Bosland）和戴夫·狄威特（Dave DeWitt）在精彩的《辣椒全書》（*Complete Chile Pepper Book*, 2009，這裡的辣椒拼成chile，其實chilli有好幾種拼法）中澄清了辣椒的地位，並且撥開了籠罩著這種最複雜最多樣植物的迷霧：「如果趁其果實還青的時候摘下，就會當成蔬菜；如果果實是乾燥成熟的顏色（比如紅或橙），就成為香料。」[105]

許多人都認為辣椒是香料，它的辣既危險又性感，甚至還有專用的辣度指數：「史高維爾辣度單位」（Scoville Heat Unit，縮寫為SHU），是1912年美國藥劑師威爾伯·史高維爾（Wilbur Scoville）

所制訂的度量。並不是所有的辣椒都辛辣濃烈，辣是因為它們含有大量的揮發性物質辣椒素（capsaicin），它與在我們口裡和喉嚨的受體結合，產生燒灼感，促使我們心跳加快、出汗、刺激我們的中樞神經系統產生腦內啡（endorphins），這是一種像麻醉劑的神經肽，讓我們感到滿足幸福。吃辣椒可能會上癮，就像有些人會運動上癮一樣。

其實史高維爾對辣椒的興趣是醫學而非烹飪方面，他疑惑辣椒的化學物質如果塗在皮膚上，能不能抗刺激，也就是造成一個部位的疼痛或發炎，以降低另一個部位的疼痛或發炎。他認為要找到這個答案的唯一方法，就是要知道需要多少糖水來稀釋中和，才能消除辣椒引起的灼熱感，然後再以這個門檻為指標，估計辣度。

史高維爾辣度單位教人大感興趣，但儘管這些年來修改多次，其標準依舊難以確定：辣椒素濃度品嚐者的感受很主觀。此外，光是考慮感官的門檻也引起爭議，因為那只是濃度表的一點，並沒有告訴我們在門檻之上的情況」[106]；此外它們「可能太依賴測量的諸多條件，因而欠缺具有生理意義的固定點。」[107]

不過作為廣義的指標，史高維爾指數是可行的，史氏指標高的辣椒必然很辣，大部份人只要知道這點就夠了。

我們總是迷戀會傷害我們的食物，心理學家對於這點不禁嘖嘖稱奇。許多人起先不愛辣椒，後來卻無辣不歡，這種後天學習的偏好是出於什麼樣的機制教人好奇，尤其這還跨越了物種之別。亞歷山卓‧羅格（Alexandra W. Logue）在《飲食心理學》（*The Psychology of Eating and Drinking*, 2004）[108]指出，老鼠雖然不吃辣椒，但若牠們接觸其他

吃辣椒的老鼠，也可以「學會愛吃辣椒」。同樣地，黑猩猩不愛吃辣椒，但牠們和人類接觸之後也可以養成對辣椒的喜好[109]。

人類是唯一真正食用辣椒的雜食動物。1980年所作的研究發現，墨西哥人通常一天會吃數次辣椒，80年代中期，英國有一本書曾說了教人難忘的一段話：「印度、南美和非洲都大量食用辣椒，份量多到西方人脆弱的味蕾難以接受的程度。」[110]呼應了一個多世紀以前畢頓太太對香料的憂慮（見〈導言〉）。

香料專家加諾特‧卡澤（Gernot Katzer）認為，辣椒「讓一切的滋味更美好」，不同意這個觀點的人「只是欠缺經驗和訓練」[111]。這又忽略了人的口味各不相同的事實。這個人覺得「辣得像火燒一樣」，那個人卻可能只覺得「普通」。味覺特別敏銳的「超級品味家」（supertasters）舌上的菌狀乳頭高於一般人，因此對苯硫脲（phenylthiocarbamide，PTC）和丙硫氧嘧啶（6-n-propylthiouracil，PROP）這兩種化學物質反應更強烈，對辣椒會產生更敏銳的灼熱感受，因此可能更不嗜辣。

演化心理學者傑森‧古德曼（Jason Goldman）以他稱為「享樂逆轉」（hedonic reversal）或「良性自虐」（benign masochism）的機制，來解釋人類嗜辣的原因：「每年都有數百萬人會因為發生某事，導致原本負面的評價變為正面，就像打開或關上電燈開關一樣。」[112]羅格揣測，我們喜歡吃辣是因為「伴隨辣味而來的疼痛看似危險，實際卻安全 —— 這是人類尋求感官刺激特性的表現。」[113]

不過多安全才叫安全？辣椒素不只是象徵性的燒灼，而且實際

上也會造成身體的灼傷。在處理辣椒時一定要戴手套，萬一你忘了而灼傷，切記：沖冷水無濟於事。辣椒可溶於酒精和油，因此你該趕緊用蔬菜油塗沾到辣椒的地方，然後用肥皂和水把它們洗掉，或者用藥用酒精塗敷患處。如果你是辣到舌頭，趕快吃濃度高的乳脂或希臘優格：乳製品中的酪蛋白可以去除受體上的辣椒素分子。

不過若你只以辣度作為辣椒的定義，那就犯了大錯。味道溫和的甜椒和英國改良的墨西哥辣豆醬 —— 把辣度降到極低，幾乎是幼稚園兒童食用義大利肉醬的程度，結果大受歡迎，顯然大家愛的是沒有辣味的辣椒風味。川菜常把辣椒用熱油炸焦，降低辣椒素的強度，比如在宮保雞丁中和花椒一起使用。至於東南亞菜餚，雖然辣味極其重要，但卻要配合更細膩的味道一起品嚐，如香茅和南薑之類的香料舉足輕重，想想這些成份對泰式綠咖哩的風味有多大的影響，更不用提如新鮮檸檬葉、大蒜、蝦醬等作料了。.

辣椒和茄子、番茄一樣，是茄科屬植物，原生在南北美，在它們原始的棲地是多年生植物，但在氣候較溫和的地區則當作1年生植物栽植。目前主要的生產國是印度，尤其是東南部的安得拉邦（Andhra Pradesh）。不過辣椒容易栽培，因此傑克・特納才會說，辣椒「從來不像千百年來其他真正的東方香料那樣是賺錢的主力商品」[114]。

辣椒通常都是家庭式栽植，網際網路上到處都是嗜辣者的部落格和論壇，唇槍舌劍辯論最辣的品種究竟是哪一種，該如何栽種。（請注意：辣椒世界也吸引了辣椒狂、辣椒癡，也有教人很不舒服的大辣椒主義，可以看到極其尖銳的對話。）可以想見，許多這種栽植

者／部落客都是美國人，但在英國也有不少自己在家栽種的辣椒迷（見thechileman.org網站）；或者如貝德福德郡可食裝飾植物（Edible Ornamentals）這種小規模的專業種植者，他們的水耕辣椒已在維特羅斯（Waitrose）連鎖超市和福南梅森（Fortnum & Mason）食品店內販售。唯一一種有專門研究中心的香料非辣椒莫屬，新墨西哥州立大學1922年設立的辣椒研究所迄今依然是「唯一一家以教育和研究辣椒為目的的非營利國際機構」。

辣椒被叫做'Peppers'（胡椒），當然是哥倫布取名不當之故。他在1492年踏上伊斯帕尼奧拉島（海地島）時，初嘗這種香料，不禁感到迷惑。他寫道：「這裡盛產aji，這就是他們的胡椒，比（黑）胡椒還值錢，而且所有的人什麼都不吃，專吃這個，對健康很有助益。」他對其辣味感到震驚，但認為這是一種黑胡椒，所以運了50船（caravels，十五世紀的三桅小帆船）回西班牙，再由西班牙傳至葡萄牙，輾轉來到印度和非洲，最後因突厥侵略，而散布到中歐和東歐，當地人在燉煮如古拉什（goulash，匈牙利肉湯，此字來自匈牙利文gulyás，意即「牧人」）、波蔻特（pörkölt，濃醬汁燉肉）和帕皮卡（paprikash，燉肉加酸奶麵糊）及其他無數家常的肉類菜色時，都會加大量的紅椒粉（paprika）。北歐較晚對辣椒產生興趣，始於十九世紀，正是史學家莉琪‧科林漢（Lizzie Collingham）所說，辣椒「進入印度咖哩烹飪書」之時，因此「更加深英國人認為辣椒與印度次大陸（而非南北美洲）息息相關的印象」[115]。

紅椒粉味道通常較為溫和，因此香料達人卡澤在他的網站上把它

和其他「正宗的」辣椒作了區分，他認為「把溫和紅椒和火辣的辣椒放在一起討論沒有多大意義，因為它們的用法截然不同。」這話說來或許沒錯，但為了效率，也因為非專業人士以為紅椒粉應該會和其他辣椒列在一起，因此我在此也順帶一提。不過在本書後面還會把它單獨列出討論。

起初，印度稱辣椒為「伯南布哥椒」（Pernambucco pepper，伯南布哥是巴西地名），意味著它始於巴西經由里斯本來到印度，但在孟買它卻稱為「果阿椒」，因為辣椒是由果阿進口。印度人食用辣椒，因為它狀似他們大量使用的蓽茇，味道也相近，但可以保存較久，栽種亦較容易。南印菜餚有特別的烹調法，科林漢提到喀拉拉邦有一道食譜，「用100克的綠辣椒和700克的雞這樣的比例，再加上大量紅辣椒粉，來做辣雞肉菜」[116]。

印度傳統醫學阿育吠陀的醫師用辣椒來治霍亂。羅森嘉頓提到印度西部有一種稱作mandram的健胃藥，是用黃瓜、紅蔥、萊姆汁和馬德拉酒調和之後，加入搗碎的雀眼椒[117]。

辣椒的分類是個麻煩的問題，因為它們很容易異花授粉，所以有數百種不同的品種，各品種下面再分各次級品種，而且有些不只有好幾個名字，而且還共有相同的名字，難怪有的書說這是「地雷區」[118]。還有一本書說「其種類的數量和範圍教人嘆為觀止，不可能徹底描述說明」[119]。英國電視名廚德莉亞‧史密斯（Delia Smith）說：「恕我用雙關語來形容，但辣椒這個題目就是混亂的溫床：有這麼多的品種，用法又有這麼多變化。」[120]就連作風一向穩健的卡澤都

承認：「拉丁美洲不同品種的辣椒，名字多得難以勝數 —— 尤其是墨西哥。」1529年，聖方濟教士伯納狄諾・迪薩哈岡（Bernardino de Sahagun）在他的阿茲特克百科全書中寫道：「好的辣椒商人賣辣味溫和的紅辣椒、寬辣椒、辣的綠辣椒、黃辣椒、庫伊特拉辣椒、坦皮爾辣椒、齊齊歐阿辣椒」：

> 他賣水辣椒、醬辣椒；也賣燻辣椒、小辣椒、鼠尾椒、細辣椒、金龜辣椒。他賣地獄辣椒、早熟辣椒、空心辣椒。他賣綠辣椒、紅尖椒、晚收辣椒，來自阿吉茲烏肯、土克米克、胡克薩泰派克、米可亞肯、亞納瓦克、瓦斯特卡、齊齊麥卡……的辣椒。[121]

以此類推。辣椒營養豐富 —— 富含維生素A和C，而且隨著新墨西哥的栽培發展，其種莢的大小增加，作為蔬菜（而非僅是香料而已）的價值也提高。問題是它們的大小和形狀並不規則，「讓農民很難決定每年要種什麼樣的辣椒。」[122]1888年一名園藝學家法比安・賈西亞（Fabian Garcia）想要把各種品種標準化，因此栽培種莢大小一致，辣度程度相當的辣椒 —— 讓辣椒店樂於販售，消費者樂於購買的品種。1921年，他公開了自己的成果：新墨西哥9號，是在新墨西哥州著名辣椒產地哈奇谷（Hatch Valley）用3種普通辣椒混種生成的品種。如今北美廣泛使用新墨西哥9號繁衍的後代，比如加州安納罕辣椒。

新墨西哥依舊是美國最大的辣椒產地，約有3萬5千英畝農地專門種植辣椒，該地的生活命脈就是辣椒，不論是商業、烹飪，或是象徵意義上均是如此：

> 新墨西哥所有主要的菜色全都含有辣椒：不管是醬汁、燉菜、烤肉、起司烤捲餅、墨西哥粽子和許多蔬菜的菜餚。新墨西哥菜和德州或亞利桑納州菜色不同之處，就是它大量使用辣椒作為食物，而非把辣椒當成香料或作料。新墨西哥的房屋都用一串串的紅辣椒乾裝飾，稱作rustras。想像一下各種標牌、T恤、咖啡杯、帽子，甚至內衣上都有辣椒的圖案。夏暮秋初，烤辣椒的氣味瀰漫全州。[123]

根據最後一次的統計，辣椒總共有32個品種，其中以普通辣椒（C. annuum）最常見。這種辣椒大半味道溫和，如青椒、甜椒、櫻桃椒〔pimientos，甘甜的小甜椒，用來填塞橄欖，此字和pimento（多香果）毫無關係〕以及匈牙利紅椒（paprika）、墨西哥辣椒（jalapeños，通常趁綠色的時候吃）和卡宴辣椒（cayennes）。齊波雷（chipotle）是煙燻的成熟墨西哥辣椒，常裝罐製成阿朵波醬（adobo sauce），也可鮮製莎莎醬（salsa）。卡宴辣椒外形長而皺，有時奇形怪狀，因此俗名牛角椒，卡宴辣椒雖是以法屬圭亞納首府卡宴（Cayenne）而得名，但兩者並無牽連，而且大半是在印度和東非栽植。值得一提的是商業用的卡宴辣椒通常以磨細的粉末出售，其實是

數種不同的辣椒粉混合而來，也可能含有一般視為較劣的品種漿果辣椒（C. baccatum）。

另外還有四大品種，我們已經談過灌木辣椒（C. frutesces），它包含兩個知名的亞種：雀眼椒和塔巴斯科辣椒，也就是塔巴斯科辣醬的主要成份，這種辣醬自1848年起在路易斯安納南部生產，其名字是當初進口此辣椒的墨西哥原產地州名。（卡澤對塔巴斯科的味道持懷疑看法，他對灌木辣椒基本上沒好感，並且認為「塔巴斯科獨特的味道是來自它在木桶中成熟的時期，而非來自於辣椒本身。」）[124]不過灌木辣椒還有很多其他品種，包括菲律賓的野辣椒（siling labuyo），或稱塔加洛（tagalog），其葉子用在雞湯（tinola）中。

中華辣椒（C. chinense）是1776年荷蘭植物學家尼古勞斯‧約瑟夫‧馮‧雅坎（Nikolaus Joseph von Jacquin）所發現，他以為它源自中國（其實不然）。這種辣椒號稱有最辣的品種，比如生在佛羅里達州的達提爾椒（datil）辣度在10萬-30萬SHU之間，墨西哥猶加敦半島上的印地安人猶加敦族食物中常見的哈瓦那辣椒（habanero）辣度在10萬-35萬之間，還有狀如十九世紀蘇格蘭男人所戴圓帽的蘇格蘭帽辣椒，和多香果混合，用來製作加勒比海肉乾，它可能正是哥倫布當初所見的aji，不過也可能是漿果辣椒，如今已難確定。

幾年前曾有一陣子，舉世最辣的辣椒是千里達莫魯加毒蠍椒（Trinidad Moruga Scorpion），這是中華辣椒的一個品種，辣度逾200萬SHU。《辣椒全書》（*Complete Chile Book*）的共同作者，也是辣椒研究所的所長保羅‧波斯蘭德（Paul W. Bosland）描述食用這種辣椒

的感覺：「你先咬一口，感覺似乎還好，但接著它的辣度會增強增強又增強，最後非常嚴重。」[125] 研究所資深專員丹妮絲‧柯恩（Danise Coon）說，她和兩名負責收成這種辣椒的學生在採摘的時候戴了4層乳膠手套：「辣椒素一直滲透手套，浸蝕我們的手，我從沒碰過這種情況。」[126] 不過辣椒新霸主一直不停地出現，本書成稿時，舉世最辣的辣椒公認是卡羅萊納死神辣椒（Carolina Reaper，220萬SHU），這是紅哈瓦那辣椒和斷魂椒的雜交品種。

主要辣椒品種的最後一種是茸毛辣椒（C. pubescens，茸毛指的是它葉片上的毛），廣受喜愛且辣味十足的秘魯羅可托（rocoto）辣椒 —— 在瓜地馬拉叫caballo（「馬」之意，因為它像馬一樣會踢）和墨西哥的levanta muertos（「復活」之意）都屬於此類，不過其辣度僅3萬，比起灌木辣椒來是小巫見大巫。羅可托辣椒常被當成甜椒，長得很像，但吃錯了可就糟了。它在秘魯很受喜愛，常用絞牛肉和白煮蛋做成辣椒鑲肉，撒上起司去烤。

普通辣椒的一個品種塞拉諾辣椒（serrano pepper）是非洲西北馬格里布地區的哈里薩辣醬（見〈混合香料總覽〉）的主要成份，辣椒很可能是西班牙於1535-1574年間佔領突尼西亞時引進當地[127]。

參見：黑胡椒、紅椒粉

肉桂（*Cinnamon*）

Cinnamomum zeylanicum（錫蘭肉桂）和 *C. cassia*（肉桂）

　　再沒有香料的來源像錫蘭肉桂那樣神秘而且遭人誤解。哥倫布以為他1493年在美洲（他誤以為自己已來到印度群島）發現了肉桂，可是他帶回家的那些樹皮卻教大家如墜五里霧中，「有人說那些樹枝看起來有一點像肉桂，可是嚐起來卻比胡椒辛辣，而且聞起來像丁香──會不會是薑？」[128] 公平地說，哥倫布帶回來的肉桂，可能是有「野肉桂」之稱的假樟木（Canella winterana）樹皮，常用在香氛球和香水中，所以他猜的並不太離譜。

　　古埃及人是由他們稱為朋特（Punt）的地方採購肉桂（以及乳香和沒藥），他們認為這是個遙遠奇幻的地方，可能是當今的厄利垂亞、衣索比亞或索馬利亞。根據埃及古城底比斯（Thebes）法老墓地

牆壁上的凸紋雕刻，西元前1500年左右，哈屈普蘇特女王（Queen Hatchepsut）曾派5艘大帆船航行紅海，這樣的遠征雖屬常規，卻依舊是了不起的大事。考古學家喬伊絲‧泰德斯利（Joyce Tyldesley）在哈屈普蘇特女王的傳記中寫道，埃及人「並不很明白海上旅行的危險」：赴朋特的航行就相當於當今探險家的「登月之行」[129]，不過所得的報酬卻遠超過風險。底比斯的壁畫就勾勒了男子扛著袋子和樹木走過跳板上船，準備回航。壁畫下方是象形文字的雕文，翻譯如下：

> 船隻滿載朋特之鄉的各色珍寶；所有神聖之地的芳香木材、成堆的沒藥樹脂，還有新鮮的沒藥樹，烏木和象牙，艾姆族人的綠色黃金、肉桂木、珍貴木材、焚香、馨香、眼睛的化妝品，有猿、猴、狗和南方豹子的皮，還有原住民和他們的孩子。自古以來從沒有任何國王曾帶回這樣多的收穫。[130]

船隻滿載而歸之後，女王就把他們帶回的貨物獻給天神阿蒙（Amon）：

> 女王陛下親自用雙手獻祭，她的四肢塗滿了最佳的沒藥，她的芬芳宛如仙露，她的氣味和朋特混合在一起，她的皮膚鍍上琥珀金（淡黃色的金銀合金），在眾人面前的慶典大廳上燦爛如星辰。[131]

這景象無比美好：甚至可說狂歡，只是肉桂不會生在「非洲之角」（Horn of Africa，非洲東北部），氣候不對，所以一定是帶到那裡去，賣給女王吃苦耐勞的船員。但怎麼帶去的？由哪裡帶去的？誰帶去的？

肉桂起源的問題一直糾纏著歷史權威，希羅多德說：「它生在哪個國家，實在無法知道。」接著他轉述了阿拉伯商人流傳匪夷所思的故事：

> 阿拉伯人說，這種乾燥的棒子我們稱為kinamomon，是由大鳥帶到阿拉伯來的，牠們把棒子帶到由泥製成的鳥巢上，在沒人爬得上去的懸崖峭壁。他們想出取得肉桂棒的方法如下：把死牛切成很大的肉塊，放在鳥巢附近的地上，接著人散開。鳥兒飛下來把肉帶回牠們的巢，但巢太脆弱，撐不住肉的重量，因此落到地上，人就上前揀走肉桂。用這種方式取得之後，再出口到其他國家。[132]

泰奧弗拉斯托斯說，肉桂「供食用的是樹皮而非木材」，這話是對的，他也謹慎地強調下列的故事「純屬傳說」：

> 他們說[肉桂]生在深谷中，那裡有無數的蛇，會咬人致死，因此他們要先保護手腳，才能爬下深谷。等他們取得肉桂，就把它們分成三部份抽籤，抽中屬於太陽的那一份就留下

來；他們還說，一等他們離開，就看到留下的肉桂起火。[133]

　　普林尼400多年後寫道，這些「老故事」都是無稽之談。他聽說，或者直覺猜到肉桂來自衣索比亞，或至少是由衣索比亞人透過通婚而建立關係的「穴居人」（厄利垂亞和索馬利亞人）那裡得來，再經交易。香料史學者道比認為普林尼所謂的「衣索比亞人」包括印度洋遠東海岸的居民。

　　這很重要：它表示普林尼「知道肉桂來自東南亞，並且跨越了整個印度洋來到西方」。不然該怎麼解釋普林尼的話？他說這趟旅程花了貿易商「來回幾乎5年的時間」，而且有很高的機率會死亡。

　　經過許多世紀，這奧秘依舊未解。到1340年代，摩洛哥探險家伊本・巴圖塔（Ibn Battuta）來到自1972年改稱為斯里蘭卡的島嶼，在西北方發現了普特拉曼（Puttlaman）這座城市「覆蓋在河水沖下來的肉桂樹下」。我們不知道他對發現肉桂產於這裡的大秘密是否感到吃驚，也或許身為穆斯林的他，因為曾在貿易中樞亞歷山卓待過一段時間，可能有商人朋友給了他這個內線情報。有些歐洲人，如義大利天主教傳教士若望・孟高維諾（John of Montecorvino）也猜出了這個秘密，但基本上斯里蘭卡是「真」肉桂的來源地，依舊是穆斯林的秘密。斯里蘭卡原名錫蘭，再早稱為錫倫狄布（Sarandib），而這個地名就是‘serendipity’（機緣湊巧）這個觀念的由來〔源自英國文學家霍勒斯・渥波爾（Horace Walpole）讀波斯童話「錫倫狄布三王子」〕……渥波爾在1754年寫給朋友的信上提到，這三個王子「總是

出於意外和精明的判斷，而意外發現他們本來並沒有追尋的事物」。

至於葡萄牙人，則恐怕是靠精明的判斷而非巧合，才發現肉桂並不是來自鳥巢或蛇谷，而是來自在斯里蘭卡西海岸一段長200英哩土地上的野生樹木。

錫蘭肉桂是樟科常綠灌木，深綠色的葉子上生有脈紋，綠色的花朵氣味濃烈，生紫黑色的漿果。它在低緯度茂密生長，喜蔭和適量雨水。每一株樹有8-10枝橫向伸展的側枝，3年後成熟即可收穫 ——要選在雨季收成，因為這時的濕度才容易剝下樹皮。香料主要是在樹皮（不過葉和芽亦有價值），用手工把樹皮捲成「卷」（quills），並按外觀、厚薄和香氣來定高下，其術語就巧妙地說明了品質的優劣之分：破裂的卷稱作「羽狀」（quillings）；樹枝的內皮叫「羽毛」（featherings）；粗皮的零頭叫「碎片」（chips）。

傳統上，肉桂的收成是島上僧伽羅沙羅加摩（Sinhalese Salagama）種姓階級的工作，他們把製成的肉桂卷交給國家當成賦稅。十六世紀初，葡萄牙人來到錫蘭，掌控了肉桂的貿易，容許這種交易繼續進行，但在其他方面極其殘酷，比如葡萄牙貴族阿爾布克爾克（Albuquerque）在麻六甲下令屠殺所有穆斯林，或者把他們出售為奴。1518年，洛波‧蘇亞雷斯‧德‧阿貝加利亞（Lopo Soares de Albergaria）總督建了堡壘兼工廠，強迫低地王國科提（Kotte）的國王向葡萄牙國王曼紐一世（King Manuel I）稱臣：「寫在金箔上的條約規定每年須納貢300巴哈爾（bahar，現已不用的度量衡）的肉桂、12個紅寶石戒指，和6頭大象。」[134]

到1658年，荷蘭人趕走了葡萄牙人，並把斯里蘭卡納入荷屬東印度公司（VOC），該公司到1669年已經成了自給自足的小國家，共有5萬多名員工，擁兵1萬餘名，並有鑄幣權，能夠打仗和簽訂條約。如果到斯里蘭卡西南海岸的加勒要塞（Galle Fort）一遊，你就會看到在要塞大門上有荷蘭盾形紋章，VOC就刻在當中 —— 這是荷蘭帝國巔峰的遺跡。

VOC垮台之後留下的真空由英國人填補，他們在1796年拿破崙戰爭時佔據了錫蘭島的海岸地區，但一直要到1815年才掌控完全的統治權，只是那時歐洲人的口味已經改變，茶、咖啡、糖和柳橙等異國水果取代香料，成為舉世最炙手可熱的商品，肉桂交易也就式微了。（見〈導言〉）

＊　＊　＊

如今一般人都認為肉桂是食物的調味料，但在中世紀之前，它卻像香水一樣備受珍視 —— 泡在脂肪或油裡，然後徐徐加熱，釋出香氣。（香水的英文字perfume源自拉丁文per fumum，「經由煙」之意。）古希臘女詩人莎孚（Sappho）告訴我們，在特洛伊英雄赫克特（Hector）和安德洛瑪希（Andromache）的婚禮上，肉桂芬芳四處飄揚。而在羅馬詩人盧坎（Lucan）的史詩《法沙利亞》（*Pharsalia*）中，埃及艷后克麗奧佩托拉和隨員為凱撒舉辦盛宴，讓他目眩神迷，受香氣和美食的誘惑，因為「她們的秀髮浸了肉桂／芳香在空氣裡不曾停歇」。

在古埃及、希臘和羅馬，肉桂和喪禮及塗香料息息相關。羅馬皇帝尼祿在盛怒之下，殺死有孕在身的第二任妻子波佩亞之後——史學家蘇埃托尼烏斯（Suetonius）說他賽車晚歸，雙方口角之後他踢了她的腹部；塔西圖（Tacitus）把這件事描繪為偶發的家庭暴力——他非常懊悔，下令在波佩亞的葬禮上焚燒一整年份的肉桂。

用肉桂塗抹屍身的用意，並不是像其他香料那樣作防腐之用，甚至也不是去味，而是讓死者保持聖潔，保護他的靈魂到另一個世界：慶祝祂的重生，而非哀悼祂的消亡，有趣的是這種想法和鳳凰的傳說一脈相承，讓我們回想到希羅多德描繪這種在山上的鳥類，以及泰奧弗拉斯托斯所說的「太陽獻祭」，顯示這兩種說法是來自同一神話傳說。

在某些版本的鳳凰神話中，肉桂是這種鳥的鳥巢和火葬柴堆不可或缺的成份，是牠復活的關鍵。〔十六世紀詩人羅伯特‧赫里克（Robert Herrick）寫道：「若我親吻安西雅的胸部，／就會嗅到鳳凰鳥的窩巢……」，他心裡想的就是肉桂的味道。這也引導他在給安西雅的另一首詩中這麼結尾：「最親愛的，在為我塗香膏下葬時／不需要香料，因埋葬我的是你。」〕如果鳳凰沒有肉桂，就不能再生，而會永遠死亡。

鳳凰就像希羅多德描繪的山中之鳥一樣，把肉桂由天涯海角帶到人類的世界，而且就像泰奧弗拉斯托斯的故事一樣，鳳凰把自己奉獻給太陽，牠衰老的身軀在獻給太陽之後就會燃燒。羅洛夫‧范‧登‧布洛克（Roelof van den Broek）在《鳳凰的神話》（*Myth of the Phoenix,*

1972）寫道，瀕死的老鳳凰鳥收集肉桂，該被視為一種古老葬儀：「在臨終的臥處、棺架，墳旁和墓內，原本就有放置許多芳香物品的習俗，按習俗，也會把它們和火葬的柴堆和甕裡的骨灰混合。」[135]鳳凰鳥用肉桂覆蓋自己 ——「在人類世界中，這個工作就落在死者家屬身上」，牠是在為自己的葬禮作準備。

在中國神話中，肉桂也象徵太陽和永生，肉桂生長在黃河源頭的瑤池仙境，是生命之樹，無法砍倒 —— 其樹幹會擋住伐木者的斧頭。任何人只要來到瑤池，吃了這棵樹的果子，就能長生不死。然而這種肉桂並非錫蘭肉桂，而是中國肉桂（C. cassia）或稱玉桂、桂皮，也生長在喜馬拉雅山東方，多年來西方人一直以為這是肉桂。〔還有一種牡桂（C. loureirii），或稱「西貢肉桂」，則生長在越南。〕美國1938年制定的食品藥物和化妝品法案，准許這種香味強烈但較粗糙的品種當成肉桂出售，但在英國不行，如果你看看英國肉桂粉的香料罐，就會看到上面不情不願地標明：「成份：肉桂（桂皮）。」

肉桂和桂皮常常被混為一談，但在十五世紀，約翰‧羅素（John Russell）在他的《食物之書》（*Boke of Nurture*，約1460年）中斬釘截鐵地說，桂皮不如肉桂 —— 在你口中不如「真」肉桂那般「新鮮、辛香和甘甜」，桂皮卷的味道「薄、易碎，顏色偏白」。至於羅馬人稱作malobathrum、印度人稱作tejpat的，則是柴桂（C. tamala），其葉子用於烹飪（阿皮基烏斯亦有提及），並製成油，作為藥用和香水。耶和華指示製作聖膏油中的「甜肉桂」究竟是錫蘭肉桂或其他種類，則不得而知。

在日常烹飪應用方面，肉桂比其他香料更廣泛，它就像豆蔻一樣，添加在牛奶和米布丁裡，也放進不列顛週日午餐的經典甜點蘋果奶酥（apple crumble）和所有以蘋果為材料的蛋糕。它也像丁香一樣，可加在酒精熱飲和燉菜中，並且可以讓水煮水果有光澤如焦糖般的滑順感。如果這些香料可以相輔相成，彷彿一家人，那是因為它們全都含丁香酚（eugenol）這種化學成份之故，不過肉桂獨特的味道是來自於桂皮醛。

肉桂和糖十分契合，這也是肉桂吐司和肉桂味脆穀片如Cinnamon Toast Crunch、Curiously Cinnamon等大行其道的原因。珍‧葛瑞森追溯肉桂吐司的歷史到1666年，羅伯特‧梅伊（Robert May）所寫的《高超廚師》（*The Accomplisht Cook*），她說，書中「以簡短的說明要你烤好麵包，撒上肉桂與糖和紅酒的混合物。」[136]為什麼要加紅酒？葛瑞森說這能「更添美味。」

其實說肉桂和早餐密不可分，似乎更準確，由敘利亞阿勒坡（Aleppo）地方的粗粒小麥粉布丁馬摩納（ma'mouna），到星巴克很有嚼頭的奶油起司糖霜肉桂卷，都添加了肉桂。數千年來，玉米粥（atol）一直是美洲原住民的經典早餐。西元前六世紀，墨西哥瓦哈卡山谷（Oaxaca Valley）的薩波特克人（Zapotecs）把可可子和多香果加入玉米粥內，製成熱巧克力（champurrado），但是「等到十六世紀，西班牙人把外國香料帶到新世界後，肉桂就成了不可或缺的成份」[137]。土耳其的熱飲salep添加了野蘭花塊莖所製的澱粉，再撒上一層厚厚的肉桂粉飲用。

桃樂絲・哈特利的《英格蘭食物》（1954）有一份可追溯自1600年的肉桂棒食譜：這種食物「公認對治感冒或在教堂裡的兒童有益」。先用熱玫瑰露溶化阿拉伯樹膠，然後在液體裡加糖和1盎斯的肉桂粉。「攪拌後把它舖在平板上，待硬化之後切成薄片，然後把它們『捲起』、『塑形』成為肉桂棒。」[138]羅絲瑪麗・漢菲爾（Rosemary Hemphill）在企鵝出版公司的《香草和香料全書》（*Book of Herbs and Spices*, 1966）中建議把肉桂撒在糖漿餡餅（treacle tart）上食用，不過她承認這種作法並不傳統。

英國詩人傑維斯・馬侃（Gervase Markham）在《英國主婦》（*The English Huswife*, 1615）一書中，把美味可口的派當成英國廚房的精華，其中蘊含了「所有調味的藝術」。伊莉莎白・艾爾頓在《英國烹飪》（1974）書中說，馬侃描寫的雞派「太過油膩」，肉桂下得過重，鯡魚派亦然。艾爾頓大概被它的糖霜派皮所嚇倒，承認她「根本不敢嚐試」。

市面上各式各樣的斯里蘭卡咖哩混合香料一定會用到肉桂。這種咖哩以辛辣聞名，不過其辣味有椰奶調和l。在斯里蘭卡，家家戶戶都有自己的混合香料，其中也可看出地區的不同。在喀拉拉邦，肉桂加在椰子粉燒肉（irachi varutharachathu）和文達盧豬肉（panniyirachi vindaloo），後者源自喀拉拉邦的拉丁基督教社群 —— 在葡萄牙人來到之後，改信基督教的馬拉亞利人（Malayalis）；因此他們的烹飪和果阿很像（肉桂在咖哩肉類中很重要，因為它的甜味能去除醋的酸和辣椒的辣，尤其如果咖哩用了當地土產的雀眼椒，其辣椒素含量高達

0.504%）。

希臘名菜茄子肉醬千層派（moussaka）的白醬裡也會加肉桂。伊麗莎白·大衛提到一家塞浦路斯餐廳用一碗肉桂粉加在熱雞蛋檸檬湯（avgolémono）裡 ——「很美的點子」，然後再撒在櫛瓜上[139]。

肉桂在糕點上的用法，也包括加入克里特起司派（kallitsounia）和希臘傳統甜點卡士達千層牛奶玉米糕（galaktoboureko）的糖漿。

品質最佳的肉桂依舊是非斯里蘭卡莫屬，生長在可倫坡北方尼甘布（Negombo）區的「銀沙」（silver sands）海岸地帶。

丁香（*cloves*）

Eugenia aromatica

　　約西元前1720年，在離伊拉克邊界不遠的敘利亞城市特卡（Terqa），有個叫普茲朗（Puzurum）的人房屋慘遭祝融，這間簡樸的房屋就在巴比倫健康女神寧卡拉克（Ninkarrak）的廟附近，是當時房屋的典型，共有三個房間圍繞著一個庭院，而這庭院就是主要生活起居和烹飪的地方。

　　到了1976和1986年間，洛杉磯加大近東語言文化系的名譽教授喬治歐・布切拉提（Giorgio Buccellati）率考古學者團隊挖出了這棟房子燒毀的斷垣殘壁，發現了一堆狀如枕頭的泥板。經過這麼多年，它們早該碎裂化為塵土，可是因為經火灼燒，因此它們還保存了原本的模樣，上面的刻字也清晰可辨。

這些楔形文字透露出普茲朗是個成功的地產商人，這倒不足為奇，但若以考古隊接下來所發現的文物來看，卻有深遠的意義。因為他們緊接著就找到了一個小磁器罐子，裡面裝了一些丁香。

在西元前1720年，舉世唯一生有丁香樹的地方，是摩鹿加群島附近的火山島嶼，離敘利亞有6,000英哩之遙。

多少世紀以來，當地島民取這種桃金孃科常綠喬木尚未綻放的乾燥花蕾，賣給來來往往的阿拉伯、馬來和中國商人，人盡皆知，但一直到特卡被挖掘出來才知道這種香料的散布有多廣。布切拉提寫道：「在我們挖掘之前，並沒有證據顯示西方在羅馬時代之前就使用這種香料……像普茲朗這樣的中產階級不但擁有這種香料，而且還使用它（作烹飪或醫藥之用），顯示高度的跨文化吸收。」[140]

就如布切拉提所言，羅馬人知道有這種花蕾，也使用它們。普林尼在他的《自然史》中就提到「一種稱作caryophyllon，像胡椒的顆粒，只是比較大也比較容易碎裂，據說生長在印度的落拓棗樹（lotus trees），為了其香氣而進口此地」。不過普林尼這段話根本是道聽塗說，他恐怕根本連丁香也沒見過，更不用說丁香樹了。一直到西元1500年，都沒有歐洲人看過丁香樹。（馬可波羅說他在中國西南看過丁香樹，其實他弄錯了。）

阿拉伯作家易卜拉欣·伊本·瓦西夫–沙阿（Ibrahim ibn Wasif-Shah）聽說丁香生長在印度附近的島上，那裡有個丁香谷：「沒有商人或水手曾經踏上那個山谷，或者看過生長丁香的樹。他們說丁香的果實是由精靈販售。」[141]

丁香因為形如釘子，因此英文和其他語言都以此為名，英文的clover是來自法文的clou de girofle，clou正是釘子之意。其幼樹是圓錐形，但慢慢會長成圓柱形，生有光滑的綠葉，開成簇的深紅色花朵，可以生產150年。

　　就像豆蔻一樣，在這麼久遠的距離下，很難了解丁香當年的價值。伊麗莎白‧大衛1970年對這種香料發表了她的看法，迄今許多人也依舊抱持相同的態度：「一點丁香就可能收宏效，至少就我的口味是如此。我不買太多丁香，儘管它們很美麗，但我認為它們會破壞蘋果派的滋味，而蘋果派就是丁香在英國廚房中的主要用途。」[142]她承認「在耶誕布丁、耶誕雜果派（mincemeat）和熱十字小麵包裡非加丁香不可」，但也就如此而已。這粗短的小小花蕾不足掛齒，不值得橫跨世界去搜羅。然而比起其他任何香料來，丁香都更是大航海時代地理大發現的推手，為我們留下了最不可思議的航海故事，其中又再沒有比麥哲倫環球航行的事蹟更教人嘖嘖稱奇。

＊　＊　＊

　　要了解葡萄牙人麥哲倫打破威尼斯壟斷歐洲香料市場的程度，我們得先對達伽馬有所認識。

　　達伽馬奉葡萄牙國王曼紐一世之命，要尋找赴印度的海路。1497年7月8日，4艘船由里斯本出發，繞過好望角，行經莫三比克和馬林迪（Malindi，今肯亞的城市），接著在1498年4月24日以東北東的航線越過阿拉伯海。他們藉季風之助，在5月20日抵達印度西岸的

卡利庫特（Calicut），船員不禁歡呼'Christos e espiciarias!'——為基督和香料！

達伽馬獲得當地人的熱烈歡迎，這一定教他放下心中大石。他船員所記的日誌記錄了據說是卡利庫特國王送來給曼紐一世的訊息，用鐵筆寫在棕櫚葉上說：「貴國的紳士達伽馬來到我國，教我十分歡喜。我國盛產肉桂、丁香、薑、胡椒和寶石，我願與你交換金銀、珊瑚和羊毛布料。」

這老實的訊息讀來教人不忍，國王不知道達伽馬最後帶回去的商品價值是他探險花費的60倍。

曼紐一世希望香料更便宜一點，1512年葡萄牙軍隊攻下了馬來半島南部的轉口港麻六甲——史學家傑克‧特納稱此地為「扼所有東方香料西行之咽喉」[143]。

後來麥哲倫——這名少年時期曾在葡萄牙王室擔任僕役的貴族，建議說不定向西航行也可抵香料群島，這樣就不用繞行非洲南端，只是他卻遭冷淡對待。他因向曼紐一世爭取津貼未果而失寵，當麥哲倫彎身行禮親吻國王的手時，國王卻把手縮回，這是莫大的侮辱。

麥哲倫氣憤之餘，轉向西班牙提建議。他在1517年10月20日來到塞維爾向年方18的查理一世建言，主張摩鹿加群島其實不是葡萄牙的省份，而屬於西班牙。教宗亞歷山大六世曾為葡萄牙與西班牙劃定海外擴張的分界線，規定在維德角群島（Cape Verde islands）以西約300英哩所畫的想像子午線，以東的非基督教土地都屬葡萄牙，以

西則屬西班牙。（教廷忽略了地球是圓的事實。）

　　當年查理一世的外祖父母斐迪南和伊莎貝拉曾贊助哥倫布。如今麥哲倫和他的同謀，航海學者羅德里奎‧法勒拉（Rodriguo Faleira）去晉見查理一世。麥哲倫先把他的同袍老友法蘭西斯科‧瑟拉奧（Francisco Serrão）寫來的信讀給國王聽，瑟拉奧現在發達起來了，在印尼東部摩鹿加群島中的一個島嶼德那第（Ternate）過著吃香喝辣的舒服日子，1512年他乘著一艘偷來的中國帆船抵達當地，受島上的蘇丹重用，娶了當地女子為妻。他在給麥哲倫的信裡說：「我發現了一個新世界，比達伽馬的更富庶、更大、更美……」

　　接著麥哲倫在國王面前攤開他的地圖。當時大部份的地圖都是隨便塗鴉，但麥哲倫的卻是高檔貨，由繪圖師喬治‧賴內爾（Jorge Reinel）繪製，這位繪圖師的父親佩德羅‧賴內爾（Pedro Reinel）是在本初子午線分畫緯度的第一人。儘管這是當時最好的地圖，卻依舊低估了太平洋和地球的周長。麥哲倫以為香料群島在墨西哥海岸西方不到一週的航程，然而事後證明這樣的估計大錯特錯。

　　這位西班牙國王答應出資為麥哲倫提供經費。5艘船裝了2年的補給品，共配置了234名軍官，在1519年9月20日由桑盧卡爾德巴拉梅達港口出航。麥哲倫只知道不論如何都不能侵犯葡萄牙的領土，除此之外，他也並不很清楚自己要往何處去。

　　麥哲倫朝西南航行，越過大西洋，朝南美海岸而去，但他們渴望尋覓由大西洋到太平洋的水道卻難以捉摸。船隊幾乎是意外地進入了狹窄蜿蜒長達350英哩的海峽，後來在1520年11月1日就被命名為麥

哲倫海峽。38天之後，他們進入了另一個海域，水面十分平靜，因此麥哲倫命名為太平洋，可是卻馬上得面對下一個考驗：他們已經航行了3個月又20天，沒有任何淡水或補給品。船上有名年輕的義大利船員安東尼奧·皮格菲塔（Antonio Pigafetta）堪稱麥哲倫的包斯威爾（James Boswell）[*]，他記載道：

> 我們吃的餅乾根本不能算是餅乾，它只剩屑屑和吃掉了餅乾的蟲子，更糟的是氣味臭不可聞，全都沾上老鼠的尿液。我們要喝的水也同樣臭氣沖天，污穢不堪。為了怕餓死，我們甚至不得不吃蓋住主桅下桁以防撕裂繩索的皮革。鋸木屑和老鼠也成了食物，如果逮住老鼠，可以一隻半個金幣的價格出售。[144]

又過了2年3個月，麥哲倫船隊剩下的2艘船「千里達」和「維多利亞」號，才駛入摩鹿加海域。其他的船，一艘沉了，另一艘逃跑了，還有一艘因叛變駛回西班牙。

8個月之前，麥哲倫在宿霧旁的麥克坦（Mactan）島上休息補給之時，與原住民起了衝突，已經遇害。他一路走來，一直到離目的地已經這麼近〔他為了預防壞血病，吃醃製的榅桲（quince，一種水果）〕，卻功虧一簣，遭竹矛砍死，實在教皮格菲塔難以承受：「他們就這樣殺害了我們的明鏡，我們的明燈，我們的安慰和我們真正的導引。他們傷害他時，他多次回頭，要確定我們是否都在船上。」[145]

───────

* 詹姆斯·包斯威爾，傳記作家，以記錄英國文豪約翰生的《約翰生博士傳》知名。

在攻擊者回到宿霧之後，島上原本友善的蘇丹翻了臉，迫使船隊在南海上漂流數月。他們幾乎是在偶然間才發現摩鹿加群島，因為劫掠了一艘船，擄了一個自稱曾在德那第島作過瑟拉奧的座上賓，他說：

> 和我們在一起的引航員說他們是摩鹿加人，我們為此感謝上帝，而且為了慶祝，所以發射了所有大砲。我們這麼歡喜其來有自，因為我們已經花了再2天就滿27個月的時光，一直在搜尋摩鹿加群島，在無數的島嶼中到處漂泊。[146]

千里達和維多利亞號2艘船在這群島上花了6週的時間。先前麥哲倫禁止男人帶女人上船，但現在他們趁老暴君死亡，隨心所欲。他們用一路由其他船隻劫掠來的商品來交換丁香。到最後千里達號的船結構解體，不得不傾倒船身修理──卸貨、側放、修理，重新上貨。這個過程花了3個月，時間長到在麥哲倫去世後接任船長的人，也在船未完成前去世了。

盡忠職守的皮格菲塔就利用這段時間去調查丁香如何生長，又長在哪裡：

> 收集丁香的樹長得很高，樹幹粗如人體，視植株的年齡而略有大小之分。樹枝在樹體中央伸展，但到樹頂則形成金字塔形。樹皮色如橄欖，葉子很像月桂葉。10或20顆成簇丁香就

生在小樹枝末端……剛冒出來時色白，成熟時變紅，乾燥後變黑……樹葉、樹皮和木材只要是綠的，都有其果實的優點和香味……[147]

麥哲倫原先船隊的5艘船中，唯有維多利亞號繞行地球一周。千里達號載著50噸的丁香，在返回蒂多雷（Tidore，今印尼島嶼）的路上被葡萄牙捕獲，劫掠一空；而維多利亞號則只剩21名船員和一船香料，狼狽回到西班牙，這船香料主要是丁香，價值是它們原始價值的上萬倍。

＊　＊　＊

接下來兩個世紀，葡萄牙人和繼之而起的荷蘭人控制了香料貿易，他們為保住生意，不擇手段。擁有「較多船隻、較多船員、較利槍砲和較強硬殖民政策」[148]的荷蘭人，對於摧毀整株丁香樹絲毫不以為意，他們這樣做的用意是讓丁香在歐洲奇貨可居，以便哄抬價格。傑克・特納說，荷屬東印度公司絕不容許反抗行為：「1750年，荷蘭總督雖然因病臥床不起，卻依舊堅持要親自敲掉一名德那第島叛徒的牙齒，把他的上顎打爛，切掉他的舌頭，劃破他的喉嚨。」[149]

到頭來，打破荷蘭壟斷局面的是一個名叫皮耶・波夫瓦（Pierre Poivre）的法國園藝家，他於1770年由德那第島走私了最古老丁香樹的一株小苗到模里西斯，樹木在那裡欣欣向榮。〔據說獨臂的波夫瓦姿態古怪，是知名英國童謠繞口令 ‘Peter Piper picked a peck of pickled pepper'（彼得‧派柏揀起一些醃辣椒）的原型人物。〕1799年荷屬東印度公司破產，如今舉世最大的丁香產地是坦尚尼亞的尚吉巴（Zanzibar）。

在中國的漢朝，丁香被高官權貴當作口氣清香劑使用。丁香樹的許多部位——不只花蕾而已，都含有丁香酚，如今依舊用在牙膏和漱口水中。世代相傳，認為丁香可防牙痛，醫師也用丁香油作局部麻醉和治療潰爛發炎。

十六、十七世紀的食譜上常可看到在烤肉菜餚裡加入丁香，如傑維斯‧馬侃在《廚藝大全》（ *The Well-Kept Kitchen*, 1615）這本主婦必備手冊中，就在烤鹿肉裡加入丁香，「像火腿一樣」。安德魯‧波德（Andrew Boorde）的《夏日肉丸湯》（ *Summer Soup with Meatballs*, 1542）和漢娜‧伍利（Hannah Wolley）的香料牛肉（Barthelmas Beef）混合香料中，亦有丁香成份。伊萊莎‧史密斯的《主婦大全》（1758）每兩個食譜就有一個會用丁香：白蜂蜜酒（White Mead）要用20顆丁香。

十四、十五世紀，丁香主要是皇家或貴族在用。《烹飪大全》（1390）裡就有一份「香料魚」的食譜：

> 鯉魚切小塊，用橄欖油煎過，加醋、糖和洋蔥丁同煮，撒入丁香、豆蔻皮和蓽澄茄，即可供食。

1399年10月13日亨利四世加冕大典上所上的冷香雞，正是羅絲

瑪麗‧休姆（Rosemary Hume，藍帶倫敦廚藝學院）在1953年女王伊麗莎白二世加冕禮上所創「加冕雞」的原型，只是改用丁香為主要的香料。1381年的杏仁烘肉餅食譜（bruet of Sarcynesse）也顯示了阿拉伯烹飪法在中世紀英國的影響（不過有人提出質疑，認為事涉非法使用葡萄酒）：

> 牛肉切塊，沾麵包屑油炸，瀝乾油份，放進裝有酒和糖及丁香粉的鍋內煮至肉吸飽汁。另取杏仁奶、畢澄茄、豆蔻皮和丁香同煮，加入牛肉混合均勻。

十八世紀之後，丁香在英國廚房內失了寵，只有製作布丁時才會用到它；但它依舊用在中國五香粉和東歐混合醃料中，在非洲和中東飲食中也是使用廣泛的香料，並添加在傳統菜餚如小牛腳和鷹嘴豆（kawareh bi hummus）中。喀拉拉邦的基督徒和穆斯林菜餚裡常用丁香（以及豆蔻和肉桂），反映出在歷史上喀拉拉邦與葡萄牙和荷蘭人的接觸頻繁。雖然現在丁香樹在喀拉拉和泰米爾納德（Tamil Nadu，印度南部的一個邦）處處可見，但其實丁香是在1800年之後才由東印度公司引入印度。

舉世大半的丁香都不是用在烹調或藥用，而是用在印尼的丁香菸（kretek），大半是在爪哇中部的古突士（Kudus）製造。2004年，印尼光是一天就吸了3萬6千噸丁香菸。

丁香貯存的時間很長，但一旦磨成粉，香氣就會很快消褪。自己

磨粉時，只需要磨「釘子」頂上的花蕾。

參見：多香果、肉桂、豆蔻

芫荽 （*Coriander*）

Coriandrum sativum

　　臭蟲是否肆虐憑一個線索就可知道，那就是氣味。這種寄生蟲聚在一起，如果遭到驚擾，就會散發出「警報費洛蒙」互相警示，並且散開，結果就是如焚燒橡膠那樣可怕的氣味，讓普林尼想到一種鮮綠色的細莖植物，生有繖狀花序粉、藍或白色的小花。普林尼知道它可治癌症和瘧疾；萬一被神話中以螞蟻為食、生有雞腳的雙頭蛇（amphisbaena）——「彷彿由一張嘴噴出毒藥還不夠似的」咬了，也可服芫荽作為解藥。那使人厭惡的氣味表示那株植物的果實尚未成熟：一旦成熟，氣味就消失了。

　　普林尼把這植物命名為coriandrum，來自拉丁文的coris（蟲），不過它也有其他的名字 —— 在美國和中南美洲叫cilantro，在印度叫

dhana，在中國叫香菜。反正它是芫荽屬的1年生植物，原生於南歐和地中海沿岸，但也能耐熱和乾旱，因此在世界各地都能栽植，尤其是在俄羅斯、印度、摩洛哥和澳洲。

人類使用芫荽已有很長的歷史，《出埃及記》、希臘邁錫尼文明時期克諾索斯（Knossos）的泥版殘片上就已提及芫荽子，埃及圖坦卡門法老的墓裡也發現了實物。儘管它們是進口而來，因此十分昂貴，但在埃及卻當作藥物大量使用。《愛柏斯紙草紀事》就推薦以芫荽子作為止痛劑，不過它也建議用啤酒泡沫和半個洋蔥當作「防死的藥物」，因此可靠與否不得而知。

安德魯‧道比說，芫荽「如今似乎是典型的印度香料，也是常見的東南亞香草植物」[150]，不過這種印象是錯的。它一直到西元前三世紀才大量引進印度；可能是阿育王由波斯進口，因為阿育王「對於移植香草和藥草十分自豪」[151]。芫荽的根和葉（有皺邊就像洋香菜一樣）及種子（黃褐色，有稜紋，有2個分離的果瓣）都可食用，但似乎只有泰國才這樣做。其葉片尖銳，似柑橘類，種子甘甜，帶燒灼的柑橘味。芫荽子應在磨成粉之後立即使用，不然風味很快就會消失。

芫荽子在塞浦路斯和希臘特別受歡迎，加在香腸中別具風味，若以檸檬醃汁浸泡，再加入青橄欖，有一種堅果般脆的口感。塞浦路斯招牌菜醃豬肉（afelia），就很依賴芫荽子的味道；希臘捲心菜沙拉（lahanosalata）亦然。水裡撒下芫荽子、丁香、肉桂和月桂葉煮醃豬腿，就讓人想起耶誕節的味道，至少我覺得如此。

就像葛縷子的種子一樣，黑麥麵包也會加入芫荽子。丹‧雷帕德

（Dan Lepard）的《手工麵包》（*The Handmade Loaf*, 2004）就有一道絕佳的芫荽味黑麥麵包，味道和俄羅斯、烏克蘭傳統小吃店提供的差不多。芫荽子讓麵包「略帶苦味，就像柑橘的白瓤」，不過雷帕德承認，這是後天養成的口味。[152]

芫荽是由羅馬人引入英國。羅馬人把它的種子加入大麥麵包和白煮青菜裡增添風味，不過另一方面，也用它來為牡蠣增色。盎格魯-撒克遜人類植物學的研究說，用12粒芫荽子製成手環，如果婦女把這樣的手環戴在左大腿上，「接近生孩子的那一肢」（陰部），就能決定胎兒的性別[153]。芫荽也是大量運用的醃漬用香料，黑布丁（血腸）和野味的食譜裡常提到它，一直到十八世紀才不再流行，只用在釀製琴酒和為啤酒增添味道。

話雖如此，伊麗莎白・大衛依舊引用了一道由威廉・維洛（William Verral）在1749年《廚師天堂》（*The Cook's Paradise*）中所列的美味食譜，用牛奶煮火腿加芫荽子。維洛在雷威斯（Lewes，英格蘭東薩塞克斯郡城市）附近開了一間「白公鹿」（The White Hart）酒館，他的芫荽可能就在當地購得，因為當時薩塞克斯（Sussex）就產芫荽，不過主要的芫荽產地是埃塞克斯（Essex）和薩福克（Suffolk），尤其是伊普斯威奇（Ipswich，薩福克郡的城鎮）。

如今芫荽子依舊用來釀酒，主要是比利時式的上層發酵（top-fermented，發酵過程酵母會移動至液面）白啤酒，如豪格登白啤酒（Hoegaarden）：「通常是在煮鍋煮沸最後5-20分鐘時，每桶加入2.11至8.3盎斯的芫荽。」[154]煮沸時間短是為了確保香氣不會揮發。通常

會把芫荽子配合柑橘皮使用。

　　就像葫蘆巴和薑黃一樣，芫荽子一向都是印度咖哩粉中的平價成份。不過它比較溫和而且可以配合其他成份，十分低調。它最重要的特質就是能調和不同的風味。它很可能是藉著南印酸豆湯（sambar）粉，而被引入英印族群版本的咖哩粉，因為芫荽是這種豆湯主要的香料。但在烹飪最後常加的黎巴嫩香料粉塔克利亞（taklia），和中東各地常用的巴哈拉特（baharat）（見〈混合香料總覽〉）中，它也舉足輕重。

參見：葫蘆巴、薑黃

畢澄茄（*cubeb*）

Piper cubeba

這種漿果外觀和黑胡椒類似，但多了個獨特的尾巴，嚐起來就像黑胡椒與多香果的混種，不過略帶苦味。

它生在爪哇和蘇門答臘，在中世紀歐洲的烹飪中很常見，但現在大半用來為琴酒調味。在西非，cubeb 這個字有時是指長相類似但味道更溫和的西非辣椒（P. guineense）。

非洲辣椒的種類複雜，見天堂子。

孜然（*Cumin*）

Cumimum cyminum

　　就影響和普及這兩方面來看，1年生小型草本植物小茴香的乾燥種子小茴香子，別稱孜然[*]，是最重要的香料之一。它有強烈且持久的檸檬和紅糖香味，在許多國家市售和自製的咖哩粉中，都是主要成份，如波斯的阿德魏（advieh）、阿富汗的恰馬薩拉、中東的巴哈拉特、印度的格蘭馬薩拉，和北非的醃漬醬（chermoula，摩洛哥青醬）等混合香料。在歐洲，它的主要用途則只限於印度甜酸醬和德國酸菜，不過萊頓（Leyden）和高達（Gouda）等荷蘭起司也有添加孜然，另外如果以阿爾薩斯的芒斯特（Munster）起司配麵包，也會撒一點在上面食用。

　　伊麗莎白・大衛告訴我們說，孜然溫馨的芳香「瀰漫著北非和埃

---

* 小茴香子（cumin seed）磨成粉末，即是新疆維吾爾族人所稱的孜然。

及的露天市場，讓摩洛哥的燒烤羊肉串有它獨特的風味，也出現在地中海東部種種蔬菜、肉類和米飯的菜色中。」[155]乾煎孜然可以帶出它堅果的香味，並緩和磨成粉會有的苦味。

孜然如果加在肉類，和羊肉最搭調；如果配蔬菜，則與胡蘿蔔相合（比如摩洛哥經典的生胡蘿蔔、大蒜和孜然沙拉），更教人吃驚的是，它和甜菜根也很速配：《河邊小屋每日青菜食譜！》（2011）的作者休·芬姆利－威丁史塔（Hugh Fearnley-Whittingstall）就步古老食譜阿皮基烏斯《烹飪技法》的後塵，用甜菜根、胡桃和孜然的天然組合，達到了泥土甜美和溫暖的完美平衡。該不該加鷹嘴豆泥，大家莫衷一是，其討論的熱烈程度唯有鷹嘴豆泥是由阿拉伯人抑或猶太人發明差堪比擬。

克勞蒂亞·羅登在《中東美食》（*The Book of Middle Eastern Food*, 1968）原始版本的鷹嘴豆泥芝麻醬（hummus bi tahina）食譜，就用了辣椒粉而非孜然調味。不過在她後來的《阿拉伯菜式》（*Arabesque*, 2005）中，則用了孜然。奧托倫吉在《耶路撒冷》（*Jerusalem*, 2012）中撰寫「鷹嘴豆泥戰」的那一章，提到加不加孜然是隨君自便，不過在類似的早餐菜式鷹嘴豆沙拉（musabaha，同樣是鷹嘴豆泥，不過用整顆鷹嘴豆堆在上方），則有添加孜然。

墨西哥食物若不加孜然，恐怕難以想像。只是這種香料是年代較近的產物，由西班牙征服者帶到南美，而西班牙人則是由摩爾人穆斯林那裡學會用孜然，用量並不多，而且各地區又各不相同。墨西哥廚師兼作家羅伯托·山提班尼茲（Roberto Santibañez）接受

splendidtable.org網站訪問時說：

> 有的人烹飪時用的香料多，有的人用得少，有的國家用較多孜然，有的則根本不用……如今你所見到的，比方我和其他許多如墨西哥都市的居民，對我們的食物抱持泛墨西哥的觀點，就會說：「莎莎青醬（salsa verde）究竟該用多少孜然？」但有些人卻會告訴你，「哦，不不不不，我們在莎莎青醬裡根本不用孜然。」可是你明明在那青醬裡嚐到一點孜然味，因此你說：「就是需要孜然，才能畫龍點睛。」[156]

　　孜然在埃及土生土長，是使用在葬禮塗香膏儀式中的諸多香料之一。在伊朗、土耳其、印度（舉世最大的香料生產及消費國）、中國、日本、美國和如索馬利亞和蘇丹等非洲國家都有栽植。它生有紫白色的花朵和嬌弱的莖，因此匍匐蔓延。它毛茸茸的錐形種子長3-6毫米，有成對或分開的心皮（carpels）。它們長得很像葛縷子的種子，因此造成各種烹飪和字源的混亂──印度文兩者都用jeera表示，德文則用kümmel代表葛縷子和孜然味的酒。更細緻的伊朗黑孜然（Bunium bulbocastanum）常被誤認為黑種草（nigella）。孜然需要像打穀那樣脫粒；泰奧弗拉斯托斯說這種植物「在播種時一定要詛咒和虐待，收成才會漂亮且豐富。」如果做得恰當，孜然就會生出「比任何植物都多的果實」。

　　作為藥用的孜然混合了匪夷所思和想當然耳兩種觀念，普林尼告

訴我們，學生吃孜然，好讓皮膚顯得蒼白，用來欺騙老師，以為他們都在房裡用功讀書。它能刺激食欲，可消解胃腸脹氣。葛瑞格・馬洛夫（Greg Malouf）說，當今的中東人也常在豆子裡加一點孜然。

普林尼對孜然從不厭煩 —— 在其他調味料顯得平淡之時，「永遠都歡迎」加一點孜然。在古代的羅馬，到處都可看得到孜然：磨成糊好加在麵包上，或者和鹽混合、製成孜然鹽，迄今在北非依舊流行。

阿皮基烏斯把孜然用在上百道食譜裡，包括搭配牡蠣和貝類的醬汁，這或許讓你以為它很昂貴，但其實它賤如塵土；比胡椒便宜。古希臘把守財奴稱為kyminopristes，字面上的意思是「劈開小茴香子的人」。據說古羅馬哲學家皇帝馬可・奧里略（著有《沉思錄》）因為節儉小氣，而被取了「孜然」這個綽號。不過在德國，孜然代表的是忠實：新娘在婚禮上捧著孜然、鹽和蒔蘿，表示發誓忠於丈夫。

咖哩葉（*Curry Leaf*）

Murraya koenigii

　　根據本書〈導言〉所訂的標準，咖哩葉（印度語mitha neem，泰米爾karuvepila）是香草而非香料，就和月桂葉一樣，不該列在這裡。但我破了例，因為它本身的味道就很辛香——有點辣、帶有柑橘味，而且很能帶出其他香料的味道。咖哩葉（其實是小葉）這名稱讓香料的初入門者摸不著頭腦，把它們添加在菜餚裡，是否意味著你不需要其他香料？它是否集眾香料的大成？可惜不是。羅森嘉頓在他那本讓東方香料在美國大行其道的大作《香料全書》（*The Book of Spices*, 1969）中就指出，咖哩葉「只不過是咖哩中諸多成份的一種，而且絕非最重要的一種」[157]。

　　咖哩葉是原生於印度和斯里蘭卡小型熱帶柑橘屬植物的鋸齒狀

小葉，上面深綠，下面灰白，有時和月橘（M. paniculata）混淆。咖哩葉在喜馬拉雅山麓森林裡茂密生長。英國作家湯姆‧史托巴特寫道：「曾走訪印度庫馬盎（Kumaon）庫柏國家公園（Corbett National Park）的人會注意到，這種植物生長在叢林下方，形成矮樹叢，只要大象走過、碰傷這種植物的葉子，就會有教人食指大動的強烈咖哩味。」[158]

咖哩葉可以像西方世界的月桂葉一樣整片使用，或是像南印度典型的作法，先切碎再加進菜裡，比較少見的是像北印度那樣，用來調製小扁豆（lentils）：先用酥油炸加有芥末子和阿魏的咖哩葉，然後再把它們拌進豆泥糊（dhal）。它們在斯里蘭卡的菜色中不可或缺，使咖哩螃蟹和街頭美味小吃炒煎餅（kottu roti）更增風味。維傑彥‧坎納皮里在《喀拉拉邦基本食譜》中的咖哩魚乾食譜，就用了很多咖哩葉（以及大蒜和辣椒）。你也可以把它加在醃烤肉串的醬汁裡 —— 它們和羊肉的味道很配，或加入印度甜酸醬、泡菜和調味醬。莫妮卡‧拜德（Monica Bhide）的《現代香料》（*Modern Spice*, 2009）中，就有芬芳撲鼻的咖哩葉麵包，是班加羅爾（Bangalore）的特產。

咖哩葉（有時是乾燥磨粉，有時則用新鮮葉片）也用在馬德拉斯風味的香料粉和醬（見〈混合香料總覽〉）。最好買新鮮的葉子，並盡早使用，因為它們的芳香很快就會散去，不過如果放進冰箱，可保存2週。

在印尼則使用一種類似咖哩葉但味道更強的葉片：沙楠香葉（daun salam，學名Eugenia polyantha）。

蒔蘿（Dill）

Anethum graveolens

　　大家比較認識蒔蘿嬌嫩如蕨類的葉子，而非其種子，它們的用法就像葛縷子，用在蛋糕和麵包上，以及醃漬小黃瓜等青蔬。〔蒔蘿就像葛縷子一樣含有香旱芹酮（carvone）〕。

　　用蒔蘿醃漬的黃瓜是英王查理一世的最愛，御廚約瑟夫·庫柏（Joseph Cooper）在《廚藝》（*Art of Cookery*, 1654）一書就列有食譜，而約翰·伊夫林的食譜書裡則收錄了它的幾種變化，其中一種的開頭如下：「取芒果大小的大黃瓜……」如果有這樣大的黃瓜就好了。羅絲瑪麗·漢菲爾則強調要用自種的小黃瓜，先冷藏24小時，浸入醃漬汁裡。[159]

　　在俄羅斯和北歐，煮魚時常加入蒔蘿子醋。在迦薩，蒔蘿子常與

辣椒加在菜餚裡，比如羊肉鷹嘴豆燉菜（kishik），其中加了發酵優格和麵粉所製的碎蛋糕，又如「砂鍋燉蝦」（zibdiyit gambari）也有添加。

蒔蘿也和印度藏茴香一樣，可以治胃脹，常搭配豆類及花椰菜和包心菜等蔬菜食用，加入奶油白醬可預防因乳類食品而造成的脹氣，尤其是魚。丹・雷帕德在《手工麵包》（2004）中所列的烏茲別克炸豬皮大餅食譜，就靠著其中的蒔蘿子，把原本可能難以消化的夢魘救了回來。

蒔蘿的英文名字dill源自古挪威文dilla，「鎮靜安定」之意，它也像印度藏茴香一樣，常用在「驅風水」藥物中。

參見：印度藏茴香、茴香

茴香（Fennel，大茴香）

Foeniculum vulgare

　　如果相信希臘神話，女人就該感謝讓她們出現在人世上的茴香。傳說宙斯禁止把火給凡人，但普羅米修斯把它由天上偷來，藏在茴香空心的莖裡，拿給人類。宙斯大怒，因此下令火神赫菲斯托斯用水和土打造了舉世第一個女人潘朵拉，和她那惡名昭彰的盒子。為什麼選擇茴香？因為那時（現在亦然）在希臘生長的一種大茴香（giant fennel，Ferula communis，多年生草本）有一層白色的髓，燃燒緩慢，因此很適合運送灼熱的煤。

　　不過你不會想吃這種大茴香的任何部位，因為它有毒：它所含的香豆素會造成凝血障礙，讓牲畜因大出血而死亡。而一般人所認識的1年生草本植物茴香，其莖如芹菜，無法用來傳送火種。

中世紀的醫師用茴香橢圓形的綠色種子來改進視力，治療眼疾。究其原因，是因普林尼認為蛇蛻皮時視力會模糊，於是牠們就會吃茴香以恢復視力，增進攻擊力。1842年美國詩人朗法羅就在他的〈生命的高腳杯〉（The Goblet of Life）一詩中歌誦這個理論：

> 它高踞低矮植物之上，
>
> 黃色花朵的茴香，
>
> 在比我們更古早的年代，
>
> 賦有神力的力量，
>
> 它恢復喪失的視力。

　　早在諾曼人征服之前，英格蘭的烹飪中就已使用茴香子。馬爾坎・勞倫斯・卡麥隆（Malcolm Laurence Cameron）的《盎格魯－撒克遜醫藥》（*Anglo-SaxonMedicine*, 1993）就告訴我們「那時已有茴香，是盎格魯－撒克遜藥物中常見的成份」，當時叫finul[160]。這些藥物常以符咒的形式呈現 —— 驅趕病人身體中邪魔力量的咒語，讓它準備好接受含有咒語中所列香草和香料的膏藥。

　　在〈九種藥草符咒〉（Nine Herbs Charm）中，茴香和山蘿蔔（chervil）相輔相成，它們是「效力很強的兩種藥草」，「由智慧的主所創，／神聖地掛在天堂，／下令送往七海，／不分貧富，治療普世人民」。大約成書於西元九世紀的英國老醫藥典籍《巴德醫書》（*Bald's Leechbook*）也重複了希臘醫學作家奧里巴西烏斯（Oribasius）

的建議，煎煮芹菜和茴香，治療「尿量不足」的毛病。

茴香的希臘文是marathon，和馬拉松之役相關，這場對波斯人的戰役發生於西元前490年夏末，在離雅典42公里、一處長滿茴香的平原，不過此字又來自maraino，意即「變瘦」：因為茴香子可用來抑制食欲。英國植物學家威廉‧科爾斯（William Coles）在《伊甸園的亞當，或大自然的樂園》（Adam in Eden, or Nature's Paradise, 1657）書中說：「我們種在菜園中的茴香，不論是種子、葉子和根，都常用在胖子的飲料和湯裡，以減少他們的笨重，讓他們更瘦削。」[161]

新英格蘭的清教徒稱它們為「聚會種子」，一袋袋地帶去教會，可以在參加冗長的儀式時止飢，也可安撫哭鬧的孩子。不過茴香子也有類似安非他命的提神效果。1848年的《新英格蘭與耶魯評論》（New Englander and Yale Review）就提到：「它們的芳香在新英格蘭的小城裡四處瀰漫，幾乎就像天主教會中乳香的香氣一樣，只是它們是用來刺激感官，而非蒙蔽想像。」

這可能是因為茴香香味主要的化學成份茴香腦是副甲氧基甲基安非他命（paramethoxyamphetamine, PMA）的前體。PMA原是LSD的廉價替代品，近年來常被摻在搖頭丸裡，可能會致命。可是PMA本身的作用反而是壓抑而非刺激，因此誰能搞得懂其中的奧妙？

使人興奮，味道甘甜，帶有洋茴香風味的茴香最能搭配義大利菜 —— 不光是我們目前在談的種子而已，也包括它的葉柄基端和葉子。然而它們所含的茴香腦量卻因品種不同而互異。茴香有數個品種，包括東歐和俄羅斯流行的苦野茴香，和甜茴香（azoricum），也

稱為佛羅倫斯茴香或finocchio（茴香，義大利文）。其種子的味道也反應出不同品種的差異。

茴香子在義大利被歸類為甜香料，十五世紀義大利廚師馬丁諾·達·柯莫（Martino da Como）把它和鹽混合，抹在豬排上，大受歡迎。他也用它來為牛腿肉和牛肉串（copiette al modo romano）調味，再和培根一起叉在火上燒烤。在比較貧窮的地區，比如溫布里亞（Umbria）、阿布魯佐（Abruzzo）和盧卡尼亞（Lucania），茴香子也用來遮掩較劣質豬肉的味道，尤其是魯卡尼亞生產一種路卡尼卡（lucanica）辣燻腸，至今還有多種不同的做法，比如希臘的loukanika香腸含有柑橘皮。這樣的香腸後來傳到羅馬，阿皮基烏斯對五香肉餡很有興趣，但他所有的五香肉餡食譜卻都不含茴香子。

美食作家吉蓮·萊利（Gillian Riley）曾稱讚阿布魯佐地方的'ndoc 'ndoc（意思是「瘋狂」）：

> 有一種香腸用比較差的豬肉部位 —— 腸、肺、鼻、耳、蹄、腹部脂肪等製造；加入大量的鹽、胡椒、辣椒和野生茴香子；掛在乾燥溫暖的地方數天再煮食，最好是當作臘肉燒烤，讓肉汁滴在普切塔麵包（bruschetta）上。[162]

英國人則沒有這麼快接受茴香子：1990年代之前，大家對這種東西不是困惑就是並不在乎。伊麗莎白·大衛說：「儘管茴香在英國是野生植物，大家對茴香葉也很熟悉，但卻忽略其種子。」[163]至於法

國，法式魚類香料早就使用茴香子。它常和薰衣草一起被納入普羅旺斯的商業用香草中，則是最近的事。

斯里蘭卡的咖哩粉裡常有茴香子，但在印度，它受喜愛的程度則視地區各有不同。孟加拉地區的混合香料「孟加拉五香粉」（panch phoron）就含有茴香子。在喀什米爾班智達（Pandit）婆羅門社區，茴香子則和阿魏一樣是招牌香料，使羊肉咖哩散發出強烈的甘草氣味。〔這裡的人不吃洋蔥和大蒜，因此採用茴香子和阿魏為肉類調味。穆斯林版本的羊肉咖哩則用「大量的大蒜和洋蔥以及乾燥的雞冠花」（Celosia cristata。）〕[164]古吉拉特人的菜餚，比如在色彩節（Holi）時食用的油炸蔬菜（pakoras dakor na gota）和泡菜與印度甜酸醬中，也可見到茴香子。餐後保持口氣清新的糖果也含有大量茴香子。

伊麗莎白‧大衛認為古雅典人喜食一種用埃及麵粉製的麵包，稱作「亞歷山卓」，就含有茴香子。丹‧雷帕德在《手工麵包》（2004）中，也用茴香子和櫻桃乾與黑麥麵粉混合，製作出味道濃郁的發酵麵包，和軟質起司十分合味。羅絲瑪麗‧漢菲爾的茴香子馬鈴薯蛋糕雖不起眼，卻很暖胃，搭配魚或吃剩的火雞肉尤其美味：

> 烤盤塗油，把1磅的馬鈴薯削皮切片後，與1茶匙茴香子、少許鹽，和現磨胡椒混合，放上烤盤，加入少許奶油，一再重複。最後在其上倒入1/4品脫的稀奶油，以350 ℉烤約1小時。如果邊緣有焦脆的情況，可覆蓋一層牛皮紙。取叉子插

入其中：如果中心柔軟，馬鈴薯蛋糕即完成，趁熱食用。[165]

參見：印度藏茴香、蒔蘿、甘草、八角

葫蘆巴（Fenugreek）

Trigonella foenum-graecum

2005年秋天，紐約出現了一種甜得發膩的現象，教人不安。原因是有一種如楓葉糖漿般強烈的氣味瀰漫了整個都市和鄰近的新澤西，有些人覺得很香，卻也有些人因為911事件餘悸猶存，不由得憂心。他們致電紐約311資訊專線，報告他們可能遭到化武攻擊。〔*Wired*雜誌後來非常風趣地表示，這種攻擊可能是來自蓋達組織的「傑米瑪阿姨」（Aunt Jemima，鬆餅粉品牌）分隊〕。[166]

美國環保署調查香味的來源，但一直到2009年，又經歷了數次「楓糖漿事件」之後，他們才發現是怎麼回事：以色列花臣工業（Frutarom Industries）公司旗下位於新澤西北部的一家工廠正在處理葫蘆巴種子，準備用在仿楓糖漿的商品——高果糖的玉米糖漿和調

味料，以便在超市出售。

葫蘆巴種子的氣味的確很像香噴噴的楓糖漿，帶有燒焦的糖和芹菜的苦味，這是因為其中含有葫蘆巴內酯（sotolon）和香豆素（coumarin）等化學物質之故。（新割的草有香草氣味，就是因為香豆素味苦，會壓抑食欲，這是大自然防止牛群把植物吃到絕種的自然機制。）不過在較早世代的歐洲人眼裡，這氣味就像咖哩本身，因為在最早商業販售的咖哩粉中，葫蘆巴雖不是主要成份（見〈混合香料總覽〉），卻常大量出現，遮蓋了咖哩粉中其他香料的氣味。二十世紀中葉的英國美食作家難以忽視葫蘆巴在英印社群中不正統的含義。另外，我也疑心伊麗莎白・大衛之所以說「葫蘆巴之於咖哩，就像麥芽醋之於英國沙拉」[167] 這話，是出於對葫蘆巴的鄙夷，而非不喜歡它的味道。

葫蘆巴當然不像麥芽醋，它出身高貴，是許多印度混合香料的要素，包括孟加拉五香粉和泰米爾桑巴粉（sambar podi）。這是比較有營養的香料之一 —— 富含鐵、銅、錳、維生素B_1和B_6—— 平價的豆泥糊添加它，必然有如救星。塗在土耳其風乾牛肉（pastirma）外的醬就用到葫蘆巴種子。在斯里蘭卡以椰奶為基礎、拌米粉的kiri hodi咖哩中，葫蘆巴和辣椒、薑黃相輔相成。

葫蘆巴的葉子在印度稱作methi，新鮮和乾葉均有售，當作蔬菜（湯姆・史托巴特說：「煮法像菠菜 —— 極苦且難吃」[168] 不過在葉門卻很常這樣煮，也把葫蘆巴種子加在沾醬），或者用在沙拉裡。在有伊朗國菜之稱的波斯香草燉肉（ghormeh sabzi）中，乾葫蘆巴

葉是必備材料。葫蘆巴就像芥菜和水芹一樣，很容易就能培育到雙葉或子葉期。瑞克・史坦在《瑞克・史坦的印度》（*Rick Stein's India*, 2013）中，介紹古吉拉特食譜中用小米和葫蘆巴製作的大餅（bajra thepla），他寫道：「我曾在康瓦爾種過葫蘆巴，在戶外種植一點也不困難。」

葫蘆巴的英文fenugreek一字源自拉丁文fenum graecum，「希臘乾草」之意。這種植物是豆科植物，在古希臘羅馬當作植物草料栽種，在亞洲和中東四處野生，印度是主要出口國，尤其是拉賈斯坦，佔印度次大陸8成的產量。葫蘆巴是1年生植物，生有淡綠色的葉子和如苜蓿一般三角形的白花 —— 它學名中的trigonella，意思就是「小三角形」。每一個種莢可有10-20顆種子，這些淡棕色的小種子像堅硬的石頭一樣，很難研磨，因此有時會泡水到它們呈膠狀，再加入香料糊內。在使用葫蘆巴種子前，一定要先稍微烤過，若烤過頭會有苦味。

數百年來，葫蘆巴一直用來治百病，由發燒到禿頭都可用，但它真正有價值的是用來催乳（刺激哺乳母親泌乳），和治療糖尿病。其種子含高量的可溶纖維，因此可以抑制碳水化合物的吸收，降低血糖。葫蘆巴中所含的一種4-羥基異亮氨酸（4-hydroxy isoleucine）能刺激胰島素分泌，調節葡萄糖的新陳代謝。

不過葫蘆巴最重要的化合物是薯蕷皂配基（diosgenin），這是天然的類固醇，據說能預防癌症[169]。此外號稱還能增進性欲，因此是壯陽補品太斯托芬（Testofen）的主要成份，不過這個功效還有爭議。

我說「號稱」，因為2014年5月已經有針對太斯托芬廠商所採取的集體訴訟，引述三個研究，宣布沒有臨床證據顯示太斯托芬能促進任何功效，當然葫蘆巴能治療陽痿這種流傳久遠的說法也就有一點八卦小報健康專欄的味道。

2011年有一批來自埃及的葫蘆巴種子因為受到污染，而在歐洲各地造成了大腸菌爆發[170]。水能載舟，亦能覆舟，這句話還真沒錯。

葫蘆巴和藍葫蘆巴截然不同，不要混淆。

參見：藍葫蘆巴、薑黃

南薑（*Galangal*・高良薑）

Alpinia galanga（*greater*、大高良薑）
Alpinia officinarum（*lesser*、小高良薑）

　　如果你對冷盤略知一二，就知道'galantine'這個字意思是指去骨的雞肉（通常是雞，不過也可以是別的食材）包在自身的皮裡，用高湯煮過之後壓實，製成肉凍捲食用。不過在中世紀，galantine這個字指的卻是一種醬汁，用麵包屑、肉桂、薑、鹽、黑胡椒和最重要的成份——南薑調製。下面就是《烹飪大全》（約1390年）上的食譜：

> 取麵包屑磨碎，加入南薑粉、薑和鹽；以醋調和，用濾網過
> 濾，再混合均勻。

　　南薑醬汁很容易搭配食物：不論是氣味強烈的鹿肉等紅肉，或是

魚，都可以佐食。它的改良版：夫人醬汁（Sawse Madame）則適合鵝肉，作法是先在鵝腹中塞入鼠尾草、歐芹、牛膝草、榅桲、梨、大蒜和葡萄，再把煮好切片的鵝肉和填料與預先準備好的南薑和肥肉一起放進鍋內；然後加入葡萄酒、更多的南薑、鹽和「甜粉」——由天堂子、薑、肉桂、豆蔻、南薑和糖混合在一起的香料煮開；最後把鵝肉盛盤，淋上醬汁。簡單！

保羅·傅里曼（Paul Freeman）寫道，當時南薑（常寫作galingale或galyngale）是「昂貴但常見的香料，用在精緻的烹飪，也出現在藥用手冊上」[171]。南薑既可加在美食肉凍捲中，也可像其他的香料一樣，加在香料甜酒中。

英國中世紀詩人喬叟的大作《坎特伯利故事集》（Canterbury Tales）中的廚子對南薑當然十分熟悉：

> 修女帶了一名廚師隨行
> 煮全雞
> 還有果餡餅粉及南薑。
> 他很懂倫敦麥酒，
> 能烤能燒能炙能炒，
> 會燉也會烤派。

這些菜色似乎很實在，甚至可以稱得上時髦。（十四世紀的《英格蘭烹飪手冊》（Curye on Inglish）說，燉菜是把切細的食物放在湯裡

煮食。果餡餅粉應該是一種香料，不過究竟是什麼已不可考。）只是喬叟在這裡是否在諷刺？這廚師是個低賤的人物，腿上有個尚未癒合的傷口，還喜歡把他做的派一熱再熱，讓他的顧客鬧肚子。像這樣的人會用到中世紀羅曼史詩人夢幻花園裡的植物南薑嗎？恐怕不會。儘管在喬叟當時，這個字也指莎草，因此這可能是喬叟在開玩笑。

南薑主要有兩種：「大高良薑」和「小高良薑」，兩者都屬薑科。第三種南薑：沙薑（kaempferia galangal）除了加在波蘭伏特加（nalewkas）等東歐烈酒之外，很少用到，它的酒香甜得教人發膩，有時因其細薄管芽由中央核心冒出的模樣像手指，而被稱作「指根」。

大高良薑原生於爪哇，有像薑一樣大塊有節的根，皮呈紅棕或乳黃色。十六世紀葡萄牙醫師賈西亞‧德‧奧塔說，這種植物「較大，約5個手掌高，不如小高良薑那麼香」，他駁斥先前作家如阿維森納等的說法，認為他們對這種香料的解釋「教人困惑」。

> 這種爪哇的植物葉形如矛，開白花，會生種子，只是種子不是用來種植，而是用在沙拉或藥用，使用者主要是來自爪哇的接生婆，她們像繁殖薑一樣繁殖它的根狀莖，而不以其他方法繁殖。如果你看到和此說相反的說法，不要相信。[172]

長久以來東南亞飲食一直都使用大高良薑，比如綠咖哩醬，或者把它和大蒜、辣椒和羅望子一起用在貝類食譜中。如果把它和香茅一

起煮，雖然它的氣味並不明顯，卻可以增添香茅的風味。卡羅・席爾瓦・拉賈（Carol Selva Rajah）說，在東南亞的叻沙（laksas，一種星馬麵食）、咖哩和參巴醬（sambals，辣椒醬）裡，「大家最先嚐出的是香茅，南薑則留在幕後，但沒有它就少一味」[173]。

越南順化的飲食中也加入南薑，用量雖少，卻能畫龍點睛，此外酸辣椰奶湯（tom khaa）、印尼炒飯（nasi goreng）和椰奶燉牛肉（rendang）也用南薑、薑黃、月桂葉、大蒜、辣椒和薑的混合香料，發明它的蘇門答臘米南加保（Minangkabau）原住民稱之為pemasak，它能軟化肉質，也有抗菌功效，還可在煮好的牛肉上覆蓋一層保護膜，因此經久不壞，可以帶著去航行。

小高良薑又稱蠻薑，有更強的胡椒和樟樹味道，較常用作蔬菜而非香料，先去皮切片，再加入燉菜。這種植物原生於中國南方，在海南和廣西北海市沿海，有時加在五香粉中，但更常作藥用，治療腸胃不適、風濕和上呼吸道炎症。巴里島的香料醬（jangkap）以新鮮香料搗碎，塗在鴨身上，再用香蕉葉包裹去烤，其中就有小高良薑、辣椒、薑、香茅和堅果。

在印度，南薑被當作體香劑，還用來讓口氣清新。聖赫德嘉（Hildegard of Bingen，十二世紀德國修女院長，也是醫師和博物學者）認為南薑是治療心絞痛的良藥，甚至比毛地黃還有效：「心臟部位疼痛或是因心臟不佳而虛弱的人，應立即服用大量的南薑，就能恢復。」[174]寇佩柏談到大小高良薑時則說：

它們的乾熱特性達第3級*，而且小高良薑性更熱，能大幅加強胃的功能，消除因風寒造成的疼痛；其氣味能增強腦力，緩解心臟不適，消除子宮痙攣，使下腹溫暖，催情。你可以一次服用半打蘭（dram）。[175]

　　寇佩柏在這裡提到南薑可作為春藥，他可能是依據約翰‧傑勒德的說法：「大小高良薑都會催情」。十四世紀義大利醫師梅諾‧德‧馬內瑞（Maino de Maneiri）寫的十四世紀生活風格手冊《健康養生》（*Regimen sanitatis*）就收錄一則食譜：「壓碎溏心蛋，加入肉桂、胡椒、南薑和鹽」，他向我們擔保這樣做「能真正加強四肢，尤其是精液」[176]。（蛋和生育息息相關，而性熱的香料會激起性欲。）

　　十一世紀的義大利醫師康斯坦丁〔Constantine，曾把許多阿拉伯醫書譯為拉丁文，包括伊本‧賈札爾（Ibn al-Jazzar）的在內〕則把南薑當成提神醒腦的糖劑，午晚餐後服用。他借用了許多突尼西亞醫師伊本‧賈札爾的食譜，曾提到南薑會「立即引發勃起」[177]。

參見：薑、薑黃

---

* 《文藝復興時期的正確飲食》（*Eating Right in the Renaissance*）記載，按羅馬醫學家蓋倫的說法，食物按其強烈程度可分數級，第1級是溫和的食物，對身體不太有影響，第2級是有可見的影響，第3級有強烈的影響，比如丁香，第4級是最強的，比如大蒜。

薑（*Ginger*）

Zingiber officinale

他來回踱步，把地上一條珍貴的地毯燒出了四個洞。

「薑！」他在阿拉丁面前停步，莊嚴地說：「這有沒有讓你想到什麼？」

「這是一種調味料？」阿拉丁大帝滿懷希望地問。

「有了！」精靈邊說邊用力拍額頭，力道大得發出綠色的火花。綠薑大地！現在我全都想起來了。「綠薑大地，」精靈繼續說：「這是由一位非常喜歡新鮮蔬菜的魔術師所建，用意是他可以帶著綠薑大地到處走動，就像帶著可攜菜園一樣；只是更時髦，你懂我的意思嗎？」

—— 諾爾・蘭利（Noel Langley）

《綠薑大地》（*The Land of Green Ginger*, 1937）

十三至十六世紀在南海和印度洋來回穿梭的中國船隻是「漂浮城市」[178]，龐大的魚鱗式木殼帆船，上有高級包廂、餐廳、廁所和菜園。宦官鄭和率領了大規模的船隊，在1405-33年間探索亞洲、中東和東非，邊航行邊貿易。馬可波羅在一個世紀之前，也曾任蒙古忽必烈汗的使者，搭乘類似的中國帆船。他在遊記中生動地這麼描述它們：

> 你要知道，這些船是用樅樹木材所製，只有一層甲板，不過每一艘船有50或60個艙房，讓商人能自在地居住，1人1間房。船只有1個舵，但有4條桅杆，有時還會有另外2支桅杆，隨他們高興裝卸……
>
> 他們的每一艘大船都至少需要200名水手，甚至300人。這些船實在巨大，因為一艘船就可載5,000-6,000籃的胡椒。[179]

　　馬可波羅1324年去世，次年摩洛哥探險家巴圖塔由故鄉丹吉爾（Tangier，摩洛哥濱海城市）出發，要赴麥加朝聖，但因運氣不佳，再加上他喜愛遊蕩，因此這段航程成了長達24年的長途跋涉，繞行亞、非和東歐。拜他之賜，我們對這些帆船的「菜園」裡種了些什麼才略有所知——而這樣的菜園也就是起文蘭利兒童故事中「隨身攜帶的菜園」的靈感。巨大的木桶栽種了巴圖塔所謂的「綠色的東西」和「蔬菜」，都是有益健康的食物。歷史學者揣測可能是豆芽，因為在航海船隻上種青菜有其難度。

有趣的是，這些木桶中也栽種了另一種植物，我們對它很熟悉：直立的多年生植物，它的英文名字ginger來自梵文zingiber，意思是「像角的形狀」，其扭曲厚實的塊莖伸出許多柄，因為長得像腫脹關節炎的手指，因此在交易時稱作「手」，也就是香料所在，有許多種形式：新鮮的生薑；乾燥的老薑（有皮的是黑薑，去皮的是白薑）；磨成薑粉；浸泡在糖漿液裡的嫩薑；和糖薑：也就是先浸在糖漿裡再曬乾，然後裹上糖。

薑可能種在船上嗎？海洋史學者馬修·托克（Mathieu Torck）給了肯定的答案：「把栽種技巧應用在船上並不困難，雖然沒有相關資料說明在這個特定的環境下這樣做的例子。」[180]依據巴圖塔日記上所載，在由印度到元朝中國的航程中，亞洲船員似乎的確帶著薑上船，栽種食用：

> 她（當地的公主）下令，賜我衣物、2頭大象所背的米、2頭公牛、10頭羊、4磅藥草飲料和4個瑪塔班（martabans）——這是石製容器，裝滿了薑、胡椒、柑橘水果（檸檬）和芒果，全都加了鹽，準備航程中食用。[181]

薑只含有少量的維生素C（每100公克薑只含5毫克，但托克說，經常食用薑，就算不能徹底免除壞血病，也足以延緩罹此病的風險。因為巴圖塔也帶著柑橘類和芒果，意味著他比較不會罹患壞血病，這也強調了我們早就知道的一件事：東方的水手對於壞血病

所知比西方水手多得多。在英國，一直要到1753年，蘇格蘭外科醫師詹姆斯·林德（James Lind）發表了《壞血病論》（A Treatise of the Scurvy），才澄清了飲食和壞血病之間的關係。

只可惜縱然有這麼多的薑，依舊挽救不了巴圖塔的性命，因為就在他和隨員在加爾各答正準備登上一艘中國帆船前，卻遭暴風雨侵襲，把船打成碎片：「奴隸、小廝和馬全都淹死了，珍貴的貨物不是沉沒，就是沖上海岸，國王的士兵費了九牛二虎之力，才阻止居民趁火打劫。」[182]一艘趁隙脫逃的船隻不只載著巴圖塔的行李，也載著他孩子的母親駛往中國，只是他自己並不在這艘船上。

* * *

薑源自中國南方，因此在廣東菜中扮演核心角色，也就理所當然。想想這種香料常和八角一起加在蒸或漬泡雞或魚肉的方式，或者加在西洋菜湯和炒牛肉中。菲德烈克·西蒙斯（Frederick J. Simoons）在《中國食物：文化及歷史探索》（Food in China: A Cultural and Historical Inquiry, 1990）中寫道：「生長在中國南方的薑甘甜多汁，也比中國其他地方生產的薑更好，大部份出口的醃薑都是來自那個地區。」[183]

薑在中國烹飪的其他菜系中也佔有一席之地，尤其是西部（川湘）菜系，儘管這個菜系的麻辣是靠花椒和辣椒，但薑也不可或缺。在東部（閩、浙、滬等地）菜系中，則可去除燉五花肉的油膩，也能調和醉雞裡紹興酒像雪利酒般的強烈氣味。

薑能夠如此快速地傳遍全球，是因為它能迅速適應新的土地。約在6,000多年前，語言史學者稱為南島語族（Austronesians，因為這上千種語言都可追溯到同一個「祖先」語言源頭）*的族群開始由中國東南地區移民到馬來半島，安德魯·道比認為這些移民隨身帶著薑和南薑、鬱金和球薑等薑科植物。它很可能是「所有香料中最古老的一種」[184]，原因是薑不能用種子繁殖，而必須把它的根狀莖分開，「顯示它已經在人類掌控下栽植了很久，因此喪失了野生植物的基本特性。」[185]

　　自古以來，薑不只是辛辣開胃的調味植物，也是重要的藥物：大部份的薑最早是由中國和印度兩個主要的供應地出口，作為藥用[186]。十世紀的波斯醫師阿布·曼蘇爾（Abu Mansur）區分了三種不同的薑——中國、東非尚吉巴和米利那維（Melinawi，或Zurunbaj），他認為中國的薑最好。

　　起先中國薑只在國內以及和中亞國家交易，但後來隨中國在海上的勢力增強，貿易範圍漸開。儘管馬可波羅並沒有親自到過爪哇，但他知道中國南方的商人就是在那裡賣出他們的薑，買回胡椒、肉桂、豆蔻等物，他們在這個島「賺取財富」，這裡也是「世界各市場大部份香料的來源地」。

　　迪奧科里斯認為薑主要生長在厄利垂亞和阿拉伯，「他們吃鮮薑，就像我們吃青蒜一樣，煮湯或者把它們加在燉菜裡」：

　　　　它的根小，就像塞浦路斯的薑一樣，白色、味如胡椒，有甘

---

* 南島語族，包括台灣在內等東南亞和大洋洲以南島語系為語言的族群。

甜的氣味。挑選腐爛程度最少的，有些醃漬之後裝在瓷罐裡帶入義大利，適合與肉類同食，不過要和醃漬的鹽滷一起食用。它們性熱助消化，可以適度軟化腸子，對胃有益。食薑有益治療使瞳孔變暗的疾病（白內障），也和解毒劑一起混合，大體上作用如胡椒。[187]

中醫以薑性溫，認為能調和陰陽。據說孔子無薑不歡，這也是傳統中醫最常用的藥方，有時它也作為藥膳的成份，比如粵閩以薑燉豬腳作為婦女產後補品，通常由婆婆在產前一個月就作準備。食物史學者蘇欣潔（Yan-kit So，生於廣東，後赴英國獲得歷史博士學位）記得她少女時代 —— 應該是1940年代後期吃過這道美食，並且見識了它繁複的準備過程：

> 薑、豬腳和一種特殊的甘甜烏醋按比例一起燉煮數小時，直到薑煮軟且因烏醋而甘甜，此時豬腳也熬得軟爛，並且吸飽了薑醋的味道。接著把它封入陶罐貯藏，不時加熱以助保存。到產婦快要分娩之時，再把白煮蛋剝殼加入罐中浸在豬腳湯裡。[188]

產婦分娩後3個月內，每天要吃3大碗這種豬腳，因為他們認為薑可助子宮止血，並且驅風。

不過在伊斯蘭醫藥體系中，「熱性達第3級」的薑卻和享受相

關。根據《古蘭經》，唯有善人才能在天堂飲用薑飲：「將有人在他們之間傳遞銀盤和玻璃杯 —— 晶瑩如玻璃的銀杯，他們預定每杯的容量。他們得用那些杯飲含有薑汁的醴泉。」而且這也是具奇效的催情藥，足以與黑胡椒、南薑等媲美。突尼西亞醫師賈札爾認為它可增加精子，提升性欲。傑克・特納稱十五世紀阿拉伯性學指南《芳香四溢的感官樂園》（*The Perfumed Garden*）為「性學著作中最活色生香之作」，其中第18章的標題值得一書：「促進小傢伙尺寸，使之虎虎生風的藥方」[189]，建議先天不足的男人在行房之前用溫水摩擦陽具，「然後塗上蜂蜜和薑的混合物，不斷地按摩，再與婦女交合，必能讓她暢快淋漓，不肯讓他離身。」

薑比較普遍的用法是解除傷風頭痛 —— 可以當茶飲（把新鮮薑片泡在滾水裡）或者切末撒在食物上為飾。生薑最好，薑所含的抗發炎成份薑辣素（gingerol）經加熱烹調後會變成效力比較不強的薑油酮（zingerone）。

這也迂迴地說明了南島民族的水手為什麼會像數千年後的中國人一樣，這麼重視薑。他們到了菲律賓群島、香料群島、馬達加斯加、復活節島、蘇門答臘之後，就在當地栽種薑，而薑只要氣候潮濕多雨，陽光強烈，就能欣欣向榮，四處繁衍。最後薑來到東非，經法蘭西斯柯・德・門多薩（Francisco de Mendoza）移植，最後到了西印度群島，在那裡栽植極為成功，到十六世紀中，歐洲大部份的薑都來自牙買加。

頗受喜愛的牙買加薑顏色淡白，風味溫和細膩。奈及利亞薑有一

股樟腦般的刺鼻氣味，澳洲的薑則辣而有檸檬味，因為其精油含有較高的枸橼醛（citral）和醋酸香茅酯（citronellyl acetate）。整體說來，薑的「薑味」是出自於 β-倍半水芹烯（β-sesquiphellandrene）和芳基-薑黃烯（ar-curcumene）這兩種化合物。至於磨細的薑粉，大多來自於品質較低的非洲品種（最佳的非洲薑來自肯亞）。商用薑汁汽水及飲料的薑亦同。伊麗莎白・大衛擔心一再接觸這種品質的薑，會使「珍惜自己味覺的人」[190]不再喜歡這種香料。

我們可能會以為在中世紀的英格蘭一定不容易看到薑，不過雖然使用它的紀錄「稀少且混淆」但史學家羅娜・薩斯（Lorna J. Sass）卻說，當時人所稱的青薑其實是「剛成熟的鮮薑，因此溫和多汁」，而白薑則「可能是我們比較熟悉的老薑」。[191]《烹飪大全》（約1390年）提到在亨利四世加冕大典中的菜糖漿兔肉中加進薑末，而法國家庭指南《巴黎好媳婦》（1393年）則在卡士達醬水波蛋的食譜中，加進一「鐘」（cloche，測量單位）的薑 —— 可能是指一塊新鮮的薑。當然，這段時期的混合香料中也用了大量薑粉，也是各版本jance醬汁中唯一不變的成份。十五世紀薩瓦公爵的廚師席卡爾（Chiquart）所做這種以蛋為本的醬汁，主要的香料就是薑、黑胡椒、番紅花和天堂子。

在英國的烹飪中，薑一直流行到十七世紀。約翰・伊夫林的廚師把它加在麥酒、小牛肉凍、牛腩和燕麥布丁等等食物裡。不過到了十八世紀，它的調味功能反倒不如加入甜點那麼流行，比如薑餅和薑絲蛋糕。諷刺的是，最早的薑餅食譜 —— 大英博物館哈利家族保存

的手稿傳抄本中的薑餅食譜根本就沒有薑，而是採用丁香和肉桂，只是學者認為應是抄寫之誤。

1669年2月28日塞繆爾‧皮普斯（Samuel Pepys）所吃的薑餅「薑就像巧克力一樣加進蛋糕裡」，質地應是硬非軟，這是因為它所依據的是像1694年安‧布蘭考（Ann Blencow）所列的食譜：

> 取3/4磅的糖，1盎斯半的薑，半磅磨細的肉桂粉。把這些成份和麵粉混合，再加入3磅糖漿，其硬度要避免在木板上流動；再加入3/4磅溶化的奶油，攪拌均勻，然後徐徐加入更多麵粉，讓它質地堅硬。烤箱要像製作酵母麵包那麼熱，讓它烤3/4小時，用2、3大匙牛奶洗去糖漿，放在塗了奶油的紙上；再加入2盎斯切細的柑橘皮、2盎斯柑橘乾和2個磨碎的豆蔻皮。

嫩薑在中國是美食，因其皮較薄，沒有纖維，而備受喜愛。歐洲人喜食糖薑，或用巧克力或用糖漿澆淋在薑上。羅絲瑪麗‧漢菲爾說：「整塊的薑浸在糖漿裡，裝在漂亮的藍白或其他吸引人色彩的東方罐子裡，自幼就是我的最愛。」[192] 薑絲蛋糕可以做成像種子蛋糕那樣又乾又硬的蛋糕，用的主要是磨成粉的薑，而非鮮薑。不過當今的作法則是多種形式的薑一起使用：請見德莉亞‧史密斯在《蛋糕全書》（*Book of Cakes*, 1977）中的食譜，用薑粉和薑塊，以及（重要）幾匙薑塊罐中的糖漿，或者只用新鮮的薑，就如大衛‧雷波維茲

（David Lebovitz）在《甜點時間》（*Ready for Dessert*, 2011）中鮮薑蛋糕所用的食譜。

老薑的味道較強，用法也更多，可以削絲、切塊、磨粉，或壓成泥榨汁，用在中式滷汁裡，名廚譚榮輝（Ken Hom）說，這樣的滷汁能「讓菜裡有一絲薑味，卻不會吃到薑絲。」[193]

參見：南薑、薑黃、鬱金

天堂子 (Grains of Paradise)

Aframomum melegueta

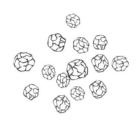

　　儘管天堂子有種種「胡椒」別名：鱷魚胡椒（Alligator pepper）、馬拉蓋塔胡椒（Melegueta pepper）、幾內亞胡椒（Guinea pepper），但它並不是胡椒，而是多年生草本薑科植物非洲豆蔻（Aframomum melegueta）的種子。這種植物在西非沼澤地茂盛生長，有類似黑胡椒的辣味，兩者使用方法大同小異，都用在塗抹或醃漬肉類，或當餐桌上的調味料，不過它的辣味會被柑橘和小豆蔻的香氣沖淡，因此可加在米布丁上，有開胃之效。

　　不過天堂子不只是食料而已。非洲約魯巴（Yoruba）文化非常重視馬拉蓋塔胡椒，會以微量沾在新生兒唇上，歡迎他們降生人世。在奈及利亞，如果不請來家裡的客人嚐一點天堂子摻可樂果（kola nut，可樂樹的果實）製的點心，就是大不敬，一位奈及利亞友人說，這就像「在英國有客人上門，卻不請人喝杯茶一樣失禮。」

天堂子如今主要是在奈及利亞和迦納栽種，它原生於西非海岸、獅子山的自由城和賴比瑞亞的帕爾馬斯角（Cape Palmas）之間，中世紀商人稱這段海岸為「胡椒」或「種子」海岸，不久葡萄牙人則依曼丁哥（Mandingos）族人所建非洲帝國馬拉（Melle）之名，將這裡稱為「馬拉蓋塔之地」。天堂子最先是在十四世紀，經由撒哈拉篷車隊路徑到達的黎波里海岸的蒙地巴卡（Mundibarca）來到歐洲。

這種香料由的黎波里被帶到義大利，因為所費不貲，經由漫長迂迴旅程的結果，而被取名為天堂子，義大利商人為了還要再抬高價錢，誇稱這香料是來自伊甸園：「這些『種子』抵達歐洲，商人就大吹大擂，它們真正的起源地早就被拋諸腦後，」傑克‧特納說：「說它來自天堂就和來自其他地方一樣可信。」[194]因此這種香料也就在法國宮廷寓言詩〈玫瑰傳奇〉（約1230年，見〈導言〉）中的芬芳花園佔有一席之地。

不過這種香料也教人感到混淆。非洲胡椒有好幾種，甚至還有另一種天堂子：A. granum-paradisi（樂園子豆蔻），當地人稱作歐布羅-瓦瓦（oburo-wawa），但是食用的部位是根，而非種子。阿拉伯旅行家利奧‧阿非利加努斯（Leo Africanus）提到「蘇丹胡椒」（Sudan pepper）被進口到摩洛哥，這究竟是天堂子還是畢澄茄？是阿善提胡椒（Ashanti pepper，學名P. guineense），還是用來壓抑性欲，較罕為人知的聖潔莓（Monk's pepper或chasteberry，學名Agnus castus）？

換言之，歐洲人所知的天堂子到底是否一直都是同一種香料？如今已不可考，食物史學者都有點懷疑，因為就如伊菲伊隆瓦‧史密斯（Ifeyironwa Francisca Smith）所指出的：「古代西非人所用的香料和調味品往往未經適當的記錄，或者只是由早期的地理學者把它們當作藥草，作粗略的描述。」[195] 最有可能的是，「天堂子」只是包括印度黑豆蔻在內，長相類似香料的統稱。

自十五世紀中葉之後，葡萄牙人掌控了種子海岸的貿易，尤其阿方索五世准許商人兼探險家費爾南‧戈麥斯（Fernão Gomes）每年以10萬雷亞爾（reais）的「租金」，獨攬天堂子貿易的壟斷權，他也藉著這個特權，在西非海岸花了5年時間為國王探險。1602年，荷蘭旅行家皮耶特‧德‧馬利斯（Pieter de Marees）也敘述了栽植這種香料的情況：

> 馬拉蓋塔胡椒……大多在西非出現，位於同一名稱的地點，這種植物像稻米一樣在田裡生長，但不像稻子那麼高。它播種的方式則像玉米：葉子薄而窄，種子像榛實一樣生長，大如玉米穗，呈紅色。除去殼後，就會看到裡面的種子，外有外皮，種子像石榴一樣位於不同的隔室。[196]

1245年在里昂所販售的香料中，就有天堂子在內；1358年在荷蘭西南城市多德勒克（Dordrecht）所徵的稅中，也列有天堂子。英格蘭把天堂子當成黑胡椒的替代品，只是到十五世紀後期，黑胡椒在

歐洲市場氾濫（見〈黑胡椒〉），這種香料的市場就崩盤了，史學家約翰·基伊（John Keay）說馬拉蓋塔胡椒「在數量、價格或辛辣味上，無法和黑胡椒相抗衡，使天堂子一下子褪盡榮光，成為『幾內亞胡椒』，地位一落千丈，只能偶爾作為壓艙物，到這世紀結束時……已經無足輕重。」[197]

這話或許說得過火，因為一直到十六和十七世紀，人們依然使用天堂子。據說伊麗莎白一世就喜歡把它加在啤酒裡（只是沒什麼證據）。約翰·傑勒德的《藥草全書》（1597）就強調它的醫藥用途：它能「撫慰和溫暖脆弱與寒冷的身體，並消除感染」。馬侃（Ditto Gervase Markham）的《英國主婦》（1615）亦然，把它列為油膏的成份，「可治梅毒和淋病」。就在那之前十多年，馬利斯（Pieter de Marees）才親眼見到剛分娩的非洲婦女服用天堂子補充體力，並記錄在他赴黃金海岸（Gold Coast，即今迦納）旅遊的回憶錄裡。

數百年來，天堂子一直作藥用，或者該說就是「醫藥」。在喬叟《坎特伯利故事集》（約1387-1400年）磨坊主人的故事裡，就提到好色的教士亞沙龍嚼食「種子和甘草」壯陽：這是天堂子常見的用途，而且可能也有效——最近的研究發現馬拉蓋塔胡椒可以提高成年雄鼠的睪丸酮素分泌[198]。

近年來人工豢養的西非低地大猩猩常因心肌纖維化而瀕死，科學家檢視牠們的飲食，終於解開這個謎團：牠們的食物欠缺非洲豆蔻，而原本牠們在非洲原棲地經常津津有味食用這種植物，並且用來作晚間休息的窩巢。京都大學靈長類學者麥可·霍夫曼（Michael

Huffman）說：「非洲豆蔻含有強力的抗菌、抗病毒、抗黴菌和抗發炎物質，這種植物對大猩猩來說，可能不只是食物，也可作預防醫療之用。」[199]

　　天堂子是中世紀香料甜酒中不可或缺的成份，也能使陳酒和麥酒再添新味，而頗受重視，把它添加在酒精度不高的啤酒和威士忌中，可產生烈酒的感受，因此在釀酒上廣泛使用，不過後來被喬治三世禁用，釀酒商或酒館老闆只要持有天堂子，就罰款200英鎊。

　　儘管北非主要香料哈斯哈努特（ras el hanout，見〈混合香料總覽〉）有數種不同配方的主要成份，但天堂子一直都是主要成份。在其起源國和廣大的非洲人口中，一直都在使用。如今也有跡象顯示，天堂子在西方主流烹飪中再度時興。這可能是因為它的名字吸引人之故，因為還有數十種非洲胡椒，除了在使用它們的特定地域之外，罕為外人所知。

　　潔西卡‧哈利斯（Jessica B. Harris）在《非洲烹飪大全》（*The Africa Cookbook*, 1998）中列出了傳統奈及利亞胡椒湯的混合香料，她坦承：「就像火星文一樣。」[200]其中兩種香料atariko和uda就分別是天堂子和塞利姆胡椒（Grains of Selim）的當地名稱。其他的更難分辨：gbafilo（異態木Uapaca guineesis的卵形果實磨粉）、uyayak（開花植物四肋草Tetrapleura tetraptera的果實，亦稱Aidan果）以及rigije（棕色扁平的種子，難以確知是何種植物）。

　　在西方人眼中，這樣的香料代表的是哈利斯所稱的「尚待發現的新口味世界」[201]。它們一方面還不為西方人所知，另一方面卻又是數

百萬人日常飲食的主要成份，可說既奇妙又有點可惜。

參見：黑胡椒、塞利姆胡椒

塞利姆胡椒（*Grains of Selim*）

Xylopia aethiopia

只要到塞內加爾旅遊，你就會看到街頭小攤在賣圖巴咖啡（Café Touba），這是由咖啡和一種像胡椒的香料混合而成，味道強烈而甘甜，本地人稱這種成份為djar，不過在西方國家卻稱為塞利姆胡椒（這個名稱可能是來自鄂圖曼帝國三位稱作塞利姆的蘇丹，只是究竟是哪一位，則不得而知）。圖巴咖啡是由戀立兄弟會（Mouride Brotherhood，塞內加爾的伊斯蘭教蘇菲派）的創辦人班巴（Cheikh Amadou Bamba）在1880年代發明，作為藥用。

如今如果要買圖巴咖啡，就可看到它是由一個大金屬壺倒出來，然後高舉一個杯子，往下倒入另一個杯子，讓咖啡暴露在空氣中：這儀式雖然有趣，不過若要真正影響咖啡的風味，就該要改善咖啡豆的

品質才對 —— 圖巴咖啡用的是來自象牙海岸的廉價咖啡豆。

在經濟衰退期間，許多塞內加爾的咖啡客捨雀巢等進口品牌，改喝較便宜的圖巴咖啡，世界銀行稱此為「社會現象」[202]。雀巢公司發現「自家門外」的即溶咖啡市場銷量暴跌，於是在2010年3月推出它自己的「圖巴咖啡」：雀巢牌薑味與香料咖啡（添加如薑和丁香等其他香料，因為東非人習慣用薑增添咖啡的風味）。而為了和街頭巷尾無所不在的圖巴咖啡攤抗衡，因此雀巢也雇了300名「流動銷售員」，要他們每天負責售出70杯咖啡，藉此「支持雀巢公司在這個地區『創造共享價值』的概念」。據雀巢公司塞內加爾分公司的經理亞倫・迪歐普（Alain Diop）說明，流動銷售員這種「充滿創意的概念，象徵了我們為因應消費者的需要而做的努力，不論他們在哪裡，都要貼近他們」。

跨國機會主義侵害固有的烹飪傳統，這真是絕佳的例證，足堪與美極（Maggi）雞湯塊這種由鹽、氫化棕櫚油和味精製成有礙健康的小塊調味料襲捲非洲相媲美。不用多久，就沒有人會記得怎麼用本地資源、古早方法來準備食物和藥物了。對於行銷專家所謂「金字塔底層」的人，快速消費品（Fast Moving Consumer Goods）所向披靡，無往不利。

塞利姆胡椒是來自番荔枝科（Annonaceae）灌木「衣索比亞木瓣樹」（Xylopia aethiopia）的漿果和種莢，這種樹不只原生在衣索比亞，而且肯亞、奈及利亞、莫三比克、塞內加爾、烏干達、坦尚尼亞和迦納也都有分布。（在塞內加爾也使用另一種略微不同的品種X.

striata）。它有許多別名：黑人胡椒、幾內亞胡椒、摩爾胡椒、塞內加爾胡椒、哈布塞利（habzeli）、凱因（kieng）、金巴（kimba）、基利（kili），和天堂子及其他類似漿果的別名混淆。雀巢公司一定會覺得這樣的混亂欠缺品牌的一致性，或許就是為此，使這種香料自一開始就像天堂子一樣，被當成胡椒的廉價替代品，在非洲之外從未獲得青睞。

塞利姆胡椒的種子莢彎曲起伏，大約2-5公分長，裡面有5-8顆胡椒粒。它在非洲的用法因地區而有不同，甚至連準備方法也不一樣。在塞內加爾，尚未成熟的綠漿果經薰製到有黏性之後，再搗碎塗抹在魚身上，風味辛辣，如麝香、像樹脂，但沒有「真正的」胡椒刺鼻，因為塞利姆胡椒不含胡椒鹼，卻有一點豆蔻和畢澄茄的風味。傳統非洲醫藥幾乎把這種樹的每一個部位都派上用場：漿果泡的茶可用來治療包括氣喘在內的呼吸道疾病、牙痛和胃病。〔漿果的精油富含倍半萜烯類碳水化合物（sesquiterpene hydrocarbons），已證明它有對抗包括白色念珠菌等多種細菌之效。〕

這種植物應用在烹飪上時，要壓碎種莢，整個加入燉菜和湯裡，比如塞內加爾一鍋到底的燉羊肉（dakhine）和奈及利亞的胡椒湯。上桌前要先去掉種莢，有時會把它綁在棉布袋裡，丟棄方便。「廚房蝴蝶」（Kitchen Butterfly）部落格上有一個胡椒湯食譜建議，在壓碎種莢或把它們加入混合香料之前，要先去掉帶苦味的種子，並且把種莢放在火上烤[203]，不過通常都是用咖啡磨豆機把種子和種莢一起研磨。

參見：黑胡椒、天堂子

辣根（Horseradish）

Armoracia rusticana

把辣根種在花園裡，它就會像害蟲一樣不停繁衍，如果你還想種些別的植物，就會發現它難以清除。它原生於東歐，在德國很受歡迎，後來英國人用它來作烤牛肉的調味料。

傑勒德稱讚它的藥效（可以殺蟲，並舒緩憂鬱），但也建議它可作調味之用：「德國人常把它加一點醋搗碎，作為吃魚吃肉的沾料，就像我們使用芥末一樣。」[204]葛瑞薇太太則推薦把辣根切片浸泡在牛奶中，可用來恢復紅潤的臉色。她還補充了一個古怪的用法：「辣根汁混合白醋外用，可以去除雀斑。」[205]

辣根巨大的葉片有點像酸模葉，可用在沙拉中。但通常真正食用的部份是它白色的根 —— 用生的根、不必煮過，先洗淨去皮、切碎

200

或磨成粗粒，然後混入白酒醋和鹽、倒進食物處理機攪拌，同時加入更多的醋，直到混合物分解成粗糊狀。就像山葵（有時稱為「日本辣根」）和芥末一樣，辣根會有刺激的辣味，是因其根部被破壞時，黑芥酸鉀和黑芥子硫苷酸互相作用的結果，這是植物用來保護自己免受攻擊的方式。

辣根又嗆又辣但卻教人大呼過癮的甘味，有人愛有人怕。約翰·帕金森（John Parkinson）在《植物學的世界》（*Theatrum botanicum*, 1640）中寫道，它很受「鄉下強壯勞動人民的歡迎」，但對「脆弱而文雅的脾胃卻嫌太烈」[206]。

參見：薑、芥末

杜松（*Juniper*・歐刺柏）

Juniperus communis

　　杜松是柏科的常綠針葉樹，雌雄異株，如果要結出漿果，就必須相鄰栽種。雄花呈黃色錐體，雌花則為綠色圓形，漿果經輕壓就會釋出松樹般的氣味，帶有柑橘和松脂香，是琴酒（杜松子酒）味道的主要來源。它們其實不算漿果，而是毬果，其木質化的鱗片集合在一起，產生平滑統一表面的印象。毬果每隔2、3年成熟，但速度不同，因此你會看到同一枝幹上的毬果成熟階段各不相同，如果想要摘取，要摘藍色的果實，且務必戴手套，因為它的葉子會扎人，因此十六世紀英國詩人愛德蒙・史賓塞（Edmund Spenser）在他的第26首商籟中說：「杜松味甜，但枝幹刺人。」

　　杜松分布遍及整個北半球，但各地風味不同。最美味的果實當

屬中南歐，尤其是克羅埃西亞和義大利的杜松，不過珍・葛瑞森卻認為：「在法國溫暖石灰岩地區的杜松更芬芳，只要半小時就可摘得足以保存很長時間的果實（它們能夠長期保存風味）。」[207]

湯姆・史托巴特對杜松抱持典型英國人的懷疑態度，正呼應了伊麗莎白・大衛更早十年在《法國鄉村烹飪》（*French Provincial Cooking*, 1960）中所說的：「許多法國鄉村菜色裡添加了杜松子，教英國人大惑不解。」[208] 不過現代人再度熱中於添加杜松子的傳統手工釀酒法，因此英國人對杜松子的接受度大增，對於桃樂西・哈特利的杜松味火腿醃菜捲，或甚至漢娜・葛拉斯用了1盎斯杜松子的小牛火腿（1774），也都能照單全收。英國西南部的野味食譜常用杜松添加風味，尤其是醃漬鹿肉。北歐地區也常把它用在燉野味裡，比如瑞典的燉駝鹿（älg-gryta）。我最喜愛的杜松食譜是杜松烈酒烤珠雞（faraona con grappa），出自羅絲・葛雷（Rose Gray）和魯斯・羅傑斯（Ruth Rogers）的河邊咖啡屋經典義大利食譜（*River Café Classic Italian Cookbook*, 2009）。

不過話說回來，最常用杜松的還是中歐和阿爾卑斯山區的菜餚：烤雞的填料、醬汁、肉乾和肉醬；畫眉和啄木鳥等小型鳥類；亞爾薩斯的酸菜盤（choucroute garnie，上有德國酸菜、豬肉和各種蔬菜）；牛肉蔬菜湯（大衛偏愛普羅旺斯的作法：「用橄欖和酸豆配肉佐食……」）；匈牙利燉牛肉（這道奧匈菜式也成了猶太菜餚──杜松和辣椒粉很對味）；以及挪威的甘美羅斯乾酪（Gammelost，字面上的意思是「陳年起司」），包在浸了杜松子汁的稻草熟成。大衛在

她的《英國廚房的香料、鹽和調味料》（ *Spices, Salt and Aromatics in the English Kitchen*, 1970）收入了安布羅斯・希斯（Ambrose Heath）的小牛腰子食譜：「腰子用奶油快煮，在上桌前放一些壓碎的杜松子，再用湯勺熱1杯琴酒，趁熱淋在腰子上。」[209]

琴酒，或稱杜松子酒（jenever，源自法文的杜松一字genièvre），是用未熟的杜松子蒸餾而成，就像苦艾酒一樣，它的起源也有好幾種說法。一般認為是十七世紀在荷蘭當成草藥製作，而且也指出了有好幾個發明者。十三世紀荷蘭的百科全書《本質之花》（ *Der naturen bloeme*, 1269），就把它列為腹痛良藥。芬蘭傳統啤酒sahti製作時，在濾床上放了杜松枝，為這種粗獷飽滿的啤酒增添了樹脂一般酸甜的風味。

杜松雖然長得不起眼，卻有許多象徵意義。在義大利宗教傳說中，它代表的是庇護所；傳說耶穌被放在杜松的樹枝下，躲避希律王的軍隊。不過聖經上並沒有提到這個故事，書上提到「杜松」的地方只有列王紀上19:4，它庇護先知以利亞，而且後來經考據，認為這種植物應是指羅騰樹。

中世紀的驅魔儀式中會焚燒杜松，並把它掛在門上驅趕巫婆。寓言裡則以杜松象徵青春、健康和白頭偕老。在達文西所繪的吉內佛拉・班其（Ginevra de' Benci）畫像中，這位佛羅倫斯貴族頭上繪有杜松，並不只是因此字和她的名字相同（ginevra在義大利文中就是「杜松」之意），這幅畫的背面繪有一枝杜松，左右兩旁有月桂枝和棕櫚葉，並有卷軸寫道：VIRTVTEM FORMA DECORAT（美麗為

德性增光）。

　　當然，還有格林童話中最教人驚心動魄的「杜松樹」故事，它有其意義。一名美麗虔誠的準媽媽吃了許多有毒的杜松子〔杜松含有揮發性油脂，其中的成份 α - 蒎烯、月桂烯和香檜烯等單萜烯，如果大量服用會中毒。儘管孕婦最好避免食用杜松，但對一般人似乎影響不大。有些品種如叉子圓柏（Juniperus sabina），毒性較強〕，她生了兒子之後不久就死了，臨終時交代要葬在家門口的杜松樹下，只是後來孩子的爸爸再娶了……

　　和這個故事相比，〈韓賽爾和葛麗特〉的故事就顯得輕鬆得多。布克獎小說家瑪瑞娜‧華納（Marina Warner）認為杜松樹的這個故事*把消耗和再生緊緊綁在一起，「難以分辨生育繁衍終於哪裡，吃食又始於哪裡，反之亦然。」[210]杜松樹既是墳墓，卻又由那裡冒出一隻幽靈火鳥，重建了大自然的順序，只是作母親的再沒有一席之地。

　　尼古拉‧寇佩柏則把杜松當成萬靈丹，「其功效罕有其他藥物能比」，幾乎無所不治，由毒蛇猛獸咬傷到痛風、坐骨神經痛、麻瘋和癲癇……杜松真的如他所說的，能夠「讓產婦迅速安全地分娩」嗎？可能。寇佩柏談的是杜松（J. communis），而非他稱為savine的叉子圓柏，他說後者是墮胎藥，因此俗稱「母親夢碎」（mother's ruin），琴酒也有這個別名。（寇佩柏：「它可以安全外用，但內服卻可能會傷身。」[211]）

參見：歐白芷、羅盤草

---

* 這個故事有點長，總之就是後母宰了前妻的兒子，但後來他復活報了仇。

甘草（*Liquorice*）

Glycyrrhiza glabra

　　甘草的英文字Liquorice來自希臘文glyks或glukus（甜）和rhiza（根），這是一種小型多年生豆科植物的地下莖，開紫藍色的花。它在歐洲和中東處處可見，古埃及圖坦卡門法老的墓裡也有它的蹤跡，其實由亞述王國開始，所有的古代文明都很流行食用甘草。泰奧弗拉斯托斯稱之為「甜美的斯基泰根」（Scythian root），斯基泰指的是中亞大草原上的遊牧民族。迪奧科里斯建議長久行軍的軍隊，在水源稀少時應該嚼食甘草止渴。而根據安德魯・道比的說法，十六世紀的英國探險家在下窩瓦河谷發現甘草：克里斯多福・巴羅（Christopher Burrough）在1580年就寫道，在喀山（Kazan，韃靼斯坦首都）和阿斯特拉罕（Astrakhan）之間，「甘草生長茂密，土壤肥沃：那裡種有

蘋果樹和櫻桃樹。」[212]約翰・傑勒德也在他倫敦的房子花園裡栽種這種植物。

英國生產甘草的重鎮是約克夏的龐蒂弗雷特（Pontefract），道明會教士種來作草藥之用。比起薩里和諾丁罕郡等其他甘草種植區，龐蒂弗雷特有個過人之處，就是它的土質是黏土。儘管如此，1838年《一文錢》雜誌（*The Penny Magazine*）上刊的文章還是指出，要把甘草栽種得盡善盡美，必須付出龐大的心力：

> 在龐蒂弗雷特的甘草栽植地，首先要挖到3個鐵鍬那麼深，底部的土要挖鬆，但不能丟棄。接著再把馬廄裡的陳年糞便按每英畝30-40車的比例鋪在土地上……再把土地以約38英吋的寬度堆成約1英呎高的畦床……每一排甘草中的空間，常用來栽種包心菜或馬鈴薯……種下之後第3、4年，甘草的根部應長到3、4英呎長，就可以在11月和2月間收成，把它們綁成一束束盡早出售，因為時間一久，它們就會乾枯，售價也就一落千丈。

數千年來，人們都嚼食生鮮甘草黃色的纖維根，以保持口氣清香，迄今在義大利和西班牙依舊如此。購買時有磨成粉和乾燥甘草條等形式，不過更常見的是堅硬的黑棒狀物，是以根部萃取物煮沸而成，其風味就像普魯斯特的小瑪德蓮蛋糕一樣，勾起多少世代學童的回憶，又苦又甜，帶點鹹味，讓人想起海邊和醫院的長廊。

在所有的甘草糖裡，巴塞特（Bassett）公司的綜合甘草軟糖（Allsorts）——層層精煉的黑色甘草和五彩繽紛的軟糖交織在一起，最受英國人喜愛。這種糖最先在1899年生產，據說是因巴塞特公司業務員查理·湯普森（Charlie Thompson）的一次意外。他向萊斯特的一位顧客推銷時，把一盤樣品打翻，顧客問他說：「現在你展示的是什麼口味？」他答道：「綜合口味。」在此之前，則有「龐蒂弗雷特甜餅」（Pontefract cakes，甘草甜餅）：亮晶晶的黑色甜餅，像硬幣一樣，直徑約2公分，上面印著城堡和貓頭鷹的圖案，迄今還在當地生產，只是自1880年代以來，由於甘草供不應求，不得不由國外進口，起先由西班牙進口（因此在約克夏俚語中，「西班牙」的意思就是甘草），現在則大多來自俄羅斯。

甘草甜餅始於十七世紀初，起先是作為藥用，後來當地藥師喬治·唐希爾（George Dunhill）建議在製造過程中加入當時供應量大增的糖，提高甜度。（甘草的甜度原本就已經是糖的50倍，只是它的前味沒那麼明顯，後來才會回甘。）一直到1960年代為止，這種甜食原為手製，並且用手壓出圖案。龐蒂弗雷特如今還舉行一年一度的甘草節，慶祝甘草和當地的關係。

甘草可鎮痛、祛痰，和薄荷腦混合更有效果，因此常見於咳嗽藥和喉糖，寇佩柏也附和阿拉伯醫書的說法，推薦以甘草治「乾咳、喉痛聲啞、喘息和呼吸急促等各種呼吸和肺部不適」，肺結核和膀胱感染亦有效果。

大衛·史都華（David C. Stuart）寫道：「在寒冷潮濕的北歐，

傷風感冒和其他肺疾盛行，甘草就成了家庭必備良品。」[213]甘草還有另一種常見的功效，那就是治療胃潰瘍，這是因為甘草甜素（glycyrrhizin）和常用的抗潰瘍處方藥甘草次酸（carbenoxolone）化學結構類似。甘草循絲路來到中國，地位幾乎可和人參相提並論；一方面是提神飲料，一方面也是附子和草麻黃（含麻黃素）汁的解藥，中國人常喝草麻黃汁作為刺激性欲的春藥。

然而要當心的是，甘草雖是有效的藥物，但大量食用卻有毒性。2004年約克夏一名56歲的婦女因服食甘草過量而送醫，她為了紓緩長期便秘，每天吃200克的甘草甜餅，的確過多。結果她的血鉀含量急墜，血壓劇升[214]。（歐盟建議甘草酸每日攝取量不要超過100毫克。）

羅伯特‧普羅克托（Robert Proctor）在《金色大屠殺：香菸災難的起源和擺脫法》（*Golden Holocaust: Origins of the Cigarette Catastrophe and the Case for Abolition*, 2012）中說，舉世9成的甘草都被香菸業者拿去使用，明目張膽地用在菸斗菸絲和捲菸紙裡；偷偷摸摸地用在香菸裡，加入甘草（和可可粉）遮掩廉價菸草的氣味，並加快吸食 ── 因為甘草是有效的支氣管擴張劑。

健力士啤酒加入甘草，襯托未發芽大麥經烘烤的焦香。不過一般說來，釀酒業比較愛用味道相似、但在植物學上和甘草並無關係的洋茴香（Anise）。

參見：茴香、八角

蓽芨 (Long Pepper)

Piper longum

蓽芨比黑胡椒辛辣，但其他的味道則大同小異，同樣含有胡椒鹼這種生物鹼。

它是由一團小漿果組成圓錐形的果穗，生長在喜馬拉雅山東北，如今除了一些印度泡菜還用它來醃製之外，已經少見使用。但古希臘醫藥曾廣泛運用，可祛痰、驅風、增加精液量。

參見：黑胡椒、天堂子、塞利姆胡椒

豆蔻皮（*Mace*）

Myristica fragrans

　　豆蔻皮是豆蔻種子的假種皮。豆蔻果實成熟時會爆開，露出裡面
一層鮮艷的膜，包著豆蔻的外殼，這些網狀條紋之內膜即是豆蔻皮。
假種皮經乾燥壓平，就是「豆蔻皮片」。

參見：豆蔻

馬哈利櫻桃（Mahlab）

Prunus mahaleb

　　這是比較次要的香料——除了希臘、土耳其和中東之外，很少人使用，有的食譜只稱它是一種粉末，用在蛋糕和西點中，增添又苦又甜的杏仁風味。這種粉末是以馬哈利櫻桃種仁磨粉而成，馬哈利櫻桃別名聖盧西櫻桃、圓葉櫻桃，在地中海沿岸野生，不過在土耳其和伊朗則有人工栽植。

　　希臘麵包和帝王蛋糕（vasilopita）等的酵母蛋糕常用這種粉末，往往與洋茴香（見〈洋茴香〉）、薰陸香（見〈薰陸香〉）混合使用。克里特島的復活節麵包就用了馬哈利櫻桃、薰陸香和橙皮強力而美味的組合。土耳其麵糰沾芝麻的芝麻圈（simit）麵包也用了這種成份，匈牙利傳統小圓麵包亦然，就像義大利的佛卡夏麵包（focaccia）

一樣，在火爐灰燼裡烤。馬哈利櫻桃也為巴勒斯坦的白色鹹起司（Nabulsi）添加了水果風味，這種起司常用在浸了糖漿的起司甜點庫納法（kanafeh）裡。

通常使用馬哈利櫻桃是出於季節性、宗教味的主題，比如復活節前亞美尼亞的秋蕊（cheoreg）甜麵包和塞浦路斯的起司派（flaouna）。在黎巴嫩和敘利亞大受歡迎的阿拉伯奶油甜酥餅（ma'amul）塞滿了堅果和乾棗，是齋戒月和開齋節（Eid）等節慶晚上常吃的食品。不過埃及、敘利亞和黎巴嫩的猶太人在普林節（Purim）、猶太新年和光明節（Hanukkah）也吃奶油甜酥餅。克勞蒂亞・羅登說：「咬下這些食物總教人興奮不已」：

> 有個叔叔和我們講到一個烤奶油甜酥餅比賽的故事。許多年前，在敘利亞阿勒坡有個高官宣布，只要做出最好吃的奶油甜酥餅，就可得相當於今天2英鎊的獎賞。結果他家收到數百個奶油甜酥餅請他評分，當然這遠超過2英鎊的價值，讓他可以開開心心地吃好幾個月。[215]

馬哈利櫻桃用量不要太多，否則苦味太強。這種香料要整顆種仁購買，因為磨成粉末之後風味和香氣會很快喪失，就連種仁存放一年之後也會走味，除非收在冰箱冷凍庫。

參見：薰陸香，鳶尾草

薰陸香（*Mastic*）

Pistacia lentiscus

薰陸香是一種漆樹科常綠灌木乳香黃連樹的樹脂，可由皮質的葉片和成熟時由紅轉黑的簇狀漿果辨識。整個地中海地區都有分布，但產量最多、最知名的產地是希臘的契歐斯島（Chios），「敘利亞語言把這島稱為契歐斯，是因為那裡生產薰陸香，而敘利亞人稱薰陸香為契歐（chio）」[216]。

契歐斯島的薰陸香樹在樹皮受傷時，會分泌一種特別芬芳的樹脂，凝固後成為質脆半透明的梨形球狀物，稱為「淚珠」，有時上面還會覆有一層白粉。優質的淚珠稱為「燧石」（dahtilidopetres）；質地較差的淚珠較軟，上有斑點，就稱為「水泡」（kantiles）。

薰陸香有一股如松木似樟腦的味道，咀嚼時會變軟，口感很好。

其實這就是最早的口香糖，迄今還有人對它的味道著迷，約旦「沙拉威兄弟」（Shaarawi Brothers）的薰陸香口香糖風行全球就是明證，不過你也可以在中東超市買一袋薰陸香淚珠咀嚼，不要理會起初的苦味，會越嚼越甘。

根據當地傳說，契歐斯島之所以有薰陸香樹該感謝聖依西多祿（St Isidore）。依西多祿是生在亞歷山卓的羅馬海軍軍官，西元251年，他所屬的艦隊停泊在契歐斯島時，他大著膽子向指揮官努米流斯（Numerius）承認自己信奉基督教。努米流斯命他放棄信仰，甚至請他的父親來說服他，但他不為所動，最後被綁在馬身後，在石頭地上拖行，然後斬首，屍體被扔進水池，這時生在該島南部所有的樹木都哭泣起來。

島南生產薰陸香的數個村落聯合組成了薰陸香村（mastichochoria）。1822年希臘獨立戰爭時，數千名契歐斯人遭鄂圖曼軍隊屠殺，法國畫家德拉夸（Delacroix）的畫作「契歐斯島的屠殺」（The Massacre at Chios）描繪的就是這個事件，當時只有薰陸香村的居民逃過一劫，因為土耳其後宮妻妾喜愛薰陸香口香糖，它不但能使口氣甜美，牙齒潔白，而且也能讓無聊的妃子有點事做。契歐斯被鄂圖曼統治之後，如果有人偷竊薰陸香，下場就是處死。這個島自1913年起已歸希臘管轄。

薰陸香的用處不只是咀嚼而已〔英文mastictory（咀嚼）這個字源自希臘字mastichon（薰陸香，意思不言可喻）。〕希臘的「湯匙蜜餞」（gliko tou koutalio）是用薰陸香和糖製的蜜餞浸入冰水中，盛

在湯匙內獻給客人。而把薰陸香添加在教堂中作奉獻的麵包中，則可增加風味，促進質地的彈性。薰陸香也加在薰陸香酒裡，這個名詞包括兩種不同的酒精飲料：以白蘭地為基酒的Chiou，和像烏佐酒（ouzo）那樣的開胃酒。

在中東，薰陸香常被敲碎後和柑橘花或玫瑰水攪拌，作為甜點或米布丁的調味品。美食作家克勞蒂亞‧羅登2004年上英國國家廣播BBC的電台節目「荒島唱片清單」（Desert Island Discs）時，就選薰陸香口味的冰淇淋作為她的「荒島甜點」。在還沒有多聚磷酸鹽為肉類加工之前，人們也是使用薰陸香來處理肉類，因此沙威瑪的醃漬香料中，也含有薰陸香在內。

阿拉伯的《食譜》（*Book of Dishes*, 1226）一書的作者穆罕默德‧本‧哈珊‧巴格達底（Muhammad bin Hasan al-Baghdadi）常用薰陸香調味，通常用在紅肉上，混合胡椒、孜然、肉桂和芫荽，比如在醋煮小山羊肉的食譜中，就用了炒芹菜葉、薰陸香和番紅花。羅登在《中東美食》（1968）就引用了巴格達底的杏脯燉羊肉（mishmishiya）食譜，薰陸香和杏仁粉雙管齊下，創造出滋味豐腴濃厚的醬汁。在敘利亞和埃及，過節吃的肉湯（fata）中，更常見到薰陸香混合小豆蔻的調味法。有些版本的哈斯哈努特北非混合香料也含有薰陸香。

威廉‧朗罕（William Langham）在《保健花園》（*Garden of Health*, 1579）中提到「薰陸香對吐血亦有益」，這裡的「吐血」是指牙齦的疾病，而非肺結核。不過薰陸香的確能減少口腔裡的細菌[217]，十八世紀用薰陸香來塞蛀牙洞的做法說不定有其道理。如今新出了許

多昂貴的手工牙膏往往都含有薰陸香和其他舶來成份，比如蜜蜂用來修補蜂巢的蜂膠。根據1861年英國藥學期刊的說法，東方有人用薰陸香來治療嬰兒吐瀉病，也可把薰陸香和麵包與葡萄酒混合，敷在下腹部。1998年，諾丁罕大學研究證明薰陸香對造成胃潰瘍的元凶幽門螺桿菌有效，確定了薰陸香有益腸胃的說法。2006年則發現有效的成份是異薰陸香二烯醇酸。薰陸香還可用來治療膽固醇過高的問題，也是傷口黏合藥物瑪締脂（Mastisol）的主要成份，可以提高外科免縫膠帶等敷料的效用。

薰陸香有時被稱為阿拉伯樹膠（Arabic gum），不要和阿拉伯膠（gum Arabic）混淆，後者是由金合歡樹提煉出的樹脂，作為食品添加劑的編碼為E414，加在鞋油、印表機墨水裡，也是無酒精飲料的乳化劑。

木乃伊粉（*Mummia*）

　　木乃伊（Mummy）意思是「用亞麻布包裹保存的埃及屍體」，它的英文字源自中世紀埃及文字mumiya，即柏油或瀝青，也就是我們塗在道路或屋頂上那種像焦油一樣的樹脂，而古埃及人用在塗裹屍體的過程中。

　　加拿大約克大學（University of York）的考古化學家史蒂芬・布克利（Stephen Buckley）已經證實，瀝青是塗在屍體上用來抗菌防腐的多種物質之一，據信能助死者順利進入死後的世界。（蜂蠟和針葉樹、黃連木的樹脂也很流行。）瀝青的價格比其他樹脂便宜，主要是用在古埃及王朝晚期（西元前664-332年），而且比較常用在寵物而非人身上，不過籠統稱之為「瀝青」比較簡單。

由中世紀直到十九世紀，人們認為由古老腐化屍體上剝下來，尤其是取自頭部的瀝青有很強的療效，這種被稱為木乃伊粉的物質要靠進口，非常昂貴，因此被當作香料、列入中世紀商人指南。

其中最有名的一本國際貿易指南《商人手冊》（*La pratica della mercatura*）是在1330年代晚期由佛羅倫斯銀行家弗朗切斯科·彼戈羅蒂（Francesco Pegolotti）所撰，史學家保羅·弗瑞曼（Paul Freeman）欣然指出，本書列出了木乃伊粉、龍血（龍血樹屬植物提煉的精華，用作染料和藥物）和不純鋅華（tutti，亞歷山卓煉鋅爐煙囪刮下來的黑焦物質，也稱為鍋：用在冶金，也可用來治療滲水潰爛，這話聽來荒謬，但若你知道不純鋅華其實就是氧化鋅，是尿布疹藥膏Sudocrem的重要成份，就不會那麼驚訝）。

由馬西亞斯·普拉提亞斯（Matthaeus Platearius）所著的另一本藥物手冊《簡易醫書》（*Circa instans*, 1166），則把木乃伊粉列為「一種由死者墳墓收集而來的香料」，並且建議：

> 該選擇黑色有光澤、其臭無比而且質地結實者。反之，白色的那種非常不透明，既沒有黏性，也不結實，很容易就碎成粉末，絕對不要用。……如果用它和薺菜汁調製成敷料可止鼻血……此外也可治療因口腔創傷或呼吸器官疾病造成的吐血，以木乃伊、薰陸香脂粉和溶有阿拉伯膠的水製成藥丸，讓病人含在舌下，等溶化之後吞下肚去。[218]

「屍體藥物」也曾登上王室殿堂，真是不可思議。歐洲名醫悉爾多・特基（Theodore Turquet de Mayerne）爵士為英王詹姆斯一世開的藥方中包括磨成粉的人類頭顱，不過詹姆斯一世拒絕服用，按理查・蘇格（Richard Sugg）在《木乃伊、食人者和吸血鬼：文藝復興至維多利亞時期的屍體藥物》（*Mummies, Cannibals and Vampires: The History of Corpse Medicine from the Renaissance to the Victorians*, 2011）中說，此舉「絕無僅有」。書中證實「在現代初期的歐洲，有200多年，所有的人無分貧富貴賤，都以算是常規的方式，參與食人的行動」[219]。這聽來雖像是中世紀才會有的現象 —— 而且在某個程度上的確如此，然而很諷刺的，以食人為藥方的興趣卻是在十七世紀後期，科學正在建立理性基礎之時，發揚光大。

當時的人吸人血，有時甚至直接由捐血者的血管吞食。在德國，用來製作藥膏的脂肪叫作Armsünderschmalz，即「可憫罪人死後的脂肪」，其來源不言可喻。頭骨上長的苔蘚常取自英國入侵時死亡的愛爾蘭人屍首，據說可治療癲癇和抽搐。大家相信取自頭部而非其他器官材料的療效，反映出人們相信頭部有「攸關緊要的性靈」，能夠滋養靈魂。有人說這種作法褻瀆神聖，佛蘭德（Flemish）科學家揚・巴普蒂斯塔・范・海爾蒙特（Jean Baptiste van Helmont）大膽回應道，它們只是用在「慷慨慈善的目的」，而且「藥物本身都是天然成份」，其效力「是上帝親自賜予」[220]。

原本木乃伊粉的來源是埃及木乃伊。舉世最早的埃及古物學者之一，十二世紀的伊拉克醫師阿布杜・拉提夫・巴格達迪（Abd al-Latif al-Baghdadi）本人就熱衷這種交易：

> （屍體）內和頭部中稱為木乃伊粉的物質數量不少。鄉下人把它帶到城市賤價出售。我花了半迪拉姆（dirham，貨幣單位）就買了裝了整整3個頭的粉。賣主還給我看一個袋子，裡面有個胸腹部也填滿了這種木乃伊粉，我看到它放在骨頭裡，骨骼吸收它，直到兩者合而為一。[221]

可是供不應求，因此非但成千上萬的人類和動物遺體在這次的熱潮中遭到毀損，而且還有怪誕的木乃伊粉行業出爐，專收監獄和醫院每天無名屍的屍首。史學家穆罕默德·伊本·伊亞斯（Muhammad ibn Iyas, 1448-1522）就提到有些埃及商人用剛死不久的屍首製作木乃伊，以每昆塔（qinter）25第納爾（dinar）的價格出售至歐洲，當成製作陳年木乃伊粉的材料，結果被判有罪，砍掉雙手吊在他們的脖子上。

歐洲市場上的木乃伊粉大多是已經磨好才進口，不過由埃及古墓劫掠原封不動的木乃伊，交易一樣很熱絡。英國作家塞繆爾·皮普斯曾到一個商人在泰晤士河邊的倉庫去看木乃伊，顯然準備要剁碎分運：「我從沒見過木乃伊，因此場面雖然不堪入目，依舊教我很感興趣；而且他（這名商人）還送了我一點，還有一根手臂骨。」[222]

湯瑪斯·派提格魯（Thomas Pettigrew）在《埃及木乃伊史》（*History of Egyptian Mummies*, 1834）中，清楚說明了劫掠的規模：

木乃伊一旦有了醫藥的價值，立刻就有許多投機商人參與這個行業；墳墓被盜，不論取得多少木乃伊，全都被剁成小塊出售。[223]

天文學者約翰・葛瑞夫斯（John Greaves）發表劃時代的《金字塔探源》（*Pyramidographia*, 1646），研究吉薩金字塔群，沒想到開啟了盜墓旅遊的新時代，到十七世紀中，赴埃及的好奇歐洲觀光客人數多到足以讓法國金匠路易・伯提耶（Louis Bertier）在開羅開設的「珍奇百寶屋」歷時22年而不衰。到維多利亞時代之初，倫敦、巴黎等都市到處都是這樣的百寶屋，古埃及的遺物也成了名人收藏的對象，如建築大師約翰・索恩（John Soane）爵士1825年3月就曾在他位於倫敦林肯會所廣場（Lincoln's Inn Fields）13號的家舉辦長達3天的派對，慶祝他購得法老王塞提一世的石棺。

另外也有一些愛出風頭的科學家，比如前述的派提格魯，他原是知名的外科醫師，後來成了古玩收藏家，經常舉辦大規模私人派對，請大家來看他「展示」（就是當眾解剖）木乃伊，無視於自己的行徑和他在書中痛批的盜墓者極其相似。

如今大概沒有人會不同意哲學家湯姆・布朗（Thomas Browne）爵士的看法，認為食用木乃伊粉就是一種「陰森的吸血鬼行為」。人們在吞食或塗抹這些粉末時是怎麼想的？難道他們不會因為「許多人服用了這黑色粉末之後馬上就吐了出來」[224]而覺得噁心嗎？〔約翰・韋伯斯特（John Webster）在1612年復仇悲劇《白惡魔》（*The*

White Devil）的開場，就讓葛斯帕洛告訴因行為不檢而被羅馬驅逐的洛多維可伯爵說，他的信徒「已經吞了你，就像木乃伊粉一樣，而且因為這麼不自然而可怕的物質，因此在狗窩裡因噁心而把你嘔吐出來。」〕菲利浦·麥考特（Philip McCouat）指出，長久以來「大家一直認為木乃伊含有某種神秘的生命力，可以轉移到病人身上，助他們康復」。他認為這種想法是來自中世紀的瑞士–德國醫師帕拉賽瑟斯（Paracelsus），這位醫師相信「如果人吃動物的肉，就可以得到那個動物的特質」[225]。

可是木乃伊粉還有另一種沒那麼教人想吐的用途 —— 作為繪畫顏料。木乃伊褐就是以磨細的木乃伊、生柏油和沒藥混合，是鮮明的棕色顏料，顏色介於燒赭土和生赭土之間。化學家亞瑟·邱爾曲（Arthur H. Church）在寫給製造商的建議中說：

> 通常都是把木乃伊的骨骼及其他部份一起磨碎，取得的粉末比光用柏油更有硬度，也比較不那麼易熔。倫敦的顏料工人告訴我說，一具埃及木乃伊就足夠滿足他顧客20年的需要。[226]

儘管很難明指哪些畫作用了木乃伊褐，但它必然出現在十九世紀法國浪漫派大師尤金·德拉克拉瓦（Eugène Delacroix）和前拉斐爾（Pre-Raphaelite）派的畫家愛德華·伯恩-瓊斯（Edward Burne-Jones）的畫作之中。有的畫評家喜歡這種顏料在畫筆上的表現，但也有的因它的成份不自然而反對它。《阿德萊藝術字典》（*Adeline's Art*

Dictionary, 1905）寫到它時，失望之情溢於言表：木乃伊褐「不推薦畫家使用，因為它雖然顏色鮮明，卻很難乾，不能保久，並且可能含有阿摩尼亞和脂肪分子」[227]。

伯恩－瓊斯使用木乃伊褐多年，顯然並不明白它的成份。同輩藝術家勞倫斯·阿爾瑪－塔德瑪（Lawrence Alma-Tadema）有一次在飯後閒聊中談起他們喜愛用的顏色，不經意透露了它的元素，教他大驚失色。其妻喬琪安娜在他身後發表的一篇傳記文章中，栩栩如生地記錄道：

> 愛德華起先不相信這種顏料和木乃伊有關係，說這個名字一定只是用來形容棕色的色度，但當大家向他保證其中的確含有貨真價實的木乃伊之後，他立刻離席、趕到畫室去，把他僅有的一管拿來，堅持要我們當場為它舉行合適的葬禮。所以我們在腳下青草挖了個洞，全體看著它安然地放了進去，幾個女孩也在上面種了一株雛菊作為標記。[228]

〔參加這場怪誕喪禮的人中，有一個是伯恩－瓊斯的外甥，當時約10歲的魯亞德·吉卜齡（Rudyard Kipling）。他記得舅舅「在光天化日之下，手上拿著一管木乃伊褐的顏料，說他發現這是用去世的法老所製，我們必須把它埋葬。因此大家全都到外面去幫忙……迄今我還可以拿把鐵鍬找出它埋在哪裡。」〕[229]

說來奇怪，一直到1960年代，木乃伊褐依舊有售，一直到無法

再取得原料之後才停產。倫敦顏料商羅伯森（C. Roberson's）公司的總經理喬佛瑞‧羅伯森－帕克（Geoffrey Roberson-Park）在1964年告訴《時代》雜誌說：「我們可能還剩一些零星的四肢，但不夠製作顏料。我們在幾年前售出最後一具完整的木乃伊，價格我想是3鎊。或許我們不該賣出，因為我們再也不可能取得木乃伊了。」[230]

芥末（*Mustard*）

Brassica nigra, B. alba et al.

　　芥末的英文字mustard已經說明了它的準備方法，此字源於拉丁文的mustum或must，指的是羅馬人用蜂蜜和一種他們稱為sinapi的植物種子混合，調製「辣味葡萄汁」。據說西元前334年波斯王大流士三世送了一袋芝麻子給亞歷山大大帝，意思是表示他有龐大的軍隊，亞歷山大大帝回贈一袋芥末子：他的軍隊不只在數目上凌駕大流士，而且猛爆的程度也無人能敵。約翰・傑勒德一語道出芥末作為調味料的優點：「搗碎芥末子然後加醋，是絕佳的醬料，可以和魚、肉等任何肉類搭配，因為它助消化、暖胃，並可刺激食欲。」[231]

　　不過這究竟是哪種芥菜？芥菜主要有三種：白芥菜（Brassica alba）、褐芥菜（Br. juncea）和黑芥菜（Br. nigra），全都是十字花科

植物，其種子大小略有不同，但都極微小，直徑僅1-2毫米，不過植株長得高，黑芥菜即可達8英呎以上，與聖經上知名的芥末子寓言（馬太福音13:31-2）不謀而合。不過有聖經植物學者提出質疑，認為耶穌的芥末可能根本不是任何一種芥菜，而是另一種樹幹彎曲的植物芥末樹（Salvadora persica）或「牙刷樹」（toothbrush tree）：

> 他又設個比喻對他們說：天國好像一粒芥菜種，有人拿去種在田裡。這原是百種裡最小的，等到長起來，卻比各樣的菜都大，且成了樹，天上的飛鳥來宿在它的枝上。

白芥菜子是沙色而非白色，而且比其他種類的芥菜子略大，種子在使用前已經先去除了淡色的外殼。白芥菜原生於地中海地區，不過現在遍布歐美，艷黃色的花朵會形成平臥生長的種莢，各含約6個種子，味道溫和，一開始略甜，芥末味並不很濃，也因此白芥菜子在歐洲常用來醃菜，不過在美國則用來製作經典黃芥末，摻了糖、還添加薑黃取其色澤。有個相關的品種是中國的馬芥（Br. cernua），不過就我所知烹飪用途有限。

黑芥菜子不像褐芥菜子那麼流行，主要是因收穫的效率所致。因為黑芥菜長得太高，成熟時種子很容易就會落下來，很難用機器收成，因此目前只在容易讓工人用鐮刀收成的地方栽植，其種莢接近中央的莖，含有12顆種子。在印度的某些地方，尤其是孟加拉和果阿，種子會先經乾炒成灰色，再作為盤飾：乾炒的過程會去除辛

辣味，而產生堅果、煙燻的風味。在孟加拉五香粉和南印的桑巴粉（sambar powder）都有這種成份（見〈混合香料總覽〉）。

褐芥菜原生於印度，也遍布在印度各地，種子莢較黑白芥菜的種子莢都大。（另外還有一種稱作羅馬尼亞褐芥菜的歐洲品種）。有些地區的格蘭馬薩拉和加了香料的酥油（baghar或tadka）都含有褐芥菜子。它們就像黑芥菜子一樣，常用熱油烹煮，直到它們變成灰色，再攪入蔬菜或豆泥糊。喀什米爾、果阿和孟加拉烹飪都使用其種子榨出的油（sarisar tel），可是在印度之外，使用這種油是非法的，因為它含有芥酸，會損害心臟。

芥菜子並沒有味道，唯有在把它們壓碎、與水調和，促使異硫氰酸丙烯酯作用，才會有刺鼻的辛辣味。這種化合物也就是芥末（及櫻桃蘿蔔、辣根和山葵）味道的來源。它在活性狀態對植物有害，因此植物在貯存它時，是把它分為兩種休眠的化學物質：黑芥酸鉀和黑芥子酶，兩者接觸到水就會互相作用。

用在壕溝戰中的恐怖「芥子氣」雖然有芥末味，但和芥菜子在化學成份上截然不同。不過芥子的確是某些生物薰蒸劑的成份。約翰・金斯伯利（John Kingsbury）在《致命的收穫》（*Deadly Harvest*, 1967）說，芥子油「只會產生輕微的刺激，除非是濃縮品；濃縮的芥子油會對消化系統纖細的薄膜造成嚴重的傷害」[232]。

英國芥末粉 —— 那黃色的細粉，得先放10分鐘讓它的味道發散出來，才能食用，只要1小時，它的味道就消散了。一定要趁新鮮食用，而且絕不可與沸水和醋混合，因為這會使它的化學反應停止。

（在其精油已經生成之後，就可以與醋混合：酸會「固定」住熱。前面傑勒德所述究竟是在加醋搗碎芥末子之前還是之後加水，則不得而知。）

芥末應是在十二世紀傳入英格蘭。當時的習慣是在餐桌上用杵和臼磨碎芥末子，像黑胡椒一樣撒在食物上。1480年代，法恩群島（Farne Islands）的修士是用手推磨石研磨芥末，到十七世紀，英法兩國製作芥末的方法已經有顯著的不同。下面是羅伯特·梅伊（Robert May）在《傑出廚師》（*The Accomplishd Cook*, 1660）介紹英國研磨芥子的方法：

> 選擇好的種子，摘下之後用冷水清洗瀝乾，並以極清潔的布擦乾；然後放入裝有強烈酒醋的研缽內搗碎；搗細之後瀝乾，並緊緊蓋上。或者把它放入手推磨或是研缽，把芥子磨碎。[233]

另一方面，法國芥末的製法則是先把芥末子放在醋裡浸泡一夜，再放入研缽，加入更多的醋、蜂蜜和肉桂搗碎，把它「密密蓋緊，收在裝生蠔的小桶裡」。

第戎芥末是用去除種子殼的褐芥菜子（先前是用黑芥末子）製作，把它和葡萄酒或酸果汁、鹽和香料混合，製成金黃色澤的酸味糊狀物，搭配烤肉美味絕倫，加在傳統的調味蛋黃醬（remoulade）等法國醬料裡，也有畫龍點睛之效。自1937年以來已經納入原產地命

名系統。湯姆・史托巴特說：「第戎芥末有極其清新的風味，是不致喧賓奪主的法式芥末，可以配牛排或其他食物。」[234]波爾多芥末則是由保留種子殼的黑和褐芥末子為材料，混合醋、糖、龍蒿等香草和香料，顏色較深，味道較強。這種芥末醬是塗在麵包丁上，配比利時啤酒燉牛肉（beef carbonnade）。

當然，還有琳瑯滿目的其他芥末醬，包括莫城（Meaux）芥末醬，用半搗半磨的黑芥末子創造酥脆的口感，另外還有更具異國風味的產品，比如利穆贊（Limousin）地區的紫色芥末醬，色如紫蘿蘭，味如丁香，是用未發酵的葡萄汁和整粒的黑芥末子製造。史托巴特推薦一種稱作佛羅里達（Florida）的芥末，這是在香檳區用香檳製作：「我會稱之為淑女芥末」[235]，只是現在找不到它是否還生產的證據。

知名的德國芥末是搭配香腸食用，包括用純黑芥末子製造的「獅子的芥末」（Löwensenf），和甜芥末（Weisswurstsenf），這是一種粗粒、淡色、味道溫和的芥末，搭配德國煎香腸食用。

有一段時間，蒂克斯伯里（Tewkesbury）是英國芥末的主要產地：在莎翁名劇《亨利四世》下集佛斯塔夫談到波因斯（Poins）時，說「他的智慧就像蒂克斯伯里芥末一樣濃稠」。約翰・伊夫林推薦「最好的蒂克斯伯里芥末」，而威廉・科爾斯也在1657年寫道：「在格洛斯特郡特斯伯里（Teuxbury），人們研磨芥末子製成球狀物，帶到倫敦和其他偏遠的地方，稱之為舉世最佳的芥末醬」。

數百年來，芥末醬一直都是這些粗磨的芥末子和蜂蜜、醋和其他香料調製成球的方式運送，只是品質好壞不一。休・普拉特（Hugh

Plat）爵士在《淑女美食食譜》（*Delightes for Ladies*, 1600）裡抱怨：「如今我們向雜貨商人買的芥末常常是用品質低劣又骯髒的醋所製，要是我們看到它在還未與芥末子調和之前的模樣，一定會倒盡胃口。」[236]

磨細的芥末粉則要歸功於十八世紀初德罕郡的一位克雷門斯（Clements）太太，她騎著馱馬到一個又一個城鎮去推銷她的商品，因此致富，有一次甚至遠達倫敦，在喬治一世也向她購買之後，她更是大發利市。

牛頭牌（Colman's）這個品牌的芥末粉可說是經典的英式芥末粉，它主要是用黑芥末子磨細過篩，再加上一點白芥末子和全麥麵粉改善口感。不論是成份配方或是用超細的絲網過篩的製作方法，都是由磨坊商人傑瑞米亞・柯曼（Jeremiah Colman）所發明。他在諾里奇（Norwich）南方4英哩塔斯河（River Tas）的上的史托克聖十字磨坊（Stoke Holy Cross Mill）創立了柯曼公司。

東英吉利一直都是英國主要種植芥菜的地區，可是近年來天氣不好，嚴重影響了收成 —— 2006和07年是史上收成最糟的兩季，因此許多農民不得不改種小麥和油菜子等比較可靠的作物。當地有14個以上的農戶攜手成立合作社，為牛頭牌種植足夠的芥菜，製作「英式芥末」的最佳產品[237]。

閒話一句：創造出彼得・溫西爵爺（Lord Peter Wimsey）這位貴族偵探而聞名於世的作家桃樂西・賽耶絲（Dorothy L. Sayers），1920年代在倫敦的班森（Benson's）廣告公司擔任文案，她曾為牛頭牌芥

末醬寫廣告詞，寫出了「芥末俱樂部」成了班森公司最成功的廣告：

> 牛頭牌芥末粉銷量大增，芥末俱樂部也成為家喻戶曉的玩
> 笑。倫敦公車上張貼了這樣的告示牌：「你加入芥末俱樂部
> 了嗎？」路邊到處都可以看到大招牌寫著：「爸爸呢？去
> 問芥末俱樂部。」、「金絲雀是什麼？加入芥末俱樂部的麻
> 雀。」[……]由消化小姐、廚師鎮的培根爵爺和牛肉男爵這些
> 角色，都可看出桃樂西的幽默和她對文字遊戲的喜愛。[238]

伊麗莎白・大衛說：「有一陣子，好的英國芥末是由兩種芥末子審慎混合而成（大約37%褐芥末子對上50%的白芥末粉），再加上如胡椒、辣椒，甚至薑等香料，以及大約10%的米粉。」[239]（好一個「大約」）有時也加入薑黃。桃樂西・哈特利說：「中世紀的芥末似乎比較偏向白色乳狀醬汁，而非現在這種黃色的稠狀物質。我們以它來配野豬肉，按中世紀的指示，把它像濃稠的乳汁一樣澆在盤裡的薄肉片上。」[240]

芥末經常用來搭配牛肉，想必是因其嗆辣使肥膩的肉更加可口，它也很適合用在沙拉醬和荷蘭醬、美乃滋等醬汁裡，使蛋黃和油乳化，變得更爽口。威爾斯兔肉一定要加芥末，史托巴特說它「和同為十字花科的蔬菜，如花椰菜和包心菜」味道很合。（不妨試試把它加在烤乳酪花椰菜裡。）

據說芥末子可緩解肌肉疼痛，也是有效的催吐劑，而它的油在印

度用做按摩油和頭髮潤絲精。畢達哥拉斯建議若遭蝎子咬,可把芥末當成解藥。伊夫林寫道:「芥菜葉,尤其是年輕植株的葉子,除了能治療壞血病之外,對提振精神、增強記憶、擺脫憂鬱也有奇效。」[241]

葛瑞薇太太的《現代藥草》(1931)提到白芥末子「曾是非常流行的緩瀉劑,尤其對老年人特別有效……但因為它們容易留存在腸道裡,因此大量服用並不安全,曾有幾次造成腸胃發炎。」[242]寇佩柏則建議把芥末子「[塗抹]在鼻孔、額頭和太陽穴,以刺激提振精神」。煎服芥末子可「抗毒蕈」,治療牙痛和脫髮[243]。

參見:辣根

沒藥（Myrrh）

Commiphora myrrha

你所栽種的是一座石榴園，

有極美的果子，

有鳳仙花和哪達樹（spikenard）。

有哪噠和番紅花，

菖蒲和肉桂，

以及各種乳香樹、

沒藥和沉香，

與各樣精選的香料。

—— 雅歌 4:13-14

有些植物在遭到傷害時，就會滲出樹脂作為防禦機制，一方面封住傷口，一方面也阻止破壞性的細菌入侵。沒藥（英文myrrh來自mur，阿拉伯文「苦」之意；出自葉門和索馬利亞土生的多刺小型灌木——沒藥樹）就是這樣的樹脂；乳香（frankincense，原自古法文franc encens，「好的香」之意；其樹脂來自於乳香木）則是另一種。不過這種樹脂家族十分龐大，還包括了麥加香脂〔不要與罕見的基列香脂混淆，後者來自黏膠乳香樹（Pistacia lentiscus）〕、芳香樹（bdellium，來自於印度沒藥和撒哈拉以南的非洲沒藥）、甜沒藥（或opopanax; C. erythraea）、安息香（來自各種安息香樹，在俄羅斯教堂很流行的香）、白松香〔來自伊朗的波斯白松香樹，是猶太「會幕」（神堂）儀式所用的香，在《出埃及記》中曾提到〕以及岩玫瑰。岩玫瑰是地中海植物膠薔樹的分泌物，請勿與維多利亞時期廣受喜愛的鴉片酒混為一談。希羅多德說，岩玫瑰枝常會像膠一樣，黏在公山羊的鬍子上。

這些芳香植物已在宗教和喪葬儀式上使用了數千年——大部份是當作香水、熏香和軟膏（不過一直到中世紀，沒藥也入酒），也可作為春藥。在中和異味，尤其是腐爛的氣味方面，非常有效，也因此沒藥常和藥味濃重的樟腦混合。當時製作香水的技術還很粗糙，最常見的，至少在埃及，是以脂肪提取香味的脂吸法，花幾天的時間，讓香氣分子散布到油或脂肪裡。當時沒有像現在這樣提煉精油的方法，因此「古代香水香膏的氣味都遠遠不如現代的」[244]。波斯化學家伊本·西那發明了蒸氣蒸餾的技術，已知最早的香水師是美索不達米亞

一位名叫塔普提（Tapputi）的婦女，在西元前2000年一塊楔形文字板上就已經提到她的大名。

即使不是基督徒，對乳香和沒藥應該也很熟悉。耶穌降生，越過沙漠來朝拜他的「東方三博士」是波斯麥吉（Magi）的代表，由瑣羅亞斯德（Zoroaster）所創的這個部族以擅長占星聞名。馬可波羅認為他們來自薩巴（Saba），即今伊朗的薩韋（Saveh），也葬在那裡，他們的屍身（包括頭髮和鬍子）並排放在三個美麗的大墓室裡，至今保存完好。

這三位賢人為幼兒時期的耶穌所帶來的黃金、沒藥和乳香等禮物，究竟是作醫學還是象徵用途？眾說紛紜。馬可波羅認為是後者：「他們說，因為如果他拿了黃金，他就是人世的國王；如果他取了乳香，他就是神；如果他拿了沒藥，就會是醫師。」[245]到頭來耶穌三樣禮物都接受了，並且回贈一個密閉的盒子，裡面裝了一顆石頭。這三名賢人不明白這個石頭象徵堅定的信心，所以在回薩巴的路上，把它扔進井裡去，可是正當此際，天上卻降下火來，填滿了整個井。三位賢人大吃一驚，決定把一部份的火帶回家，他們回家後用它來照亮薩巴最好的教堂。

埃及的《亡靈書》（*The Egyptian Book of the Dead*）稱乳香為「諸神的汗水滴落在大地上的汗水」。它有柑橘和松樹的氣味，並有一股煙塵的特質，尤其是在用煤炭燃燒樹脂之時 —— 這大概就是古埃及使用它的方法，如果普魯塔克的紀錄正確，那麼它是在早上焚燒。〔沒藥是在中午焚燒，而另一種稱作奇斐（kyphi）的混合香料則是在

晚上焚燒。奇斐含有杜松和甘松（spikenard），這說明了為什麼考古學家霍華德‧卡特（Howard Carter）會在圖坦卡門法老的墓裡發現一個裝滿了這些東西的方解石瓶。〕沒藥的香味是濃郁的木材和甘草味，是哈屈普蘇特女王的水手遠征朋特（可能是當今的索馬利亞和厄利垂亞）所帶回來的部份貨物。

由雅歌到希臘羅馬神話，香水都和性的昇華息息相關，愛神阿芙羅黛蒂（Aphrodite）不只自己芬芳撲鼻，還利用香水讓脆弱的男人聽從她的意志。為了讓渡船的船夫法恩（Phaon）讓她上船，她給了他一瓶沒藥油膏作為禮物。法恩一抹上油膏，就吸引了全萊斯沃斯島（Lesbos）上的女人。只可惜羅馬作家艾利安（Aelian）告訴我們，法恩「偷情時被發現」，因而慘死。

阿芙羅黛蒂情人阿朵尼斯的母親名為密拉（Myrrha，有時稱作史密娜Smyrna），這個神話故事有幾個版本，不過據古羅馬詩人奧維德（Ovid）在《變形記》（*Metamorphoses*）中藉奧菲斯之口所唱的內容，她是塞浦路斯國王希尼拉斯（Cinyras）的女兒密拉所生，密拉瘋狂愛上父親，在保母之助下，摸黑與他上床，以掩飾身分，這樣過了幾夜，希尼拉斯受不了疑惑，急切想要知道自己的情人究竟是誰，所以點了燈……

可想而知，希尼拉斯大發雷霆，密拉逃走，流亡了9個月後，生下她父親的孩子。「厭倦生，卻又畏懼死」，因此她懇求諸神協助，他們把她變成一株沒藥樹：「由樹皮流出的沒藥（myrrh）保持著密拉的名字，在它周遭，所有的歲月都不會沉寂。」等密拉生產的時候

到了，女神露西娜站在她身邊「口裡唸唸有詞，協助分娩」：「此時樹木裂開，由破裂的樹皮中誕下了它活生生的負擔，孩子哭了。仙女把他放在柔軟的草地上，並用他母親的淚水塗抹他」——這些淚水顯然就是沒藥的樹脂。

在雅歌中，沒藥和人類另一種分泌物的比擬十分生動，這個詩篇中的新娘告訴我們：

> 我起來，要給我良人開門。我的兩手滴下沒藥；我的指頭有沒藥汁滴在門閂上。……我以我的良人為一袋沒藥，常在我懷中。

在早期的基督教傳統中，牧師和其他聖職人員都按照聖保羅所說的：「因為我們在神面前，無論在得救的人身上或滅亡的人身上，都有基督馨香之氣。」（哥林多後書2:15），而發出香味。天使也會留下芬芳的味道，好讓世人知道祂們的出現。小說家瑪麗娜·華納（Marina Warner）也說：「聖母馬利亞是罪惡的征服者，渾身芳香」：

> 人們稱她「幽谷中的百合」，「沙侖的玫瑰」，「一袋沒藥」。在天使報喜的畫中，加百列（Gabriel）舉著百合花迎接聖母，那醉人的芬芳使滿室生香，象徵她的崇高聖潔。[246]

中世紀西方基督世界對異國香氛的態度就像對香料一樣：它們的

神奇芬芳和對健康助益的特性，都來自於它們神聖的起源地。它們的香味是伊甸園的味道，世人相信這是在亞洲東邊的真實地點，也繪於1285年的「赫里福德地圖」（Hereford Mappa Mundi）上。（這幅地圖中央是耶路撒冷的聖十字，英倫三島位於地圖西南邊，紅海則繪為紅色。）

芬芳的事物在中世紀特別有價值，因為當時大部份的東西聞起來都很糟糕。史學家保羅・佛瑞德曼（Paul Freedman）說，當時的人「在嗅覺方面的體驗，不論好壞，都比我們現代人更廣。他們所欠缺的，是現代社會這種沒氣味的中性體驗。」[247]

芳香植物所散發的是接近去世聖徒的「神聖氣味」，尤其是生前氣味十分難聞的聖徒 —— 比如「坐柱者西門」（Simon Stylites）這位敘利亞的修士為了專心修道，在阿勒坡一根柱頂上造了平台，在上面生活了37年，用繩子割自己，讓傷口化膿長蛆，史學家愛德華・吉朋（Edward Gibbon）生動地勾勒出他的模樣：

> [西門]有時候以直立的姿態祈禱，雙臂伸直擺成十字的形狀，但他最為人所知的動作是把細瘦的骨骼由額頭彎到腳上；一名好奇的旁觀者計算了1,244次之後，終於忍不住放棄。他大腿上的潰爛原本不致惡化，但他神聖的生活不能受到干擾，因此這位隱士病人不肯走下他的柱子，終於撒手人寰。[248]

就在西門死前，當他病倒發燒之時，傳說一股不可思議的甜香由他的柱上向下散發。

並不是每一種文化和宗教都重視香氣，伊斯蘭教就很少用芳香植物，而且雖然我們把它們和希臘儀式聯想在一起，但希臘人卻可能是因在埃及和小亞細亞定居，或者是由黎凡特（Levant）的腓尼基人才熟悉了樹脂馨香的作法」[249]。它們是由東哥普特（Eastern Coptic，指埃及的基督教）傳統傳入西方基督教。不過中國對中東樹脂有莫大的興趣，波斯和印度商人提供這方面的商品，交換如沉香 —— 兩種東南亞常綠樹的樹脂，和樟樹蒸餾出的蠟狀樟腦等物。

參見：肉桂、甘松

黑種草（*Nigella*）

Nigella sativa

　　一條麵包上撒著葛縷子、罌粟子或黑種草子，不但看來美觀，也能誘發小麥和穀物的味道——尤其是黑麥的香味。但就像其他種子一樣，黑種草有很強的排氣功能，可以減少腹脹，幫助消化，因此最適合加在富含澱粉的厚重食物，比如東歐食物裡。

　　許多食譜都有用到黑種草子：猶太人傳統的哈拉（challah）辮子麵包；德國的粗黑麥麵包pumpernickel——這個字說來有趣，翻譯起來就是「魔鬼的屁」之意；伊朗的Barbari扁平麵包——橢圓形的長麵包，通常搭配像菲達（feta）的母羊乳酪；希臘的「手指麵包」（daktyla），它一節一節的模樣是在烘焙前切割麵糰造成的；土耳其的口袋麵包（pitta）；摩洛哥的粗磨杜蘭麥粉khobz mzaweq麵包；還

有包括味甜的 Peshawari 烤餅等印度的烤餅（naan，亦稱饢）；以及其他類似的麵包，不勝枚舉。

這種黑色的小穀粒表面粗糙，內部則呈白色油質，略程三角形，兩側扁平，一側彎曲，和洋蔥種子很像，不易區分。至於香味，黑種草沒什麼味道，除非磨擦種子才會產生帶胡蘿蔔和奧勒岡的香草氣味。它味道苦，像胡椒，略有一點煙燻味和洋蔥燒焦的味道。

在印度飲食中，黑種草常用在燉羊肉等味道較溫和的燉菜；蔬菜和豆泥糊、醃菜和印度甜酸醬也常添加。它可消除炒花椰菜馬鈴薯（kalonji gobi aloo）中的花椰菜或者黑眼豆（lobia）產生的脹氣。有些綜合辛香料就含有黑種草子，也是孟加拉五香粉中的一種香料。（見〈混合香料總覽〉）。黑種草子可以取代芝麻，用在甜鹹兩種口味的摩洛哥脆餅上。

這種香料有多種名稱，英文資料稱之為黑葛縷子、黑孜然和野洋蔥子；西印度群島稱之為 mangril；印度則稱為 kalonji；在法國稱為 cheveux de Venus（維納斯的頭髮）；在美國稱為 charnushka，是俄文 chernushka 之誤。（半閒話：1961 年 3 月 9 日史波尼克（Sputnik）9 號升空執行單一軌道任務時，上面載的一隻狗就名為 Chernushka，同行的是一個假太空人，數隻老鼠和一隻天竺鼠。）希伯來文把黑種草稱為 ketzah，阿拉伯文則是 kazha。聖經以賽亞書上有提到，可是有些版本錯譯為「蒔蘿」。

黑種草指的是它所屬的那種植物，該屬共有 14 種毛茛科 1 年生開花植物。N. sativa 灰綠色的葉子細細的像線一樣；花不是藍就是白

色，直徑約1英吋，生有藍色的紋理。黑種草原生於西亞和南歐，在兩地都有野生和栽植，印度和埃及是主要產地。這種草在十六世紀晚期來到英國，最先在倫敦西區泰晤士河岸的西恩莊園（Syon House）種植。[250] 有一種裝飾用的品種大馬士革黑種草（N. damascena）在歐洲花園十分常見，俗稱「霧中之戀」（love-in-a-mist），主要是因為被狄更斯形容為「密密糾纏在一起的綠色絲狀總苞」[251]。（它的另一個名字則不甚浪漫，叫作「草叢裡的魔鬼」。包括大馬士革黑種草等品種的種子也可用來烹飪，但氣味不如N. sativa這種獨特。

人類使用黑種草最古老的考古證據，來自位於開羅南方約20公里的古埃及薩卡拉（Saqqara）舊王朝墓地：在設計來放灰燼的「啤酒杯」中，就可見到黑種草的蹤跡。《巴格達烹飪大全》中就有一道「快手麵包」食譜，取1份大麥粉和9份乾麵包粉在容器中混合，然後加水、黑種草、茴香和鹽，放置一週。在古老的美索不達米亞，黑種草用在稱作莫酥（mersu）的麵糰裡，摻和了乾棗、開心果、大蒜和芫荽，用料豐富。擅長製作這種點心的人稱為episat mersi：製作莫酥是「複雜而慎重的過程」[252]。

希波克拉底提到一種稱作melanthion的植物，有一段時間被大家當作是黑種草，可是他形容這草的花是黑色，顯然又不對，或許他談的是毒麥角菌（ergot）。在很久之後，迪奧科里斯也提到melanthion這個植物，他的描述比較像我們當今所知的黑種草。他也像把這種植物稱為git的普林尼一樣，提到它的香味和在麵包上的用途，但杞人憂天地提醒說這種草子吃多了會致命。黑種草的確含有致毒化學物質

毛茛子皂素，但得吃很多才會致命。另外要一提的是，git 是 1 年生植物麥仙翁在中世紀的名字，傑勒德在《偉大藥草》（1597 年）中的確稱麥仙翁為「雜種黑種草」。

在阿拉伯文化中，黑種草稱為 habbatul barakah，意思是「福分的種子」。先知穆罕默德稱之為「除了不能起死回生之外，百病皆可治的萬靈丹」。印度醫藥以黑種草排除胃腸脹氣，也可當興奮劑。阿育吠陀醫師認為它會引發產後子宮收縮，促進乳汁分泌。蓋倫建議用黑種草治感冒，安全可靠；華威大學（University of Warwick）古典學系的卡洛琳・派提特（Caroline Petit）博士稱之為「古希臘的維克斯通鼻膏（Vicks Inhaler）」。派提特不久前在摩洛哥染上重感冒，於是到馬拉喀什香料市場買了一包摩洛哥阿拉伯語稱為 sanouj 的黑種草子。

蓋倫建議感冒患者把 1 茶匙的黑種草子包在一小方塊麻布裡，用兩手搓揉一下使之溫暖，然後放在一個鼻孔下，塞住另一邊的鼻孔，用力吸氣。他說這個動作應該一再重複，直到鼻子暢通。派提特按著蓋倫的說法做，很驚奇地發現這個方法歷時兩千年不衰，依然十分有效：

> 摩洛哥人在露天市場以適當的價錢按重量購買這種種子以及小方塊的麻布，他們把 1 湯匙左右的種子包在麻布裡。此種作法一直流傳至今，顯示黑種草子從沒有褪流行。的確，許多國家，尤其是伊斯蘭世界，一直都使用它們，尤其在治療兒童感冒上，更是備受重視。[253]

在中世紀的英格蘭，黑種草子經焚燒之後和豬油混合梳髮，以殺死頭蝨 —— 這可能有效，因為毛茛子皂素是強力殺蟲劑：葛瑞薇太太的《現代藥草》（1931）就提到印度人的習慣：「把它放在麻布中」可防蠹蛾和其他蟲害。

黑種草子在廚房裡，應先乾炒過再使用。它們很難研磨，因此最好用咖啡豆機或香料研磨機，會比用杵磨有效得多。

參見：芫荽、茴香、罌粟子

豆蔻（Nutmeg，肉豆蔻）

Myristica fragrans

　　1880年代初期一個5月的早晨，安娜‧傅比斯（Anna Forbes）
與夫婿亨利站在蒸氣渡船的甲板上，即將抵達班達群島（the
Bandas），群島由9個小島組成，位於爪哇東方約1,000英哩，當時算
是荷屬東印度群島的版圖。

　　亨利是知名的蘇格蘭植物和鳥類學家，他正在為《自然學者在
東方群島上的漫遊》（*A Naturalist's Wanderings in the Eastern Archipelago,
1885*）這本書搜集寫作資料。先前他曾獨自赴蘇門答臘遊歷，如今回
到巴達維亞（Batavia，即今雅加達）這個商業和交通的樞紐，是為了
要接安娜，讓她陪他去帝汶。

　　安娜適應力強，也很有主見，她不只是普通的隨行眷屬，而且打

算自己寫一本書，因為雖然她和亨利「體驗的大半是相同的經驗」，但他們各有「截然不同的觀點」。她記錄這種文雅的漂泊生活在1887年發表，書名《東南亞》（Insulinde，是古舊的海洋術語），安娜在序中說，這本書是為不耐亨利「半學術著作」的婦女而寫。其實這本書的重點是在描述想錯氣候、帶錯衣服來到東方的西方人所忍受的日常不便，有它的魅力和迷人之處，流傳甚廣。

班達群島是赴帝汶途中的停靠點，風景如畫，微風徐徐，驅散了濕氣，教傅比斯夫婦感到他們接近的不是陸地，而是一大片綠油油的新鮮植物。這地方幾乎長滿了豆蔻樹 —— 這種熱帶常綠樹可以長到約65英呎（約19.8公尺）高。不過安娜描述說，沒有被綠樹覆蓋的空地非但意義重大，而且也教人心驚：

> 可怕的亞比火山（Gunung Api）巍然聳立，彷彿想要抵消這種欣欣向榮的繁茂景象似的，永遠由優美的圓錐形中散發氣味，就像這天堂花園凶猛的守護者……靠在船上的欄杆望著這寧靜的港口是多麼奇特，這水域清澈透明，可以由火山的沙上看到7、8噚（fathom）深處的珊瑚；接著再抬眼望向那冒著煙的山巒，想像其內驚天動地冒火的洞穴！[254]

一直到十九世紀初，小到許多地圖上都沒有的班達群島是舉世豆蔻唯一的來源地，而如今我們總和耶誕節蛋奶酒（eggnog）和米布丁聯想在一起的豆蔻，數百年來都是舉世價值最高的商品 —— 甚至比

黃金還更有價值。十七世紀初，10磅的豆蔻在班達群島價值不到1分錢，可是在歐洲，它的售價卻是每磅2英鎊多：暴利達6萬％。吉爾斯·彌爾頓（Giles Milton）以扣人心弦的文字描繪英國在班達群島短暫的生意：英國人納森尼爾·科特普（Nathaniel Courthope）的豆蔻「一小袋就足以讓人終生享用不盡，在倫敦買一棟洋房，並請佣人打理他的生活起居」[255]。

豆蔻樹是雌雄異株，意即每一株樹都各有性別，雌雄株必須相鄰種植。兩者都會開鐘形的花朵，有黃色的蠟質花瓣，但只有雌株才會結出狀似杏子的果實，果實側邊有溝紋，分開來可見一顆大粒種子，外緣是鮮紅色籠狀的假種皮（aril）。細心除去假種皮，讓它在太陽下曬乾，等它變棕變脆，就可磨成粉，用來烹飪，這就是豆蔻皮（mace）。〔假種皮搗碎就是豆蔻皮「衣」（blades）。〕一株豆蔻樹大約要長20年，才能達到結果產子的高峰，不過栽植7-9年就可有第一次的收成。

一天，安娜和亨利黎明即起，他們沿著斜坡上長滿竹子的小路，攀上長滿豆蔻樹的山上。他們走了一哩又一哩，直到一棟栽植園的房屋，只見一群班達島原住民正在準備要出口的豆蔻和豆蔻皮。這對夫婦見到了穿著鮮明服裝的「採集人」，對他們所用的長桿讚嘆不已，這桿頭有如爪一般的利叉，可夾斷成熟果實的莖。

欣賞完之後，他們向下朝海岸走，參觀了碼頭上的倉庫，和製作包裝盒的木材場。

包裝盒只有一種尺寸，工人小心翼翼地製作完成，並且填塞縫隙（以免滲水）。豆蔻樹的果實清洗得乾乾淨淨，一個3英呎長2英呎寬的盒子可裝價值30-40英鎊的豆蔻皮。[256]

讀了這段文字之後，你可能會以為豆蔻生意依舊欣欣向榮，但其實在傅比斯夫婦造訪之時，這個群島的生意已經走下坡，不只是因為季風和火山頻繁爆發造成的破壞損失，而且還有其他原因。在他們夫妻倆準備離開唯一一個地勢比較平坦，可容較大城市發展的內拉（Neira）島之前，安娜終於看到了真相大白的一幕：

那是日落時分，在與海岸平行街道上的一棟房屋前，一位美麗的中國主婦坐在堅固的柵欄後面，正在服侍我畢生僅見最瘦弱憔悴的人吸食一種暗色的黏稠物質，原來那是鴉片。多麼可悲的迷戀！[257]

這就是不幸的班達島民所過的生活。另一方面，因豆蔻生意而致富的荷蘭家庭卻浪擲他們的財富，他們的子女因生活枯燥乏味，一心一意渴望他們從未見識過的歐洲。彌爾頓描述他們如何「虛擲金錢購買華麗浮誇的海濱豪宅」，每天傍晚，「班達島的居民就會穿上鮮艷的服裝，伴著軍樂隊吵雜的音樂，在步道上走來走去。」[258]

這種荒唐的行為背後，是人們對殖民生活越來越嚴重的不滿。「我們在這個國家的歐洲人全是白癡，」荷蘭作家路易斯・庫佩勒斯

（Louis Couperus）以1900年左右爪哇為背景的小說《隱藏的力量》（*The Hidden Force*, 1921）書中，就有一個角色這麼喊道：「既然我們的文明不會持續，為什麼還要把所有昂貴的用品都隨身帶來？」[259]

要回答這個問題，我們就必須回到這世界對豆蔻迷戀的起點 —— 只要我們能夠確定地指出那一點。

* * *

豆蔻Nutmeg一字來自拉丁文nux（堅果），以及muscat（麝香氣味）。自西元一世紀以來，歐洲人就已經知道這種東西。普林尼和泰奧弗拉斯托斯在他們的著作裡都提到macis（豆蔻皮），不過這可能有誤。普林尼想的可能是他認為來自敘利亞的肉桂，而泰奧弗拉斯托斯談的則可能是畢澄茄這種苦味的西非胡椒。

第一批確實的豆蔻於西元六世紀出現在拜占庭宮廷。阿拉伯供應商對它們的來源守口如瓶，一直到約西元1000年，波斯醫師伊本·西那才辨識出來：他稱之為jansi ban，也就是「班達群島的堅果」。

可以確定的是，我們所知的豆蔻到十二世紀已經來到歐洲。1191年神聖帝國皇帝亨利六世赴羅馬加冕，街道上散發著豆蔻和其他香料的薰香。十四世紀英國大詩人喬叟的經典之作《坎特伯利故事集》中，有一個諷刺騎士傳奇的「湯帕斯爵士」，其中就有個隱晦的玩笑，讓主角出身法蘭德斯（Flanders），但其實法蘭德斯出名的是擅長討價還價的商人，而非漫遊四方的騎士。或許這就是為什麼湯帕斯騎士在追尋精靈女王時，要騎馬經過一個神奇的香料森林：

在那裡大大小小的香草冒出頭，

藍甘草和白蘝草，

還有許多紫羅蘭，

和放進麥酒裡的豆蔻，

不管它是新鮮還是走味，

也不管是放在箱子或衣櫥。

把豆蔻放在衣櫥裡當作芳香劑並不足為奇，教我們覺得有意思的是把豆蔻混進麥酒裡，可是這在當時非但司空見慣，而且其好處也不只是為了增添風味（中世紀的麥酒是用水和用酵母發酵的麥芽穀物所製，一位現代釀酒人試著按當時的配方製作，結果說它的味道像「液態麵包」，因此用豆蔻增添風味是必然的。）：豆蔻可以延長其時限。

豆蔻對包括大腸菌的25種細菌有強力的抗菌效果，因此常用作食物防腐劑，也是古埃及防腐香油的重要成份。同樣地，豆蔻皮也能抑制金黃色葡萄球菌（癤子和食物中毒常見的原因）和白色念珠菌（鵝口瘡）。安德魯・波德（Andrew Borde）在《健康飲食》（*Dyetary of Health*, 1562）中寫道，豆蔻「對傷風感冒者有益，亦能緩解視力及腦部疾病。」可是這許多世紀對豆蔻和豆蔻皮的醫藥用途未免過廣，結果其作用幾乎都互相抵消。

波德說豆蔻會抑制性欲，但一般人卻常拿來做春藥，顯然看法互異。十七世紀的醫師威廉・索曼（William Salmon）在行房前把豆蔻油擦在陽具上，以使其尺寸增大。最近印度阿里格爾（Aligarh）的阿

里格爾穆斯林大學做了實驗，發現以豆蔻50%的乙醇萃取物餵食老鼠7天，就會讓正常的雄鼠性活動「大量且持續增加，並且沒有明顯的副作用」[260]。

「這種堅果就像小顆的五倍子（gall nut）」，十六世紀的葡萄牙醫師賈西亞‧德‧奧塔寫道：

> 它外圍的纖細外皮就是豆蔻皮，在此就不贅言這種外皮，除了它可和糖製成可口的蜜餞，香味怡人。這種蜜餞於腦有益，可治神經緊張。此物來自班達島，裝在醋瓶內，有些人把它加在沙拉裡食用。[261]

十六世紀伊莉莎白女王時代的藥師把這種「糖化」的豆蔻當成補品。如今在印尼，人們依舊以同樣的方式食用這種果實的果肉，和棕櫚糖混合、然後放在太陽下曬乾。

豆蔻的阿育吠陀名稱為'made shaunda'，或「麻醉果」，1883年在孟買出版的醫學指南曾提到當地的印度人用它來作致醉藥物。尚吉巴和彭巴（Pemba）的婦女就以嚼豆蔻取代吸大麻。薩克斯風手查理‧帕克（Charlie Parker）常把幾湯匙的豆蔻粉末混入牛奶和可口可樂，也勸其他樂手這樣做。帕克定期演奏的夜總會對面有一家雜貨店，他就在那裡買豆蔻。一天，雜貨店老闆走過來對夜總會東家說：「你一定烤很多東西，因為我每天都要賣8-10顆豆蔻給你們。」夜總會東家十分驚訝，後來他才看到舞台後面有一堆裝豆蔻的盒子。[262]

美國黑人民權運動人士麥爾坎X（Malcolm X）在沒有大麻時，也用豆蔻來取代。他回憶1946年因竊盜被囚禁在查爾斯敦（Charlestown）時寫道：

> 至少有上百人用金錢或香菸，向廚房工作人員購買裝滿偷來豆蔻的火柴盒子。我的獄友也是其中之一。我拿了一盒，彷彿它是1磅禁藥似的。如果把它混入1杯冷水，1火柴盒豆蔻就可以產生3、4株大麻的功效。[263]

因為這個原因，1960年代美國聯邦監獄的廚房禁止使用豆蔻。它對精神的作用或許聽來匪夷所思，但卻有事實根據：豆蔻含有三甲氧基苯丙烯和豆蔻皮醚，經人體新陳代謝，會產生如安非他命的化合物。

它也含有黃樟素，這種成份以往用作墮胎。中世紀助人墮胎的婦女有時就被稱為「豆蔻太太」。文藝復興時期的植物學家瑪提爾斯·洛貝爾（Matthias de l'Obel）1576年寫到有位不幸的英國孕婦「吃了10-12顆豆蔻之後神智不清」。她算走運，一般認為最多只能吃3顆，否則就可能致命。維多利亞時期的神經學者柏京雅（J. E. Purkinje）就親自嚐試，吃了3顆，並且存活下來敘述他的體驗。這位科學家有親自實驗的強迫症，吞了許多毒藥，測試其效力，包括顛茄（belladonna）、樟腦和松節油。亞佛列德·史蒂萊（Alfred Stille）在《治療與藥物》（*Therapeutics and Materia Medica*, 1860）書中說明了

細節：

> 柏京雅只吃豆蔻和少量的飲食，配糖。整整一天，他的感官都很遲鈍，四肢沉重。雖然他的心智未受干擾，但早餐後的1杯葡萄酒卻對他有異常的影響。一天下午，他吃了3顆豆蔻，結果馬上沉沉入睡，有2、3小時置身恍惚但愉快的境地。結束時他外出，覺得自己雖然完全能掌控肌肉，但恍恍惚惚的狀態卻持續下去。其後一連幾天，葡萄酒對他產生異常的刺激。[264]

經常有人用豆蔻來解除脹氣和消化不良，因此它必然有效。人們把它添加在食物裡，很可能除了增添風味之外，也是為了幫助消化。至於豆蔻皮 ——「已證明在24小時內服用豆蔻皮3、4次，劑量在8-12細粒，搗碎或磨粉，可治療長期腹瀉」，湯瑪斯・佛尼（Thomas Fernie）在《現代藥草實用大全》（*Herbal Simples Approved for Modern Uses of Cure*, 1897）中建議說：「不要超過這個劑量，以免造成麻醉狀態。」[265]

據說豆蔻香丸可治「便血」。十七世紀初，米蘭爆發瘟疫，市府公共衛生官員分發一種藥粉，是由砷、硫磺、巴勒斯坦香、康乃馨、橙皮、芍藥葉、薰陸香、芸香子和豆蔻混合而成。這些成份經搗碎、放在紅色的錦囊中，讓市民掛在脖子上。

作為預防用品，這種香包與坊間其他的預防劑相比也不遜色。劇

作家和小冊子作家湯瑪斯・戴卡（Thomas Dekker）在《美好的年代》（*The Wonderfull Year*, 1603）中描寫伊麗莎白一世駕崩，和瘟疫到來時說：「他們放血、含喉糖、吃糖劑、排毒、服用罌粟糖漿、佩戴護身符和解毒劑，效力卻還不如麥酒和豆蔻，無法留住生命和靈魂。」

　　此時也就是伊麗莎白・大衛形容，豆蔻蔚為「有教養的風尚」開始流行之時。由於豆蔻必須要磨碎，因此十八、十九世紀時興可以塞在口袋裡的豆蔻研磨器 ── 圓柱或半圓柱形金屬製的小工具，通常是用銀製造，表面上打了許多孔，通常附有可裝豆蔻子備用的小格子。（豆蔻皮則無法研磨，要以咖啡磨豆工具磨細。）

　　當時不論是葡萄酒、麥酒或尼格斯酒（negus，加了糖和香料的波特酒），都要加豆蔻、熱棕櫚汁和蛋奶糊。大衛在散文集《府上有豆蔻嗎？》（*Is There a Nutmeg in the House?*, 2000）敘述十八世紀雕刻家約瑟夫・諾勒肯斯（Joseph Nollekens）的故事，他對豆蔻情有獨鍾，總是由皇家藝術研究院的晚餐桌上偷摸豆蔻。而他太太則常向雜貨店老闆揩油，在她要走出店時說她口中有異味，向老闆討一點丁香或肉桂去味。這兩人沒花分文就累積了一大堆香料。

　　銀製的磨具常常雕上精細複雜的花樣，搭配其他紳士隨身攜帶的用品如扁平的小酒瓶或鼻煙壺等。在用餐時不經意地由口袋裡掏出這樣的用物，彰顯了你在城裡富裕且有見識的地位。

　　狄更斯的背心口袋裡就放了一個印有姓名字母的豆蔻研磨器，在他的作品裡也經常可以看到這種東西。在《塊肉餘生錄》（*David Copperfield*, 1850）中，僕人裴果提的手指就被形容像磨豆蔻的研磨

器;《孤星血淚》(*Great Expectations*, 1860)中喬太太「的皮膚紅通通的」,讓皮普「不由得疑惑她是不是用磨豆蔻的研磨器而非肥皂洗手」。

伊麗莎白・大衛在1980年代她去世前不久為文,惋惜這種傳統已經消失,並且希望能復興:

> 口袋裡隨時揣著一小盒豆蔻和研磨器絕非傻事。在倫敦的餐廳,這樣的小東西很好用。在這裡,就連在義大利餐廳,我都得開口要求他們磨點豆蔻,和奶油、帕馬森起司一起撒在我喜愛的原味義大利麵食,還有菠菜葉上。[266]

現在的刨絲研磨棒(microplane graters)效果不錯,你也可以買壓克力或不鏽鋼的平價豆蔻研磨器,它們的造型有點像胡椒研磨器。

班達群島的人若知道豆蔻風行歐洲,必然會大感訝異。豆蔻在班達群島的用途有限得很,最常見的是把它搗碎、製作香料奶油,作油膏之用。他們也用檳榔加上樟腦和豆蔻嚼食,保持口氣芬芳。

第一個造訪班達群島的西方人是威尼斯旅行家魯多維科・迪・瓦勒戴馬(Ludovico di Varthema),他也是第一個抵達麥加朝聖的非穆斯林。他在1510年出版的亞洲旅遊見聞造成轟動,書中稱島民為「野獸」、「異教徒」,「既沒有國王,也沒有總督」,而且「笨到就連要做壞事,也不知道該怎麼動手」。

葡萄牙指揮官安東尼奧・德・阿布瑞尤(António de Abreu)受

到瓦勒戴馬的影響，次年率領3艘小船赴班達群島。他很狡滑地找了馬來人領航，在離島10英哩處就聞到豆蔻隨風飄來，因此他知道走對了方向。阿布瑞尤在島上待了1個月，船上的每一吋空間都填滿了豆蔻和豆蔻皮。

東印度公司的創辦人之一詹姆斯・蘭開斯特（James Lancaster）旗下的一隊英國人在1603年抵達班達群島，在艾島和朗島插上米字旗，朗島是大部份香料商人都避開的一個小環礁，因為它的海港四周環繞著如剃刀一般銳利的暗礁。這兩個島就成了英國第一批海外殖民地：英王詹姆斯一世自稱「英格蘭、蘇格蘭、愛爾蘭、法蘭西、普魯威（艾島）和普洛朗（朗島）之王」。不過到1621年，荷蘭商人因不滿要和其他強權共享豆蔻和其他香料，因此破壞了英國人在朗島上建造的倉庫和處理廠，還砍光所有的豆蔻樹。

於是荷蘭壟斷了豆蔻的貿易，享受固定的價格，並且不是奴役、屠殺，就是轉運當地的人口，聲名狼藉的荷蘭總督簡・皮特斯佐恩・科恩（Jan Pieterszoon Coen）就殺死44個班達群島的酋長和貴族，並送了種植園主來經營豆蔻種植園。

在第二次英荷戰爭（1665-7年）後，雙方簽訂〈布列達條約〉（Treaty of Breda），英國放棄對摩鹿加群島的主權，獲得他們由荷蘭手裡搶來、在世界另一頭的一個不重要小島，作為交換：新阿姆斯特丹，也就是現在的曼哈頓。

英國看著荷蘭因豆蔻交易而暴發，最後覺得受夠了，因此在1810年8月9日晚間，由一名柯爾隊長（Captain Cole）率領的突擊隊

登上內拉島，迫使荷蘭人交出當地所有的領土。

英國人控制了班達群島7年，接著突然又把它們全都交還給荷蘭，表面上聽來似乎是好事，但他們走前堅壁清野，把數百株豆蔻苗全部挖走，移植到錫蘭、新加坡和格瑞納達等其他英國殖民地，而且在荷蘭人看來，很不幸地長得很繁茂。

如今豆蔻依舊在班達群島生長，但整個熱帶，只要夠熱夠潮濕夠蔭的地方也都有栽植：爪哇、蘇門答臘、孟加拉、哥倫比亞、巴西、馬達加斯加。在格瑞納達廢奴使蔗糖栽培式微之後，於1834年引進豆蔻。全世界對豆蔻的需求量據估計是9,000噸，格瑞納達目前就生產40%以上，其國旗上甚至有豆蔻的圖案；只是該國2004年遭颶風伊凡（Ivan）摧殘，迄今還在恢復，災後所栽植的豆蔻樹現在才開始成熟結果。

用來出口的豆蔻按大小分級──顏色均一的大顆豆蔻品質最高。在印尼，受到碰撞和破裂的次級豆蔻被歸為「破裂、長蟲和無用」，簡稱為BWP，這些豆蔻用來榨油或作廉價的商用豆蔻粉或鼻煙之用。通常可藉豆蔻皮的色澤看出其產地，橘紅色的來自印尼，橘黃色的則來自格瑞納達。

在歐洲烹飪中，豆蔻主要用在蛋糕、布丁和醬汁，以及如羊雜碎做成的傳統蘇格蘭菜哈吉斯（Haggis）和義式肉腸（mortadella）等肉類食物。豆蔻皮加在蛋糕和醬汁中也很適合，亦可用來調理魚和雞肉：可以整顆油浸，也可綁成香料束。豆蔻常用在奶黃醬、起司蛋糕和檸檬凝乳塔裡，也可加在烤或燉水果中。在印尼和馬來西亞，豆蔻

果肉常用作果凍和醃菜。在義大利，義式方餃和麵食也常撒上豆蔻粉，配菠菜尤其合味。起司花椰菜、煎蛋捲、馬鈴薯泥和以牛奶為底的醬汁如義式白醬經常都可看到豆蔻的蹤影。其實豆蔻在義式白醬是必要的材料，但法式白醬則只用丁香。印度香飯（biriyani）和咖哩羊肉以及印尼滷牛舌等殖民時代流傳下來的傳統菜式和餅乾也都要用到豆蔻。

如今酒精飲料依舊會添加豆蔻，尤其是各種潘趣酒（punch，水果葡萄酒）、摻水藍姆酒（grog）和甜蛋奶酒（eggnog）。不含酒精的飲料也可加豆蔻：據說它是可口可樂的秘密成份之一，列在可口可樂的發明人約翰‧潘柏頓（John S. Pemberton）1888年日記上的「原始」配方中。

豆蔻油給人溫暖的感受，芳香甜美，和佛手柑、檀香和薰衣草很調和。啾馬龍（Jo Malone）香氛的第一批產品就是薑和豆蔻香味的沐浴油。豆蔻油在芳療界是當作抗發炎、治風濕，和促進消化與生育等方面的健康。豆蔻皮油效力較強也較辛辣，通常用來製作香皂，而非香水，不過卡文克萊（Calvin Klein）的「私密愛戀」（Secret Obsession）和潘海利根（Penhaligon）的「靈藥」（Elixir）兩種香水都含有豆蔻皮油。

參見：肉桂、丁香

鳶尾草（*Orris*，香根鳶尾）

Iris germanica florentina

　　香根鳶尾的根脫水乾燥後磨成粉，會有一種木質的辛味，並有強烈的紫蘿蘭氣息。中世紀風行一時的柳橙香球 —— 柳橙鑲入丁香、裹上香料，再用鳶尾根磨粉「固定」，製成香球隨身攜帶；到維多利亞時期再度流行，當時的人把這種香球作為耶誕吊飾。在都鐸王朝時期的廚房裡，類似我們「滿天星」那種各式各樣色彩繽紛的糖果，就是用鳶尾根的粉裹上層層糖漿製作（見〈葛縷子〉）。

　　有時候，鳶尾根也會加在摩洛哥綜合香料哈斯哈努特裡（見〈混合香料總覽〉），不過大半還是用來加在琴酒中（比如Bombay Sapphire），或製作香水（聖羅蘭的Y）。羅絲瑪麗・漢菲爾也把它混入香花香料香囊。她用相當於40朵玫瑰乾花瓣，加入天竺葵和薰衣

草油、肉桂棒、丁香、豆蔻、芫荽子和鳶尾根粉，油先加到鳶尾根粉「提味」。最後再攪拌這混合物，直到它乾燥，然後再添加其他的成份。[267]

參見：葛縷子、馬哈利櫻桃、薰陸香

紅椒粉（*Paprika*，匈牙利紅椒）

Capsicum annuum

　　Paprika這個馬札兒字是源自斯拉夫語的辣椒paparka，這是由多種辣椒去心去子之後磨細而成，通常味道溫和而甘甜，並不辣。不過也有辣的品種，如匈牙利辣椒（erös），它鮮紅的色澤也很重要，予人和辣椒不同的體驗。

　　紅椒粉與中歐、東歐的飲食息息相關，尤其鄂圖曼土耳其人在十六世紀把這種香料引進了匈牙利，因此匈牙利烹調經常用到紅椒粉。儘管近年來匈牙利紅椒歉收，再加上西班牙、中國和中南美的競爭，匈牙利依舊是主要出產國。這裡氣候溫和 —— 位於辣椒可以成熟的地理位置最北界限，因此辣椒甜到可以加在蛋糕裡。

　　品質最好的匈牙利紅椒粉產於布達佩斯南方，靠近柯洛克斯

（Kolocs）和塞格德（Szeged）兩個城市的地區。1920年代還沒有配種計畫培養比較不那麼辣的植株之前，匈牙利紅椒辣得只能剝掉辣果實壁上含辣椒素的白髓之後才能食用。這個工作很可怕，只有未婚或年紀較長的婦女才能做：「有小寶寶的婦女不能做這個工作，因為她們收工之後得抱孩子，」莫納紅椒粉的執行長莫納（Anita Molnar）說明道。[268]

匈牙利燉牛肉等匈牙利傳統的燉肉菜如果不用紅椒粉，簡直教人無法想像。不過美食作家雷蒙‧索科洛夫（Raymond Sokolov）說，其實匈牙利「很晚才把紅椒粉加入日常菜色」[269]：直到1829年匈牙利人氣大廚伊許萬‧齊弗萊（Istvan Czifrai）食譜的第3版，才出現加入這種香料的2道匈牙利食譜，是紅椒入匈牙利家常菜的最早紀錄。其中一道是紅椒雞，配麵條同食；另一道則是傳統由漁夫在戶外生火，放在水壺裡煮的魚湯（這種由多種魚類熬成的湯，應該在捕獲魚之後立即調製，而且要包括鯉魚、鱸魚和小體鱘）。

用在西班牙肉腸裡的西班牙煙燻紅椒粉（pimentón），和匈牙利紅椒粉幾乎一模一樣。

參見：辣椒

粉紅胡椒子（Pink peppercorns）

Schinus terebinthifolius

　　粉紅胡椒子在1980年代受到新烹飪（nouvelle cuisine）的抬舉，蔚為一時風尚，不過它們和胡椒毫無瓜葛，而是完全不同的另一種樹木巴西乳香（Schinus terebinthifolius，巴西胡椒木）未成熟的果實，如果大量服用會致命：

> 這種胡椒子會造成像櫟葉毒漆樹（poison ivy）所造成的症狀，以及劇烈頭痛、眼皮腫脹、呼吸急促、胸痛、喉嚨痛、聲音沙啞、胃部不適、腹瀉和痔疾……鳥類食用巴西乳香後，則有像醉酒的行為。[270]

參見：黑胡椒、天堂子、塞利姆胡椒、蓽茇

罌粟子（Poppy Seed）

Papaver somniferum

最酣甜的睡眠啊！若你願意，就請在

這首讚美詩中途，闔上我情願的雙眼。

或者等到阿們，在你的罌粟

把催眠的好意撒在我的頭上之前；

——約翰・濟慈（John Keats）

〈致睡眠十四行詩〉（Sonnet to Sleep）

鴉片罌粟（Papaver somniferum）就是日常貝果上的罌粟子來

源，也是散文家托馬斯・德・昆西（Thomas de Quincey）所說的「鎮

靜油膏」的根本。這種莖幹藍綠色，高大而強健的1年生植物原生於西南亞，數千年前就已引進到地中海西部沿岸地區栽種，然後再重新出口到東方去。地理學者賈德・戴蒙（Jared Diamond）稱這種作物為「創始包」（founder package），意即一種進口的動物或植物，引發了食物生產的新能力。這就是為什麼東歐和西南亞挖掘出最早的農業社區並沒有罌粟種子，而是在西歐的農業地區首次出現[271]。

Somniferum這個字的意思是嗜睡，點出了這種植物催眠的特性。「鴉片」則來自opion（果汁，希臘文），這裡是指它乳狀的樹液，富含嗎啡和可待因這兩種生物鹼，在罌粟開花後約2週，切開快要成熟的罌粟殼即得。數千年來鴉片一直當作藥用，在古埃及《愛柏斯紙草紀事》中，克里特人就已栽種這種藥用植物。

克里特島加齊（Gazi）地方的一個祭壇，曾發現克里特文明的紅陶小塑像「罌粟女神」，她高舉雙手，頭上有罌粟種子。在希臘神話中，罌粟出現在農業女神狄蜜特（Demeter）的故事裡，她因為愛女波瑟芬妮（Persephone）被冥神搶去作妻子，而吞下罌粟好沉沉入睡，忘卻憂傷。研究希臘羅馬作品的英國翻譯家羅伯特・葛瑞夫斯（Robert Graves）說，罌粟深紅的色澤「承諾死後會復生」[272]。

嗎啡有止痛的神效，使鴉片直到最近之前，一直都是家庭藥櫃中的常備用品 —— 作為鴉片酊（和酒精混合）以及樟腦酊止痛劑，兩者都不只可止痛，也能鎮咳止瀉。由於沒有規範，因此遭濫用，尤其是鴉片酊，它含有10%的鴉片粉末，常被亂開處方，用來治療婦女「歇斯底里」。

多年來鴉片致癮一直是西方醫學醍醐的公開祕密。史學家沃夫岡‧施菲爾布許認為，由於經常以吸食鴉片為樂的前衛藝術家透露了反資產階級的雄心，引起了社會大眾對鴉片致癮的注意：因為他們之故，鴉片不再被當作是無害的居家良藥。等1874年海洛英首度合成之際，已經可以確定鴉片製劑「促成毒性增加，對社會有嚴重影響」，不過嗎啡卻在美國獨立戰爭、克里米亞戰爭和第一次世界大戰廣泛使用，而且輕而易舉地就由軍方進入平民生活，其過程就和施菲爾布許所描寫的，菸草在30年戰爭中流行發展的過程一樣[273]。

究竟這個暗藍色（在印度是乳白色）腎臟形的微小種子含有多少生物鹼，不得而知。羅森嘉頓認為完全沒有，因為要等到種子殼喪失生產鴉片的能力之後，才會形成種子：「儘管子房組織富含有鴉片的輸乳管，不過未成熟種子的子房和胚珠之間並無乳管。」[274]迪奧科里斯在這方面也同意他的看法，他說罌粟種子「不含鴉片，並且廣泛使用在烘焙上，也經常撒在大小麵包上」。

然而流傳的軼事卻顯示並非如此。只要花十分鐘在網路上搜尋，就可以發現很多人用罌粟子泡茶，不過未必欣賞其味道（嚐起來「有草味、腐臭而苦」[275]）。在田納西‧威廉斯的劇本《大蜥蜴之夜》（*The Night of the Iguana*, 1961）中，老處女畫家漢娜就很愛泡罌粟種子茶，泡給牧師勞倫斯‧夏納和她屢弱的祖父南諾喝 ——「唯有睡個好覺，才能讓他明天由此繼續向前。」—— 並且添加糖薑，讓它易於下嚥。

這種茶之所以流行，是基於一個深植人心的信念，認為罌粟種子

外表的活性生物鹼可以洗除。要泡這種茶，得先拿一些種子——有食譜建議300克，裝進瓶內、加涼水或室溫的水，猛力搖1-3分鐘，喝茶前要先濾掉種子。一名權威人物承認，這樣做其實可能沒什麼效果：「如果種子『骯髒』，或者沾了大量的嗎啡和可待因，泡出來的茶水應該色暗、味苦，讓人覺得愉快。如果預先洗過，就像在超市香料貨架上出售的大部份罌粟子那樣，泡出來的茶就沒用。」[276]

比較常見也較有效的是用罌粟種子穗（seed head）或植株的另一個部位——罌粟桿（poppy straw）來泡茶，它們的確含有鴉片生物鹼。自古以來就有這樣的做法，迪奧科里斯建議以罌粟桿泡茶治療失眠，並把茶汁混合去殼大麥、製成膏藥，治療癤子和丹毒之類的細菌感染，只是恐怕只有止痛的效果，因為鴉片並不能殺菌[277]。

2009年，兩名美國學生喝了由eBay網站上購買的罌粟桿茶（有時稱作doda）後死亡，於是eBay禁止在該網站上販售罌粟種子穗。比較近的一個案子是2013年，一名27歲的威爾斯DJ（Paul Dalling）喝了1品脫（473cc）的這種茶之後死亡[278]。罌粟桿茶和東歐靜脈藥癮者流行的自製海洛英——如波蘭的kompot〔據說是1970年代初期由格但斯克（Gdansk）大學化學系學生發明，同樣也是由罌粟桿製作〕，其間的相似處值得注意。

傳說若你吃太多的罌粟子馬芬，就可能過不了藥檢，這必然有幾分真實性。只是嚴格的藥檢不只可以驗出禁藥成份，也能藉由其間的蒂巴因（thebaine），判讀出禁藥的來源。蒂巴因也稱副嗎啡（paramorphine），是1834年由法國化學家皮耶-約瑟夫·佩爾蒂

埃（Pierre-Joseph Pelletier）所分離出來的一種鴉片鹼，出現在罌粟植株，但並不存在海洛英和嗎啡裡。

有的國家緝毒標準嚴格，對外國遊客亦一視同仁。BBC報導，有一名瑞士人就因在倫敦希斯洛機場登機前吃了一個小麵包，落下三粒罌粟子，結果在杜拜坐了4年牢。[279]

大部份的鴉片都來自阿富汗南部和東部，可是大部份的罌粟種子卻來自荷蘭。罌粟子口感爽脆，有怡人的堅果風味，烘烤之後味道更強。可以把它們搗碎製油，在法國稱為oeillette，用作烹飪 —— 可以放置很久，才會走味，也可把它當成作畫時的快乾油。古代的農夫之所以栽種罌粟提煉鴉片，這種油必然也是重要的原因：他們選擇罌粟、芝麻、芥末和亞麻，而「現代農夫則選擇向日葵、番紅花和棉花子」。[280]

在佩特羅尼烏斯（Petronius）西元一世紀寫的小說《愛情神話》（Satyricon）中，富有的崔馬裘舉辦豪華宴會，席間上了一排睡鼠，撒上蜂蜜和罌粟子。如今我們則把這種種子和比較普通的菜色聯想在一起：麵包和其他烘焙食物，尤其是來自中歐和東歐的食品 —— 貝果、馬芬和小麵包捲，比如波蘭的洋蔥小麵包（bialys）和羅馬尼亞及保加利亞復活節時吃的甜麵包（cozonac）。罌粟子經磨細之後混入含糖的麵糰裡，可以製作知名的波蘭罌粟種子蛋糕（makowiec）和猶太人在普珥節吃的三角麵包「哈曼的帽子」（hamantaschen）。安‧艾波本（Anne Applebaum）和丹妮爾‧克里特丹（Danielle Crittenden）所著的《來自波蘭鄉間廚房》（From a Polish Country House Kitchen,

2012）就收錄一則絕佳的罌粟子奶油蛋糕食譜，罌粟子要先泡軟才可製作。

　　罌粟子之所以能為美食甜品畫龍點睛，關鍵在於把它撒在甜品上。它也可作為簡單的調味料，撒在烤蔬菜，尤其是如南瓜等根莖類蔬菜上。在印度，它們被稱作庫斯－庫斯（khus-khus），用法像葛粉或杏仁粉、當作增稠劑，印度烤餅也有它們的蹤影。

參見：豆蔻、苦艾

蘇利南苦木（*Quassia*）

Quassia amara

　　蘇利南苦木是黃白色的小木片，取自南美土生的植物。植物學家林奈以一名奴隸的名字葛拉曼・夸西（Graman Quassi，約1690-1780年）為它命名，這名奴隸後來成了小有名氣的江湖醫生和植物家。用苦木片泡的茶驅除條蟲非常有效。

　　這種香料也能驅除昆蟲，它含有異苦木素（isoquassin）和比奎寧苦50倍的苦味素等萜烯類化合物（terpenoids），包括苦木苦素（quassin）和18-hydroxyquassin。難怪把苦木片和糖蜜調製成糖漿，「用布或濾紙沾上這種糖漿，可製作對人無害的殺蠅劑。」[281]中美洲的人就用苦木製成箱子，保護衣服和床單免受昆蟲之害。

　　史托巴特宣稱苦木「是藥酒和開胃酒中常見的成份，在歐陸常用來保肝。」[282]抱歉，我就敬謝不敏了。

番紅花（*Saffron*）

Crocus sativus

    這些年來，有些香料的價格常會浮動，唯獨番紅花的價格居高不下。番紅花的英文名稱 saffron 來自阿拉伯文 za'faran，黃色之意。伊麗莎白‧大衛曾提到，1265年萊切斯特公爵西蒙‧德‧蒙福特（Simon de Montfort）的夫人艾莉諾花了每磅 10-14 先令買番紅花，對照起來，胡椒最多只要 2 先令 4 便士，芫荽更只要 4 便士。[283] 在本書為文之際，公認最佳的波斯 Sargol 品種番紅花，1 公克索價近 13 英鎊。

    這樣的高價其來有自。番紅花絲是球莖植物鳶尾科（Iridaceae）秋季開花多年生植物番紅花（Crocus sativus）的艷紅橘色雌蕊柱頭，一朵花只有 3 個柱頭，必須在早晨花初開時以人工採摘，以免枯萎或

因天氣而受損：此時如果下大雨或降霜，整個收成就會毀於一旦。大約要150朵花才能製造出1公克乾燥的番紅花。

更糟的是，番紅花是三倍體（triploid）植物，意即其染色體是奇數，無法野生，也不能自行繁殖。它的生存要靠人類精心照顧，不但要栽種這些球莖，也必須細心培養：確保花床排水良好，栽植在有陽光的地點，防止動物採食，還要避免如紫紋羽病（violet root rot，亦稱mort du safran）的病菌感染。

1個「母」球莖次年可以生出6個「女兒」球莖，它們生在母球莖上方，母球莖則死亡。接下來每一年，新的球莖會越長越近地表，為避免過度擁擠，栽植者必須把它們拔出來分株、再重新種植，有時每年都要這樣做，不過通常每2-5年1次。柱頭採下之後，就放在篩籃裡低溫乾燥，然後必須立刻貯存在密封罐裡，避免日曬。

番紅花源自銅器時代的克里特島，是卡萊番紅花（Crocus cartwrightianus）——希臘阿提卡（Attica）地區、基克拉澤斯群島（the Cyclades）和克里特島的野番紅花和伊奧尼亞群島（Ionian Islands）的網皮番紅花（Crocus hadriaticus）天然的混種。如今全歐洲和亞洲都栽植番紅花，不過數千年來番紅花一直都是喀什米爾的知名產物，最早是在波斯人入侵時所栽植。不過近年來收成不佳，再加上西班牙和伊朗的產品價格較低廉，因此受到嚴重打擊。〔一名喀什米爾農民2010年告訴記者傑森‧勃克（Jason Burke）說：「年輕人都不想當番紅花農，他們想當醫生和工程師。雖然說來難為情，但我不怪他們。」[284]〕

英國曾是番紅花世界的盛產國，埃塞克斯郡的市鎮契品沃頓（Chipping Walden，意為沃頓市場）的白堊土質和晴朗的氣候特別適合番紅花生長（其鎮名就逐漸變成了「番紅花沃頓」，強調這個市鎮與作物的關係），因此儘管英國其他地方亦栽植番紅花，但它在沃頓特別出名，而且顯然到1720年代依然，當時詹姆斯·道格拉斯（James Douglass）為《哲學學報》（*Philosophical Transactions*）期刊作調查說：「在番紅花沃頓和劍橋之間10英哩方圓所有的大塊土地」，番紅花生長得「欣欣向榮」[285]。

此區的番紅花農被稱為'crokers'，意即番紅花農或花商。在《何林塞編年史》（*Holinshed Chronicles*, 1587）第2版中，我們就讀到威廉·哈瑞森牧師看著這些花農工作，把花收成烘乾，然後用皮質的袋子包裝，於10月21日聖烏蘇拉節（St Ursula Fair）出售：

> 花在早上太陽尚未升起時收成，以免凋萎，接著採下花的柱頭。之後花被扔作堆肥，而柱頭則放進小爐子裡，蓋上繃緊的帆布，以小火慢烘，再靠著上面壓的重量，讓它們乾燥，並壓成餅狀，然後裝袋出售。[286]

究竟番紅花怎麼來到英國，不得而知，很可能是隨羅馬人而來，流傳最廣但可信度最低的故事，是地理學者理察·黑克盧伊特（Richard Hakluyt）在《英國主要的航海、航道、交通與地理發現》（*Principal Navigations, Voyages, Traffics and Discoveries of the English Nation,*

1598）中所述：

> 在番紅花沃頓有個傳說，一個朝聖香客因為想報效國家，因
> 此偷摘了一株番紅花，藏在預先為此而掏空的朝聖法杖裡，
> 冒著生命危險把這球莖帶回英國，因為如果他被逮到，按該
> 國的法律他就會因此而死。[287]

令人驚訝的是，儘管法國本身的番紅花產業很興盛，英國的番紅花卻依舊能出口到歐陸。在1560年代北法藥劑師所售的香料價格單上，可以看到「英格蘭番紅花」價格最昂貴。

或許是因為英國花農比較擅長農事又肯花心思，因此栽種出一流的產品。美國作家派特・威勒德（Pat Willard）在《番紅花》（*Secrets of Saffron*, 2001）對英國人「不厭其煩地收集、繪製並且思索植物的習性、產地、個性和方式」[288] 大感讚嘆。不過在這個番紅花例子中，韌性卻未能保證持久，番紅花沃頓以銀杯盛這種香料獻給來往的王室成員、一直持續到喬治三世，可是這段期間，番紅花在歐洲卻失了寵，再加上接連幾個夏天埃塞克斯夏日氣候都不好，使這個原本就在掙扎的產業到1770年代終於消失，農民改種麥芽和大麥。

至今英國東部依舊有栽種番紅花，不過縮小成「精品店」規模。諾福克農業作物學者莎莉・法蘭西斯（Sally Francis）的母親1997年送了她20個番紅花球莖，於是她也開始種植，到2009年，她的收成已經多到自己用不了，因此決定透過自己的公司出售諾福克番紅花。

另一名栽植者地球物理學家大衛‧史梅爾（David Smale）則住在番紅花沃頓，他也像法蘭西斯一樣一切都靠手工 —— 栽種、採收和處理，直接供應給廚師和商店。

「去年的收成不太好，」史梅爾在2013年向《衛報》說：

> 和英國大部份的農民一樣，天氣對我們不利，我們只有350公克番紅花收成。不過你要知道番紅花並不便宜，而且我只栽了1英畝左右：我們的上等產品在倫敦大百貨公司每0.2公克（30-40根）售15英鎊，不過配有名牌罐子……
> 我只希望能讓它適得其所，因為就連有些頂尖大廚，都不知道怎麼使用。前幾週我就在電視上看到有大廚在烹飪最後撒了一大把未經處理的番紅花，那太離譜了 —— 在現實生活中，沒有人能吃得消這樣做，而且最重要的是，這樣做根本沒辦法由其中獲得獨特的香氣和風味。[289]

不過並不是所有的人都喜歡番紅花的味道。伊麗莎白‧大衛曾說番紅花雖然「最有魅力」，但也提醒說如果「使用不當，那無所不在的氣味、刺鼻的苦味，會讓整道菜都教人無法下嚥。」[290]

* * *

番紅花艷黃的色澤來自屬於類胡蘿蔔素的番紅花素，其微帶金屬的蜂蜜味道則來自番紅花醛（safranal）和番紅花苦甙（picrocrocin）

等化學成份。至少自古蘇美文化時期，就視之為調味料、藥物和紡織物的染料 —— 只是不太穩定。

在克里特島克諾索斯（Knossos）和希拉島（Thera，即希臘的聖托里尼島）上所見的壁畫，顯示出番紅花在克里特文明中舉足輕重。克諾索斯蓮花燈保護區（Lotus Lamp Sanctuary）的「番紅花採集人」壁畫上有一隻藍猴子 —— 頸子上有紅皮項圈，顯然是寵物，正把番紅花裝進瓶子裡。〔考古學家亞瑟・艾文斯（Arthur Evans）爵士在修復它時，誤把牠當成男孩。〕克里特婦女穿著的羊毛小外套也用番紅花染色；此外它還可做成化妝品，和紅赭石、動物脂肪和蜂蠟混合，製成唇膏。在克諾索斯還發現一個香水配方，上面只說：「番紅花和沒藥在坩鍋裡打到變軟，與油混合、過濾3次。」

克里特島的番紅花外銷至埃及，用來薰香床單被褥，也混入加了香料的牛脂錐形飾物，朝臣把這種飾物戴在假髮上，讓它隨著一天的過程慢慢溶化散發芬芳。埃及艷后在魚水之歡前，就用番紅花香的馬奶沐浴。

羅馬人則用番紅花為公共場所去味，把它像乾草一樣四處散置。西元500年左右，希臘女醫師梅托朵拉（Metrodora）建議以番紅花混合松果、甘松，和浸過酒的乾棗來治療痔疾，這是現存最古老由女醫師寫的醫書。

中世紀的修士則發現，如果把番紅花泡在蛋白製的膠裡，就可變成透明的黃釉，取代黃金製作泥金彩繪插圖手稿。番紅花做成染髮劑也頗受歡迎，一直到十六世紀，威尼斯婦女還把它和硫磺、明礬和大

黃混合，創造提香式（Titian-esque）[*]畫作的效果。中世紀的「漂白劑」含有番紅花和鳳仙花、金雀花、蛋，和搗碎的小牛腎。

番紅花的烹調用途，則可溯至香料飯（pilau）的始祖——波斯，這是一種既芬芳又有色彩的米飯，後來傳入穆斯林世界，成了土耳其的米飯（pilav）、西班牙的大鍋燉飯（paella，指的是平底大鍋，以此鍋做海鮮飯最有名，但不限海鮮，兔肉、雞肉等亦可）和義大利的燉飯（risotto）。食物史學家莉琪・科林漢解釋說，在印度，波斯和中亞文化與印度文化混合，創造出印度香飯。肉先用加了香料的優格糊醃漬，接著略煎一下、再放到鍋裡，把略煮過的米蓋在肉上：「浸在牛奶裡的番紅花倒在米上，讓它有顏色和香氣，整道菜密封慢煮，就像土耳其香料飯一樣，熱煤炭不但放在鍋子底下、也圍在鍋蓋上。」²⁹¹

西班牙有些地方的大鍋燉飯也和土耳其香料飯一樣是用燜的，但瓦倫西亞不同，儘管大部份的西班牙人都認為海鮮飯是瓦倫西亞的菜式。瓦倫西亞廚師尤烈區・米洛（Llorenç Millo）曾說：「有多少村子，就有多少種食譜的海鮮飯，每個廚師都有自己的作法」，可是所有的海鮮飯裡都有番紅花。其中以米蘭燉飯（Risotto alla Milanese）用番紅花添加香味最為有名，通常搭配燉小牛膝（ossobuco）。而米蘭燉飯也有個當地的傳說，摒棄了這道菜的穆斯林根源：傳說1574年有個畫家瓦勒留斯（Valerius）在米蘭大教堂作畫時，不小心把當顏料用的番紅花掉進了他的午餐燉飯……不過克勞蒂亞・羅登卻有另一個說法，她認為費拉拉（Ferrara）和威尼斯猶太社群在安息日當

---

* 提香・韋切利奧（Tiziano Vecellio，1490-1576），被譽為西方油畫之父，擅長運用色彩，是義大利文藝復興後期威尼斯畫派最具影響力的畫家。

頭盤或配菜食用的黃色燉飯才是米蘭燉飯的起源：「猶太人買賣番紅花及其他香料，因此比一般大眾更常用番紅花。」[292]

如馬賽魚湯（bouillabaisse）和義大利魚湯（brodetto）等魚湯使用番紅花，據說是腓尼基商人拿它在歐洲四處交易之故，這包括英國的康瓦爾，他們在這裡用番紅花換錫。因此康瓦爾也有番紅花蛋糕，在復活節、耶誕節和婚禮等特殊場合製作，搭配凝脂奶油（clotted cream）食用。下面這個康瓦爾番紅花蛋糕食譜取自漢娜·葛拉斯《簡易烹飪的藝術》（*The Art of Cookery Made Plain and Easy*, 1708）：

> 準備1/4配克（peck）細麵粉、和1½磅的奶油、3盎斯的葛縷子、6個蛋打勻、加進1/4盎斯的丁香和豆蔻皮打勻，價值1便士的肉桂、1磅糖、1便士的玫瑰露、1便士的番紅花、1½品脫的酵母和1夸脫的牛奶；用手把所有成份按下列的方法輕輕混勻：先煮開牛奶和奶油，撇去奶油，再混入麵粉和一點牛奶；把酵母攪入其他材料，過篩後和麵粉混合，再加入種子和香料、玫瑰露、番紅花染料、糖和蛋，用手輕輕把材料打勻，倒入環狀容器或烤盤烘焙，記得烤盤要先塗油。如果爐火大，只要1小時半即成。也可不用種子，我認為不用更好；不過視個人口味而定。

十字小麵包（hot cross buns）原本就添加番紅花，證明它們傳承自腓尼基人奉獻給生育和戰爭女神雅斯塔雷思（Ashtoreth）的番紅花

新月蛋糕。

* * *

十四、十五世紀，番紅花的需求達到高峰。當時歐洲流行黑死病，傳說番紅花是有效的靈藥。傑勒德在《藥草》書中建議：

> 把10格令（grain）番紅花、2盎斯胡桃仁、2盎斯無花果、1打蘭解毒劑和少許鼠尾草葉一起搗碎，加入足量的紫繁蔞（pimpernel）汁，製成團狀或塊狀，倒入玻璃杯服用。早上服用12格令，可防瘟疫，亦可讓感染者復原。[293]

1482年，紐倫堡理髮師漢斯·佛魯茲（Hans Folcz）在《論瘟疫》（*On the Pestilence: A Nice, Useful, and Concise Little Tract*）一書中，提到了一些藥方，比如番紅花和其他香料與醋混合，塗抹在腹肌溝上作為藥膏。其他日耳曼書籍也提到一種糖漿（latwerge）[294]——混合番紅花、糖漿和芥末，必須放在蛋殼裡炒。

不過番紅花在中世紀蔚為風尚，也是因為當時流行為食物「鍍金」（見〈導言〉），也就是為食物染上鮮艷的色彩，尤其是在盛大的場合。1420年，法國薩伏依（Savoyard）公爵舉行2天的盛宴，大廚席卡兒（Chiquart）用了25磅的番紅花——聽來數量很大，的確也是如此，但如果考量所有材料的份量，就不會覺得太多：100頭肥牛、130頭綿羊、120隻豬，200隻乳豬，60隻肥豬（做肥肉餡）、

200隻小山羊、100隻小牛,和2,000隻雞。作家羅伊‧斯壯爵士(Sir Roy Strong)冷言道:「這樣的舖陳必然讓讀者對數字覺得厭煩」,他在寫作《盛宴》(*Feast*, 2002)一書時,必然有此感受[295]。

下面這道金天鵝的食譜取自中世紀的知名烹飪書《泰爾馮食譜全集》(*Le Viandier de Taillevent*, 1300)就可能是這種盛宴上的菜色:

> 取天鵝,由兩肩之間灌氣,就像填餡雞一樣,沿腹部劃開,去皮,頸部由肩切除,保留兩腿;全身用烤肉叉固定,像雞一樣內部塗油,再用番紅花上色,烹調完畢後要再把鵝皮包回,頸部的姿態可直可彎。用蛋黃混合番紅花和蜂蜜調成糊,塗在羽毛和頭上染色。和嫩椒(含有番紅花的黃椒醬混合)同食。

* * *

或許正因為番紅花昂貴,所以最常被摻入次級品魚目混珠 —— 而且未來也會如此。就在2011年,英國食品標準署(Food Standards Agency)接獲密報,說由西班牙出口英國的「純正」番紅花品質低劣,沒有番紅花應有的顏色和香氣,所以請西班牙的對等單位檢驗這些商品[296]。

在中世紀,凡是敢以次級番紅花假充正品,或甚至持有這種次級混摻品的人,都會遭到嚴厲的懲罰。1305年在義大利比薩,公共倉庫的管理員都必須發誓,如有摻假的番紅花寄放在倉庫,他

們一定要告發持有人。紐倫堡也通過了嚴格的法令,稱為「番紅花法」(Safranschou Code)。1444年有個商人賈柏斯特·芬德克(Jobst Findeker)違反此法,結果和摻假的番紅花放在一起,活活燒死。

如果不願意或無力負擔番紅花昂貴的價格,也可使用替代品,最常見的是紅花(safflower),又稱「劣番紅花」(bastard saffron)。請注意「印度番紅花」(Indian saffron)根本和番紅花無關,而是薑黃的別名。

烹調用的番紅花有兩種準備方法,一種是乾炒柱頭,使其質地脆弱易碎,再把它們壓成粉末,可以均勻施撒。另一種方法是把柱頭浸在熱水裡,至少半小時,泡出來的汁液在烹調最後加入菜餚中。

參見:胭脂樹紅、薑黃

292

山椒（*Sansho*）

Zanthoxylum piperitum

　　花椒的日本版，是日本花椒樹種莢曬乾磨細而得，味道強烈，帶柑橘味，雖然不辣，但有點麻，配燒烤肉類和魚很合適，尤其是烤鰻魚（蒲燒鰻）和雞肉（烤雞肉串）。

　　這種植物的葉子稱為花椒葉（kinome）可用作盤飾。日本七味粉就有用山椒（見〈混合香料總覽〉）。

參見：花椒

芝麻（*Sesame seed*）

Sesamum indicum

　　阿拉伯民間故事《一千零一夜》中，備受喜愛的一則故事是〈阿里巴巴與四十大盜〉，樵夫阿里巴巴發現了盜賊的巢穴，只要說「芝麻開門！」門就會自動打開，阿里巴巴就用這個通關密語偷了一袋金幣，趕緊跑回家去秤重量。

　　他貪心的哥哥卡西姆卻沒那麼走運，他也進了盜賊的巢穴，卻忘了通關密語，因此無法出來，盜賊回到巢穴發現了他，把他殺死，屍體分為四塊，留在巢穴門口，以儆效尤。

　　最早的醫學和自然史百科全書都認定香草和香料有神奇魔力，在魔法和醫藥兩方面，東西方不約而同創造出千變萬化、琳瑯滿目的可能。

如先前所提（見〈導言〉），普林尼（以及迪奧科里斯、希波克拉底、蓋倫等）作品的阿拉伯文翻譯啟發了中世紀伊斯蘭學者，如奠定現代醫學基礎的阿維森納（Avicenna）。但也有另一個方向的知性交流，影響最深遠的作品是阿拉伯裔的西班牙人，如數學家麥斯拉馬・馬吉里蒂（Maslama al-Majriti）的《賢人目標》（*The Aim of the Sage*）——大家都說是他的作品，在歐洲稱為《魔法之秘》（*Picatrix*）。這本書和另一本由埃及蘇菲派玄秘大師阿哈馬德・賓・阿里・布尼（Ahmad bin Ali al-Buni）所寫的魔法書《知識的啟發》（*Illumination of Knowledge*），也譯為拉丁文，被納入歐洲文藝復興時對占星、煉金和巫術的思想模式。

布尼此人頗受爭議，他的作品後來被保守的伊斯蘭學者斥為異端。他對字母的魔術特別有興趣，這種神秘主義認為字母與現實世界有神秘的關聯。布尼曾在作品中提及來自古老美索不達米亞的迦勒底（Chaldean）魔法師——這是一種僧侶階級，安伯托・艾可在小說《傅科擺》（*Foucault's Pendulum*, 1988）中，藉著年老的神秘學者艾格利告訴我們，這些魔法師「光憑聲音，就能操縱神聖的機器」。此外，他還說：「卡納克（Karnak）和提比斯的祭司都能只憑聲音就打開廟門。仔細想想，這種說法的起源不就是芝麻開門的傳說嗎？」[297]

的確，還可能來自哪裡？儘管「芝麻」的意義在此並不清楚。是某種密碼或象徵嗎？芝麻有什麼特別之處？

答案在於芝麻這種作物——這種原生於熱帶非洲和印度的1年生直立作物，生有橢圓的葉片，開白色或粉紅色花朵，最先是因為

油的緣故而成為人類耕種的農作物。芝麻'sesame'一字源自希臘文sesamon，而此字又是源自腓尼基文 ššmn，再源自古代美索不達米亞的阿卡德語 šamaššammu，意思是「多油的植物」[298]。在現代阿拉伯文中是simsim，因此在有些版本的《一千零一夜》裡寫的是「simsim開門！」而非「sesame開門！」。

芝麻子含有高量油脂（50-60%），意味著它們在烹飪時十分重要（迄今依然常用，尤其在中式烹飪，芝麻也用來製造人造奶油），它不但是多元不飽和脂肪，而且就算在熱的環境下也能保存得很好。希羅多德寫巴比倫人時提到「他們所用唯一的油類，就是來自芝麻這種植物」。這種扁橢圓形的種子顏色由珍珠白至黑，很受歡迎。古希臘喜劇作家亞里斯多芬尼斯（Aristophanes）在《阿卡奈人》（*Acharnians*）劇本中提到一個宴會，除了有妓女和舞女之外，還有「用白麵、芝麻和蜂蜜做的蛋糕」。阿皮基烏斯在烤紅鶴的食譜中添加芝麻，迪奧科里斯則認為芝麻傷胃，也會卡在牙縫裡，使口氣難聞。成熟的芝麻子常會爆出種莢四處飛散：或許「芝麻開門！」就和這有關？

在改變話題前，我們要記得的是〈阿里巴巴和四十大盜〉這個故事和《一千零一夜》裡其他故事的關係並不確定，它原本只以口述方式流傳，後來《一千零一夜》第一位歐洲譯者安托萬‧加朗（Antoine Galland）把它收進書內，於1704-1717年間、分為12冊在法國出版。加朗是在阿勒坡聽到一位馬龍派（Maronite）基督教士說起這個故事，在日記裡寫了6頁筆記，把它記錄下來。

十九世紀初，格林兄弟寫了德國版的〈阿里巴巴〉，稱作〈希默里山〉（Simeliberg）。在這個版本裡，只要說 'Berg Semsi, Berg Semsi, thu dich auf'，裝滿財寶的山洞就會開啟，其音和 simsim 十分相似，可是格林兄弟畢竟是語文學和辭典編纂家，他們解釋說，semsi 是古德文字，意思是「山」。

加朗的日記裡究竟有沒有「芝麻開門！」這一句，不得而知——說不定是他自己發明的，但文評家阿布巴庫・席瑞比（Aboubakr Chraïbi）比較了〈阿里巴巴〉和世上其他類似的故事，發現它呼應了日本的一種敘事傳統：「如果人叫出這食物的名字，它就會像魔法一樣通到地下洞穴，裡面的生物會把財寶送給好人，懲罰壞人。」[299]

芝麻缺乏芳香精油，因此在有些人眼中，它「不能算」香料，但它也不是堅果，儘管許多對堅果過敏的人，對芝麻一樣也會過敏〔根據英國過敏協會（Allergy UK）所述：「最常造成過敏的植物種子就是芝麻」。過敏反應可能十分嚴重，危及性命。〕要引出芝麻香氣，一定要烤——最好是用鑄鐵炒鍋以中小火烘烤，輕輕攪動芝麻，不讓它們四處亂跳。這能促使吡嗪（pyrazines）成形，而且只要烘焙溫度超過200℃，也會產生烤咖啡豆時的化學物質夫喃（furans）。

除了中東芝麻醬（tahina）和中國芝麻醬這些糊狀的醬料之外，人們食用芝麻也是為了它的口感和帶苦的細緻風味：比如中式口味的芝麻明蝦吐司，埃及的綜合香辛料杜卡（dukka），約旦的香料札塔和日本的芝麻鹽（gomashio）；再如克里特島的餡餅

（skaltsounakia）、中東芝麻曲奇餅（barazek，芝麻和蜂蜜與開心果美味融合）、克里特島的堅果餅（gastrin）、摩洛哥的蜂蜜芝麻薄煎餅（righaif），以及埃及的椒鹽脆餅（semit）。

　　法裔美籍的美食作家柯列特・羅珊特（Colette Rossant）提到1937年她5歲時搭船到亞歷山卓，頭一次吃到這些食物的情景。她走下跳板，看到一個「穿著骯髒灰袍的男孩，頭上頂著一大籃椒鹽脆餅，遮住了他的臉」。她問保母可不可以吃一個，保母說：「絕對不行！他們很噁心……太髒。」但這時來接她們的祖父給了她一個：「幸好我堅持要吃，」羅珊特說：「那餅熱呼呼的又甜又香，外脆內軟就像新鮮的法國麵包，布滿了烤過的芝麻，一口咬下，芝麻就爆裂。」[300]這可能是黑芝麻——比一般標準（未去殼）的米色和（去殼的）米白芝麻滋味更濃。其實芝麻的顏色由黑至深棕、乳白都有，顏色是由遺傳決定的，不同色的芝麻針對不同的市場：日本和中東喜歡黑芝麻，而印度則偏愛白芝麻。

　　麻油也有像橄欖油那樣的各種口味和色澤分級，色淡的品種有堅果味，適合煎炒，是由未烤過的芝麻冷壓而成。而深色的亞洲麻油則是烤過的芝麻所製，味道較強烈，有煙燻味，通常只用少許來調味，而不用於煎炒。

　　用去殼芝麻磨碎製作的中東芝麻醬在整個中東、希臘、土耳其、亞美尼亞和北非都很流行。這種芝麻醬可以加到醬料或沾醬裡，搭配燒肉或烤肉串，如果和蜂蜜混合，則可作為沙拉沾醬。中東芝麻醬裡若加入鷹嘴豆、檸檬汁、大蒜和橄欖油，就成了鷹嘴豆泥

（hummus）。鷹嘴豆泥的起源眾說紛紜，根據奧托倫吉和塔米米的說法：「大部份人都認為最先製作鷹嘴豆泥的是黎凡特（Levantine，東地中海區）人或埃及阿拉伯人，不過就連這點也待商榷……但若再緊迫盯人深究，沒有人會質疑巴勒斯坦人是製作鷹嘴豆泥的先驅，儘管他們和猶太人都聲稱鷹嘴豆泥是他們自己發明的。一直都有這樣的爭議。」[301]

十三世紀有一本埃及烹飪書，書名翻譯起來應該是《各種菜色組合實用建議寶典》，裡面完全沒用中東芝麻醬；鷹嘴豆泥是用醋、醃漬檸檬、各種香草和香料製作。卡洛琳・希爾和麥可・歐索普說：「羅馬人用芝麻、孜然製作一種鷹嘴豆泥，古波斯人也會製作。」[302]他們指的可能是「莫雷頓醬」（moretum），也就是羅馬農業學者科魯麥拉（Columella）所說的塗麵包用的香草起司抹醬，裡面有時會添加磨碎的堅果和種子。古羅馬把芝麻當作最後一道菜tragemata（甜點）的一部份，送上耐嚼的乾水果和堅果，搭配葡萄酒[303]。

像餅乾一樣質地堅硬的哈爾瓦（halva）堅果酥糖是由芝麻糊和熱糖漿所製作。西歐人認為這種食品來自印度和中東，但其實整個東歐和巴爾幹半島也都有類似的食物，其中有些用粗粒小麥粉、粗玉米粉或米粉，而非中東芝麻醬製作。這也符合哈爾瓦一詞在九世紀阿拉伯的根源，當時此詞已經不再是指用牛奶揉和的棗糊，食譜中也納入了波斯甜食afroshag。有些印度版本以粗小麥粉或鬱金麵粉用酥油炒過，然後和葡萄乾以及加了香料的糖漿混合，但也有明顯的區域變化：比如「馬德拉斯」哈爾瓦用的是罌粟子[304]。

芝麻哈爾瓦其實是黎凡特的產物，不過就如飲食作家亞倫・大衛森（Alan Davidson）所指出的，這也是歐美最知名的哈爾瓦[305]。在撒哈拉沙漠以南的非洲地區有一種叫芝麻球（tekoua）的食物，就是把芝麻搗碎、混入糖粉，製成小球[306]。

參見：葛縷子、茴香、黑種草、罌粟子

羅盤草（*Silphium*）

Ferula tingitana

　　西元前631年，希臘希拉島（Thera，即今聖托里尼島）大旱，居民紛紛離開故鄉前往他處發展，也因此創建了北非五大城，其中一個城市昔蘭尼（Cyrene）離當今利比亞東部的舍哈特（Shahhat）不遠，這個地區迄今還保留古名「昔蘭尼加」（Cyrenaica）。昔蘭尼曾盛極一時，人們熙來攘往，城裡寺廟林立，往下走10英哩還有港口阿波羅尼亞（Apollonia）。城裡甚至也有自己的哲學學校，由蘇格拉底的弟子阿瑞斯提普斯（Aristippus）創立的昔蘭尼學派（Cyrenaics）學校主張快樂主義，認為肉體的歡愉是唯一的善。

　　不過在西元前74年，昔蘭尼成了羅馬的一省之後，開始走下坡，西元262和365年發生兩次大地震，摧毀了塞爾蘇斯圖書館

（Library of Celsus）等古建築，到西元四世紀，這座城已經成為鬼域。其遺跡如今被聯合國教科文組織列為世界遺產，但當地情況十分不穩定，因此自2011年以來，開挖和保存遺跡的行動不得不暫緩。

其實早在大自然摧毀昔蘭尼之前，這個地方就已經動盪不安。此城的地位之所以重要，是因為它是唯一一種出口貨品的商業中心，這種稱作羅盤草的大茴香（Ferula）屬植物不但有很高的醫藥價值，而且也被希臘人當成增進食物風味的調味品，羅馬人稱之為安息香（laserpitium），也把它當成寶，因此有一度它的價值就相當於等重的銀子。西元前565年希臘拉科尼亞（Laconian）地方的一個杯子上，就刻畫了當時昔蘭尼的國王阿爾克西拉烏斯二世（Arcesilas II）坐在御椅上監督羅盤草的秤重和包裝，準備出貨。該市的錢幣上也有這種植物的圖案——唯妙唯肖，證實了泰奧弗拉斯托斯對羅盤草的描述，說它有「又厚又大的根，如大茴香一樣長而粗的莖，和如芹菜的葉子」。價值最珍貴的產品是其樹脂，泰奧弗拉斯托斯解釋說：

收成者按類似礦山開採權的比例收成，這個比例是以割了多少，還剩多少來決定，不能任意濫收割；也不能收得比規定的比例高，因為這種樹脂一放久就會腐壞。他們以如下的方式準備外銷到比雷埃夫斯（Piraeus，往雅典）：把它放在罐內、和麵粉混合，搖動一段時間——其顏色就是如此來的；經過這樣的處理之後，它會變得穩定……據說這種植物生長在利比亞的一大片地區，逾500英哩，奇怪的是它卻不

在開墾過的土地上生長，一旦土地開墾之後，它就會往後撤退——顯然它根本不需要耕種栽植，根本就是野生的。[307]

　　當時的人雖然試圖把羅盤草移植到阿提卡（Attica）和愛奧尼亞（Ionia），但並沒有成功，原本只要遵守昔蘭尼嚴格的收穫配額，這本不會太嚴重，可是泰奧弗拉斯托斯所說的「一大片地區」其實卻只有30英哩長250英哩寬，許多人非法採收，供應迦太基港口夏萊克斯（Charax）的黑市，而且雖然圍了籬笆，卻依舊被利比亞牧人的羊吃掉，這些牧羊人沒有分到羅盤草交易的好處，因此根本不在乎羊吃這些珍貴的草。古希臘史學家史特拉波（Strabo）在《地理學》（*Geography*）中就提到當地的柏柏爾（Berber）遊牧者「惡意入侵，故意拔掉這種植物，抗議懲罰性徵稅。

　　既然昔蘭尼羅盤草越來越少，價格自然也就越來越高。亞里斯多芬尼斯的戲劇《武士》（*The Knights*）中，賣香腸的阿格瑞柯瑞塔斯就說過：「難道你不記得羅盤草價格很賤的時候嗎？」接著他又描述了它當年盛產時，大家都沒注意到的一個情況：「法庭上的陪審團員因為大家互相放屁而差點窒息。」

　　到頭來，昔蘭尼羅盤草因為濫採，終至滅絕。羅馬人只好用所謂的「敘利亞羅盤草」取代，這種大茴香屬的植物雖然品種相似，但味道較難聞，也就是我們所知的阿魏（見〈阿魏〉）。據普林尼的記錄，最後的昔蘭尼羅盤草送給了暴君尼祿作禮物。不過普林尼也說，可能有一些剩下的昔蘭尼羅盤草還生長在不知道什麼地方，並提供辨

識的訣竅：

> 要是有動物吃了這種植物，其跡象是，如果是綿羊，吃了就
> 馬上會入睡，而山羊則會大打噴嚏。[308]

　　一直晚到西元四世紀，希臘女哲學家海巴夏（Hypatia）的弟子昔蘭尼的辛奈西斯（Synesius）還說，他兄弟的農場上還有羅盤草生長。不過可以確定的是：信心十足大談羅盤草好處的這些作家，很少真正看過這種植物，通常都是道聽塗說。

　　時間快轉到十六世紀，我們看到傑勒德在《藥草全書》（1597）明指古人談羅盤草時含糊不清：「這些古代的作者寫得不完美，因此我們就該更勤奮查找資料」[309]，接著他把普林尼和泰奧弗拉斯托斯有關羅盤草的資料綜合列出，有趣的是，他認為羅盤草依舊存在世間：「最好的羅盤草生長在昔蘭尼和非洲的高山上，氣味芬芳。」

　　古希臘羅馬烹飪中使用羅盤草的主要用途，是為醬汁添加大蒜味的濃郁芳香。阿切斯特亞圖（Archestratus）建議把它加在牛肚和用孜然、醋浸漬過的母豬子宮，羅馬美食家阿皮基烏斯的食譜集《烹飪技法》也常提到它。不過一般羅馬人煮菜和這些食譜的菜式並不相同，這些食譜在當時常因炫富而遭批評。〔古羅馬詩人尤維諾（Juvenal）就在他的《諷刺》（Satires）文中問道：「還有什麼比看到可憐的阿皮基烏斯更教人開心？」〕意即就連阿皮基烏斯也覺得羅盤草得省著點用。《烹飪技法》就教了一個省著用的訣竅：

如何永保有羅盤草樹脂可用：把樹脂放進空間夠寬敞的小玻璃桶；然後再加入大約20粒松子，在要用樹脂時，就研磨松子，你會對松子添加在食物中的風味大感吃驚。[310]

　　阿皮基烏斯把羅盤草用在蔬菜燉肉和以詩人馬提耶斯（Matius）為名的五香碎肉餡水餃裡，也加在類似的甜佛手柑燉肉、加入芫荽子、薄荷和芸香的豆類菜色，或者加在用小麥或大麥所做的湯裡，或者加在鶴、鴨、斑鳩、雞、珠雞、鴿子、鵝和火鶴的菜中。在未生育的母豬子宮、豬皮、油渣和豬蹄裡，羅盤草也都是必添的作料。他所有的白煮肉醬汁都靠添加此物提味，還有我最愛的豬肚餡也用到此物：

　　取豬肚，用醋與鹽的溶液小心清洗，再用水洗過。接著用下面這些成份填塞豬肚：搗和磨碎的豬肉，混合3個除去白膜的豬腦，生蛋、堅果和胡椒子混合。把這個內餡和由下列成份製成的醬混合：胡椒粉、獨活草、羅盤草、洋茴香、薑和一點芸香、最好的高湯（潤澤用）和一點橄欖油。把餡料填滿豬肚，留下一點空間，以免豬肚在烹飪過程中爆開。用樹枝把兩端的開口綁好，放進一鍋沸水裡。[311]

　　據說羅盤草有退熱，治喉痛、消化不良、痙攣和麻瘋之效，也能防止落髮，消除疣和瘤。希臘醫師索蘭納斯（Soranus）在《婦女病》

（*Gynaecology*）中，以這種藥作為治鵝口瘡的藥膏，但其實昔蘭尼羅盤草最珍貴的價值是在於它可當避孕藥，亦能墮胎：昔蘭尼的銀幣上就印有一名裸女一手指著這種植物，一手指著自己的生殖器。

服用羅盤草的一個方法，就是像吃藥一樣定時。索蘭納斯建議每個月服用1顆鷹嘴豆大小的量，「不只可以避免懷孕，也能打掉已成形的胎兒。」安格斯·麥克拉倫（Angus McLaren）《節育史》（*A History of Contraception*, 1990）中寫道：「古代世界談墮胎的例子比避孕多得多」[312]，而很可能羅盤草作打胎藥比避孕藥更有效。不過迪奧科里斯也列出它的這兩種效能，想必是有效，否則不可能這麼受歡迎。

我們不知道羅盤草究竟是什麼，因此很難辨識它有效的成份，不過醫藥史學家約翰·瑞德（John Riddle）在《夏娃的草藥》（*Eve's Herbs*, 1997）中引用了一個研究，證明阿魏的粗製酒精提取物和相關的植物Ferula orientalis L. 抑制老鼠受精卵著床的比例分別是40和50%，這也說明了為什麼在中世紀代用藥物表上，常看到用阿魏來取代羅盤草；也因此，有些人認為另一種已知有效的墮胎藥Thapsia garganica（致命的胡蘿蔔）才是真正的羅盤草。

當時的文學作品也強調了羅盤草與愛情、性的關係，比如羅馬詩人卡盧圖斯（Catullus）在詩作中傾訴對情人萊絲比亞（Lesbia）的愛意，他在第七首詩中這麼寫道：

　　你問我要給我多少吻，

萊絲比亞，才足夠讓我滿足。

要像利比亞沙子的數目

在生產羅盤草的昔蘭尼土地。

　　卡盧圖斯的意思是，只要他和萊絲比亞能有避孕良方，就能盡情狂歡。羅盤草種莢的形狀和傳統的心形像得驚人，只是用這種扇形的圖案示愛一直要到十四世紀才開始。

　　到了中世紀，民間偏方唇萼薄荷（pennyroyal，普列薄荷）、馬鬱蘭（marjoram）和歐白芷取代了羅盤草，因此它不再那麼流行，但到十八世紀初，德國自然學家和探險家恩格爾伯特‧肯普費（Engelbert Kaempfer）擔任瑞典國王查爾斯十一世的大使，遊歷了俄羅斯、波斯和日本等地，沿途寫了《異國樂趣》（*Exotic Pleasures*, 1712）這本「科學和醫學觀察論述的奇書」，書中提到了羅盤草。

　　約翰‧羅倫斯（John Laurence）在《農事園藝大全》（*Complete Body of Husbandry and Gardening*, 1726）中引用了肯普費所述觀看阿魏豐收的景象，並發表了動人的號召，要找出最原始最好的羅盤草，說他聽說這種藥草可「提高食慾，活血強胃，讓男性重振雄風」，並說自己對於「找到這種珍貴的羅盤草抱持莫大的期望」：

　　[羅盤草]加在醬汁和沙拉裡風味細緻而豐富，因此備受重
　　視，又因為它的醫藥用途，因此被獻給太陽神阿波羅，高掛
　　在德菲（Delphi）的太陽神殿……我相信要是東印度公司

派人去尋覓，並把它帶回來，我們就會有比現有整個醫藥界都更珍貴的寶貝……幾年前，誰能想到（當時根本覺得不可能）我們能在英國把鳳梨培植到完美的地步？如今我們不是也有柑橘、檸檬、石榴、咖啡、酸豆，和以往不熟悉的產品？[313]

　　肯普費覺得波斯和敘利亞的羅盤草沒什麼兩樣，不論如何摻混，這些樹脂恐怕都是同一種植物阿魏的產物。（摻混的程度和方式可以說明其風味的差異。）最近的植物學研究則認為，昔蘭尼羅盤草可能是F. tingitana的變種，這種植物依舊生在地中海四周，莖有羅紋，並有如刻印在昔蘭尼銅幣上羅盤草圖案一樣的花梗。

參見：阿魏、茴香、木乃伊粉

匙葉甘松（*Spikenard*）

Nardostachys jatamansi

　　甘松（或稱 nard，哪噠）又是聖經上提到的一種芳香植物，是壓碎纈草屬一種開花植物的根狀莖、釋出琥珀色的精油而得。約翰福音12:1-10描述了抹大拉的馬利亞用哪噠香膏抹耶穌的腳，讓加略人猶大感到不滿，質問為什麼不把香膏賣30兩銀子賙濟窮人：「馬利亞就拿著一斤極貴的真哪噠香膏，抹耶穌的腳，又用自己頭髮去擦，屋裡就滿了膏的香氣。」（後來耶穌死去的屍身則塗上沒藥和蘆薈，才放進墳墓。）當今的香氛療法依舊使用哪噠，常用來治療失眠。

參見：肉桂、沒藥

八角（*Star Anise*）

Illicium verum

　　儘管紐約和洛杉磯這些大都市有許多華人聚居，不過貨真價實的中國香料八角，卻是隔了好一陣子才在美國流行起來。一直到1971年，尼克森解除對中國大陸21年的貿易禁運措施，八角才得以進口美國。起初主要是用來為寵物食品調味。前幾天我在超市看到一個高檔牌子的現成義式牛肉千層麵包裝上，含有這個成份，教我莫名其妙就想到這一點。加了八角之後，成品有點甜膩、有點不實在，不像義大利風味。儘管義大利人愛的茴香含有像八角一樣的精油：茴香腦，可是失之毫釐，差之千里，風味相似的香料之間細微的差別舉足輕重，即使可以互相交換取代，味道也很少能一模一樣。

　　八角是八角茴香這種常綠喬木的種子和種莢，生長於中國西南

方，會開艷如水仙般的黃色花朵，堅硬的棕色果實以八角星形向外伸展，在將熟之時採摘。八角的中文名字意思就是八個角。這個星形的角就是心皮，含有表面光澤的棕色種子。這種喬木栽種到第6年就可產果，並可持續百年以上。

八角磨粉，就是五香粉的主要香料，可以用來醃漬肉類，尤其是豬肉。整顆八角則可用來煮湯燉肉，就像西方烹飪用月桂葉一樣。茶葉蛋就是用茶葉加鹽、八角、醬油熬煮而成，通常都用整顆八角。如果單獨使用，則常見於偏甜重滷的上海菜，讓菜餚有棕紅的顏色。

自十六、十七世紀印度商人把古吉拉特和南印食物帶到馬來西亞以來，馬來西亞烹飪也用到八角。莉琪・科林漢寫道：「印度的混合香料也含有八角，這是中國商人隨身帶到印度半島去的。」[314]只有南印才在香飯裡加八角，尤其是東南部的安得拉邦 —— 海德拉巴（Hyderabad）版本的食譜大半都有八角，印度香料格蘭馬薩拉也加了八角，比如在倫敦高檔餐廳「肉桂俱樂部」（Cinnamon Club）[315]用的那種。越南牛肉湯河粉中也一定要加八角。

荷蘭東印度公司贊助的航海家威廉・史旺騰（Willem Schouten）是第一個由大西洋繞過合恩角（他以自己的出生地荷蘭城市合恩為此地命名）到達太平洋的人，他在1616年頭一次赴爪哇和香料群島時，見到了八角，或如他所稱badiane（波斯名）：

> 它的味道像洋茴香，因此有的人稱它為「東印度群島的洋茴香」，不過它的外觀和結構卻截然不同。[316]

這種香料最先在1588年運往歐洲，是英國探險家卡湯瑪斯・凱文迪許（Thomas Cavendish）掠奪來的貨品，2年前他率3艘船環球航行，只有欲望號（Desire）順利回到英國，這回他也是用這艘船載貨。

滿載掠奪品的欲望號9月9日駛進普利茅斯：凱文迪許的八角並非直接來自中國，而是來自他在菲律賓附近發動攻擊的結果。沒人知道該怎麼使用，只好把它當成和其他香料一樣，加進葡萄酒和啤酒以及甜食糕點（不過並不加在熱食）—— 就像味道更甜更香的洋茴香一樣。這兩者味道雖然類似，但並無關係。出人意料的是，八角配水果十分美味，尤其是配像鳳梨一樣的甜水果，或是加在蛋糕餅乾和如芭芭露（bavarois，一種法式慕斯）的乳製甜點中。它比洋茴香便宜，因此逐漸被用來釀造如茴香酒（Anisette）這類以洋茴香為原料的酒。

到2000年代初，藥界發現八角另一個可以救命的用途，原來它是莽草酸（shikimic acid）的主要來源，這種化合物可用來合成奧司他韋（oseltamivir），也就是大家熟悉的克流感（Tamiflu）。2005年，羅氏（Roche）大藥廠用了大量的八角製藥，造成舉世八角香料缺貨，仲介商趕搭這班淘金列車，打斷了八角平常交易的作業，教南中國的農民大吃一驚。一名農民接受《華盛頓郵報》訪問時說：「以往交易很平靜，如今我整天電話接個不停，全國各地都有人打電話來，盛況空前。」[317]

H5N1禽流感病毒起源的地區正好就有解藥，這樣的巧合實在不可思議。不過雖然傳統中藥用八角來治腹痛頭痛，但未經加工的生八

角對流感並無效果（自2005年起，羅氏創新了一種發酵過程，用大腸桿菌而非八角來製造莽草酸。）

請特別注意，有時用來泡茶用的日本莽草（I. anisatum）有劇毒，會造成痙攣和腎衰竭。

參見：茴香、甘草

鹽膚木（*Sumac*）

Rhus coriaria

鹽膚木通常是以略微潮濕的粗粒鐵質紅色粉末販售，sumac來自阿拉伯文的summaq，意思是「紅」，這是地中海和中東地區野生灌木鹽膚木的果實，把這種如胡椒子大小的漿果或「核果」（drupes）曬乾磨碎即成。這些果實成簇生長，形成錐狀，在夏末收成枝幹，果實則留在枝上讓太陽曬乾，再把它們搓下來。等它們曬乾之後就把漿果磨碎，通常會過篩、濾掉石頭般的種子，不過你也可以買到留有種子的鹽膚木粉末，在黎巴嫩南部的一個市場甚至還有尚未研磨的果實連枝出售。

在伊朗、伊拉克和土耳其，鹽膚木是餐廳放在餐桌上的調味品，撒在烤肉串或燒烤的肉類，也可撒在洋蔥上當開胃菜。在亞美

尼亞，它則加在街頭小販販售的大餅披薩（missahatz）裡增添風味，用蠟紙捲起來吃。鹽膚木漿果也可以整顆使用：略微壓碎，然後泡水20分鐘，這樣得出的汁液可加在作料裡，尤其是黎巴嫩麵包沙拉（fattoush），也可以加在燉魚（samak el harrah）裡。在黎巴嫩和敘利亞，則習慣把鹽膚木和水調成濃糊。

「幾乎所有的黎巴嫩家庭都會準備鹽膚木存貨，」史托巴特在1970年寫道[318]：「自我數年前發現這種香料以來，我自己也常用它，因為它有一種香醇的果酸（和酸蘋果一樣來自蘋果酸），而不像醋那樣明顯，也不像羅望子或檸檬那樣刺鼻。」這話用來形容鹽膚木微妙的酸味，真是一點也不錯。史托巴特還可能提到的一點是，鹽膚木的味道很溫和，可以用湯匙計量，撒在菜上，不過要先注意的是，通常鹽膚木香料內並沒有加鹽。

儘管阿皮基烏斯並沒提到鹽膚木，但它應該是羅馬人愛用的香料。普林尼讚美它收斂止血和冷卻的特性。羅馬人的鹽盧木是由敘利亞進口，故稱敘利亞鹽膚木。泰奧弗拉斯托斯寫道：「製革工人用這種樹木為白色的皮革染色」，還說「這種水果就像葡萄一樣變紅，其外觀就像小扁豆密密生在一起；形式是簇生。」[319]迪奧科里斯建議可用鹽膚木染髮，或者治療月經不順和牙齦的毛病。

中世紀食譜《烹飪之書》（*Liber de coquina*）也提到鹽膚木，用在雞肉和一種蔬果沙拉（Lombard Compost）裡，這是一道酸酸甜甜的開胃菜，用蕪菁、歐洲防風草（parsnips）、無花果、蘋果、梨子、胡蘿蔔、小紅蘿蔔、歐芹和茴香拌在一起，並用番紅花、洋茴香及鹽膚

木調味。有一種中國的品種R. chinensis生在喜馬拉雅山，尼泊爾人用它來作甜酸醬。

儘管自十三世紀起，中東烹飪就經常用到鹽膚木——巴格達底在《巴格達烹飪書》（1226）中就提到它，但在歐洲北部，鹽膚木卻罕為人知，一直到2000年代，才在奧托倫吉和馬洛夫率先帶領之下，由克勞蒂亞‧羅登的手裡接過棒子，開始新一波的推廣。羅登首開先河，細節詳盡的《中東美食》（1968）一書，雖為西方人解開中東飲食之惑，卻因主要成份難以取得，而阻礙了推廣之效。羅登曾說1950年代她由開羅移居倫敦時，根本不可能買到鹽膚木、石榴糖漿之類的材料。這也說明了為什麼該書第1版並沒有提到鹽膚木，而是在1985年改名為《新中東美食》（*A New Book of Middle Eastern Food*）時才出現，其中包含1個食譜fatayer bi zahtar，也就是百里香和鹽膚木派。

當然，如今鹽膚木處處可見，主要是因為社會大眾接受了先前認為是異國風味的中東食物（見〈導言〉）。在鹽膚木的例子中，部份該歸功於奧托倫吉。這位倫敦的大廚在《豐足》（*Plenty*, 2010）書中寫道：「我最近在我家附近的維特羅斯（Waitrose）超市看到香料部門有鹽膚木，我就知道我們的推廣有了一些成果。」書中也介紹了炒棉豆（butter beans，或稱利馬豆）搭配菲達（feta）起司、酸模和鹽膚木。「我知道維特羅斯是高檔的超市，但幾年前有誰聽過鹽膚木或札塔（混有鹽膚木的綜合香料；見〈混合香料總覽〉）？」[320]

起初西方世界或許並沒有把鹽膚木當成食材，不過十九世紀它卻

常用來做工業染料，由西西里出口鹽膚木的樹皮到英國，就是為了這個目的。1860年代蘇格蘭的東方學者亨利‧余爾（Henry Yule）爵士就曾到巴勒莫（Palermo，義大利西西里島西北部）附近的鹽膚木產地切利（Celli）去看如何研磨製造。他說：「研磨的過程並無特別之處，只除了磨坊裡產生特別的香氣。其內部昏暗如倫敦最濃的霧，人走出來一身都是細細的粉末。它的氣味倒很怡人，介於鼻煙和甘菊之間。」[321]

北美共有20多個鹽膚木品種，包括鹿角鹽膚木（R. typhina）、光滑漆樹（R. glabra）和有毒的毒漆樹（R. vernix），以及毒漆藤（R. toxicodendron）。毒鹽膚木整株植物都含有漆酚（urushiol）這種樹脂，會刺激皮膚使之發癢，如果焚燒這種樹木的木材，由煙釋出的漆粉就會破壞肺臟的內層，可能造成致命的結果。美洲原住民都用光滑漆樹和鹿角鹽膚木來治腹瀉、氣喘、感冒和皮疹。納齊茲（Natchez）部族則用香鹽膚木（R. aromatica）的根來治療癤子，他們也把它的葉子和菸草混合吸食，壓碎的果實取汁、摻上楓糖泡鹽膚木茶，或製作冰涼的「鹽膚木水」。

參見：芒果粉、羅望子

花椒（Szechuan Pepper）

Zanthoxylum piperitum

　　花椒的英文有時稱作茴香椒（anise pepper），因為它成熟的種莢和八角有點相似。它沒有毒，但也和粉紅胡椒子一樣，和胡椒沒有任何關係。它是中國土生花椒樹的漿果，故名，中國的五香粉和日本七味粉（見〈混合香料總覽〉）都有這種成份。其植物學名則來自於希臘文 xanthon xylon：「血樹」。

　　辛辣的四川菜大量使用花椒，常搭配八角和薑，並且與鹽混合，製成花椒鹽。除了柑橘味之外，舌頭也有刺麻的感覺。道比說，唐代曾有皇帝以花椒和凝脂奶油配茶吃[322]。它的葉子經乾燥磨細，就是日本調味料山椒的來源，其實它和椒的關係比和漿果的關係更少。

　　花椒有很多品種，它的種子在各地被廣泛運用為香料，包括中

國、印度、泰國，甚至非洲：Z. tessmannii的種子uzazi偶爾會加在奈
及利亞的燉菜裡。西藏花椒則是西藏饃饃（餃子）沾醬的成份。

參見：黑胡椒、天堂子、塞利姆胡椒、粉紅胡椒子

羅望子（Tamarind，酸豆）

Tamarindus indica 或 *T. officinalis*

　　像羅望子和鹽膚木這種酸味劑之所以流行，以往都認為是因為缺乏檸檬之故。在古羅馬，鹽膚木的確可能是因此才受人歡迎，但在印度和中東，檸檬十分常見，這個說法就不太可能成立，何況這種水果的酸甜味和檸檬截然不同，檸檬的酸味是來自檸檬酸而非酒石酸，因此不太可能以檸檬來取代羅望子。

　　tamarind意即「印度的棗子」（來自阿拉伯文at-tamr alhindi），這是一種樹型下垂、能夠擋風的常綠樹，樹皮呈灰色，開成簇的黃色小花，起源於東非，由阿拉伯商人和猶太墾殖者帶入印度喀拉拉邦港口城市柯欽市，在次大陸長得如火如荼。由於很容易種植，因此成了殖民地花園常見的花木。愛麗絲・佩林（Alice Perrin）在〈拉

姆丁出人頭地〉（The Rise of Ram Din, 1906）這個故事中，描述一名印度人帶著兒子到「歐洲大人在城外的住處」，希望能讓他去擔任僕役：「這裡到處是開闊的空間和寬敞的道路，長滿芒果樹、柚木和羅望子，花園美不勝收。」[323] 另一方面，當英國人要赴果阿視察印度領土時，就在耳朵裡塞上羅望子莢以免受到騷擾，因為當地傳說魔鬼住在新鮮的羅望子莢裡，因此當地人稱他們為lugimlee，也就是「羅望子頭」。葛瑞薇太太在《現代藥草》（1931）中把這種迷信發揚光大：

印度本地人認為有羅望子樹木生長的地區不利健康，而且夜晚濕氣重，羅望子樹會呼出酸氣，因此睡在樹下並不安全。有人說這種樹蔭下沒有任何植物能生長，但依筆者在孟加拉栽種花園的經驗，還是有植物和球根植物在羅望子樹下生長得很繁茂。[324]

羅望子香料是取自羅望子樹木彎曲的豆莢，豆莢成熟時呈深褐色，裡面黏稠的果肉包含1-10顆亮晶晶的黑色種子。通常羅望子是以糊狀、濃縮果汁，或是把乾燥破裂的種莢、種子和果肉壓成塊狀出售。如要使用塊狀的羅望子，就剝下1湯匙的量，用150毫升的溫水浸泡10分鐘，不時用手指頭攪動一下。泡出的果汁經尼龍網篩過——不能用金屬網，因為金屬會和酸起作用。敘利亞猶太人會用鹽、檸檬汁和糖把濾出的果汁再煮過一次，以調製醬汁和醃泡汁。中東各地都有類似的濃縮液，常以冰水稀釋，調製沁人心脾的酸味飲

料，就像北美原住民調製鹽膚木飲料一樣。

在印度，羅望子的烹飪用途廣泛，由豆類到豬肉、魚、果凍，由薑味甜酸醬（pulinji）到酸味蔬菜咖哩、香料扁豆燉蔬菜（sambar）和扁豆燴飯（bisi bele bath）。它也會讓秋葵和茄子產生澀味，因此出現在伊朗的燉秋葵和埃及的燉茄子，這也是名廚艾莉格拉・麥克艾芙迪（Allegra McEvedy）在《利昂餐廳系列：成份和食譜》（*Leon: Ingredients and Recipes*, 2008）中的重要菜色。在伊朗，羅望子是像糖果一樣用保鮮膜包裝出售給兒童食用。香料達人加諾特・卡澤說：「羅望子帶酸的水果味和辣椒的辣搭配得恰到好處。」這正是英國咖哩餐廳招牌菜文達盧酸辣咖哩（vindaloo，見〈導言〉）好吃的秘訣所在[325]。

文達盧其實根本不算是印度咖哩，而是果阿版的葡萄牙菜 carne de vinho e alhos——以肉類，通常是豬肉，加上酒醋和大蒜煮（vindaloo是葡語vinho e alhos的訛音）。葡萄牙殖民者在果阿買不到酒醋，只好用羅望子、黑胡椒和將就以棕櫚樹汁發酵而成的醋湊和使用。它在英國大受歡迎，其根源早在1797年英國侵略葡萄牙控制的果阿時就埋下，當時英國人發現這裡的廚師信奉天主教，不像印度教和穆斯林的廚師那樣因為宗教之故而不肯煮食牛、豬肉，因此在英屬印度，果阿廚師十分搶手，薪水高得超乎尋常。〔2003年企鵝版重印探險家理查・法蘭西斯・波頓（Richard Francis Burton）的《果阿與藍山》（*Goa and the Blue Mountains*, 1851），丹恩・甘迺迪（Dane Kennedy）在導讀中說：「十九世紀的果阿是大英帝國的後山，主要

是出口僕役、廚師、辦事員和其他勞工到英屬印度。」〕

文達盧以辛辣出名，有的人覺得這不道地，其實辣並非重點。大部份人認為文達盧的特色是一般咖哩醬加上辣得難以下嚥的辣椒，但根本不是這麼回事。瑞克‧史坦說：「幾年前我們在孟加拉拍影片，導遊告訴我，他有幾個來自錫爾赫特（Sylhet）的朋友在英國開餐廳，他們到我在帕德斯托（Padstow，位於英格蘭康沃爾）的餐廳，吃了鮟鱇魚文達盧，卻認為那根本不是文達盧。我沒有回應，但我的食譜來自於果阿巴嘎海灘（Baga Beach）的朋友瑞‧馬德瑞‧狄亞斯（Rui Madre Deus）。我想我對果阿文達盧的了解恐怕比他們還多。」[326]

在《瑞克‧史坦的印度》（*Rick Stein's India*, 2013）中，史坦的文達盧牛肉食譜用了2湯匙的羅望子水醃漬 —— 這倒可以想見，不過也有人反駁說，當初用羅望子是為了要創造醋的風味，酒醋或麥芽醋不是比較合適？就像在《肉桂俱樂部食譜》（*The Cinnamon Club Cookbook*, 2003）的豬蹄膀一樣；或甚至用蘋果醋，就像瑪德赫‧傑佛瑞在《咖哩國度》（*Curry Nation*, 2012）中的果阿豬肉馬鈴薯咖哩一樣。

咖哩史學者莉琪‧科林漢說，文達盧大受歡迎，讓南印度廚師創造出另一種融合印度-葡萄牙風味的食物：酸辣魚咖哩（ambot-tik），在這道菜中，羅望子教人呲舌的強烈味道依舊有畫龍點睛之效。

克勞蒂亞‧羅登則強調羅望子在猶太烹飪中舉足輕重。她在《猶太食品大全》（*Book of Jewish Food*, 1997）中收有一份絕妙的甜酸（且辣）羊肉食譜，摻入紅椒和羅望子，她把這個食譜歸功於一位山繆

太太（L. Samuel），而這位太太則說是來自於一本「以色列的兒女」（Bene Israel）（猶太印度人）的食譜。

伍斯特醬（Worcestershire Sauce，英國烏醋，或稱辣醬油）的成份原是秘密，不過根據2009年在製作此醬最出名的品牌李派林（Lea & Perrins）總公司垃圾筒找到的一份食譜手稿，此醬就含有羅望子精華——這有道理，因為這個產品源自印度。1836年（左右），孟加拉總督馬可斯‧桑迪斯爵爺（Lord Marcus Sandys）退休返回英國，他到居家附近伍斯特郡的李派林藥房，請他們調製他在印度時喜食的一種調味料——類似羅馬魚醬（Roman garum）的發酵鯷魚醬。藥劑師試了，但結果不佳，他們也就把事拋諸腦後。過了一年半載，店裡在清掃時發現了幾桶這樣的魚醬，這時它的滋味好極了。

羅望子富含維生素C，可分發給船員以預防壞血病。它還有溫和的緩瀉功效，這是因為它含有酒石酸氫鉀〔也就是烹飪用的塔塔粉（cream of tartar）〕。阿育吠陀醫學用它來治療腸胃不適和噁心想吐。

用羅望子葉子泡茶據說可抗瘧疾，而用其種子製糊，可治蚊蟲叮咬和麥粒腫。

薑黃（Turmeric）

Curcuma longa

　　薑黃是最便宜、用途廣泛的香料，這種艷黃色的香料是舉世最常遭嘲笑的食材 —— 咖哩粉的主要成份（見〈混合香料總覽〉）。儘管它辛辣、帶木頭的風味，在任何人看來都絕稱不上清淡，但也不致喧賓奪主。有的書說薑黃之所以大受歡迎，是因為它能「遮蓋腐魚難聞的阿摩尼亞味」。不過有趣的是，它在中世紀的西方從未大紅大紫，因為它的味道和外觀類似的番紅花比起來並不特殊，而歐洲已經有很多番紅花，儘管價格昂貴。

　　薑黃有時被稱為「印度番紅花」或「偽番紅花」。1280年，馬可波羅遊歷中國時看到薑黃栽種的情況，他記載道：「還有一種蔬菜有真番紅花所有的特色，氣味和顏色也一樣，但它卻並不是番紅花。」[327]

但其實薑黃和番紅花共有的特點只是黃色而已，除非你要把它們兩者偶爾拿來當作染料也算進去。印度僧侶用薑黃為長袍上色，就像克里特島的米諾斯（Minoan）文明用番紅花來染上衣一樣，只是兩種染料只要一見陽光，就會很快褪色。

薑黃是薑科的多年生植物，生性強健，開密集的淡黃色錐狀花朵。其英文名turmeric源自拉丁文terra merita——「值得大地」之意。它和薑一樣，生有圓潤黃色的厚根，由其中會長出短「手指」。栽植後10個月即可收成，整個地下根系全部拔起。生薑黃在上市前要先做這些準備：清洗、加工、水煮，然後曬太陽或用熱爐子乾燥，最後磨光，去除它粗糙的表面。在這個過程中，薑黃的重量會減輕3/4。

加工之後，薑黃就按大小分級，品質最高的是「手指」，接著是「圓形」和「片狀」。其根狀莖硬如石頭，很難在家磨粉。這種香料不妨買已經磨好粉的現成品，或者你也可以把生薑黃削皮切片，用在燉菜，或甚至更棒的是，用在醃菜裡。

參見：葫蘆巴

香草（*Vanilla*）

Vanilla planifolia

　　一如英國桂冠詩人菲利普・拉金（Philip Larkin）所形容的，在1960和70年代的英國，任何童年「枯燥乏味」的人，一聽到「香草」這兩個字，就一定會想到鵝黃色的沃爾（Wall's）冰磚、夾在上了糖霜的易脆威化脆餅之間。有趣的是，1970年代正是冰淇淋工程的鼎盛時期。甜筒（Cornetto）就是1976年由義大利史必卡（Spica）公司發明，用油和巧克力隔離甜筒和冰淇淋，使它不會浸得濕透，這種甜筒一出，馬上就拉開和其他冰淇淋的層級。

　　然而單純的香草冰淇淋磚卻有一股教人懷想的力量，讓人回想到1920年代生活還沒有這麼狂亂的時代，肉販湯瑪斯・沃爾（Thomas Wall II）終於實現了他在一次大戰之前就想到的點子，在派和香腸夏

天銷路下跌之時，用他的工廠和員工製造冰淇淋出售。

　　在許多人心目中，香草依舊是最基本的冰淇淋口味，是我們據以踏進更具異域風味領域的基地營。儘管我們自以為大膽，但談到食物，我們卻是保守的族類。提姆・艾考特（Tim Ecott）在《香草：追尋美味之旅》（*Vanilla: Travels in Search of the Luscious Substance*, 2004）一書中說：「英國的冰淇淋顧客90%都會選擇香草口味。」[328]

　　香草冰淇淋不乏高貴的傳承。1784-1789年間，湯瑪斯・傑佛遜（Thomas Jefferson）在當選美國第三任總統之前，擔任駐法大使，在巴黎頭一次嚐到香草冰淇淋，大為驚艷，向廚師〔可能是他的管家艾卓安・波提（Adrien Petit）〕要食譜，傑佛遜手抄的食譜如今存放在美國國會圖書館，內容如下：

　　混合蛋黃和糖
　　把鮮奶油放在燉鍋，開火煮，先加入一根香草棒。
　　快開時熄火，輕輕倒入蛋和糖的混合物。
　　攪拌均勻……

　　有人說把冰淇淋引進美國的是傑佛遜，這話不實。冰淇淋是早在十八世紀中葉的殖民者所製，他們用的可能是漢娜・葛拉斯的《烹飪藝術》（*Art of Cookery*, 1751），成份包括覆盆子。不過傑佛遜在國宴中以冰淇淋款待嘉賓，的確有推波助瀾之效。來賓山繆・米契爾（Samuel Mitchill）醫師形容：「冰淇淋製成冰凍的球狀，包在溫熱的

餅皮中，呈現奇特的對比，彷彿冰剛由爐子裡拿出來似的。」[329]而傑佛遜在巴黎時向美國駐巴黎代辦官員威廉‧薛特（William Short）下的食物訂單中，也經常包括他在當地找不到的香草莢。

香草蘭莖幹呈綠色，性好攀爬，英文名稱 vanilla 源自西班牙文的 vainilla，意思是小的種莢（vaina），原生於墨西哥東南、中美洲和西印度群島的雨林，共有上百個品種，但舉世所有人工栽培的香草，幾乎都是來自香草蘭（vanilla planifolia，亦稱香莢蘭），野生可以長到80英呎（24公尺）高。它狹長的種莢在尚未成熟時就收獲，剛採收時並沒有任何香味。要烹調種莢，必須先把它們浸泡在熱水裡殺青，強迫發酵，讓它出水10天（平放在太陽下曝曬一段時間，再包在毯子裡，把熱氣悶在裡面），最後再在太陽下曬乾。

這個加工過程稱作「波本法」（Bourbon method），是以法屬波本島這個印度洋島嶼為名（在1793年重新命名為留尼旺島），因為這種方法就是源自於此。加工過程歷時約5、6個月，期間香草豆會喪失4/5的重量。這是個繁瑣的工作，需要時時警覺：農民把它比喻為照顧新生嬰兒一樣。等加工過程到尾聲時，就會形成香草精（vanillin，香蘭素、香草醛）結晶，稱作香草霜（givre），不過不知為了什麼原因，大溪地的香草莢雖沒有香草霜，卻依舊有香味。1970年代，美國味好美（McCormick）香料公司在烏干達設立工廠，要以速成法為香草莢加工，不過並未成功。

烏干達香草業一直到1990年代才又復興，如今許多規模較小的烏干達業者都喜歡用波本法加工，因為效果較好。法屬島嶼（留尼

旺、模里西斯和馬達加斯加島）的加工香草盛極一時，超越了二十世紀初曾是世界香草生產中心的墨西哥。1929年馬達加斯加已供應全球8成的市場，迄今依然。

由於香草極其昂貴 —— 供不應求，因此合成香草精也就大行其道。道比說：「英國的廉價『香草冰淇淋』根本沒有多少香草，乳脂更低，早該換個名稱。」[330]人工香草精是一種結構與丁香酚（丁香所含）和異丁香酚（豆蔻）類似的酚類化合物，可以用焦油、或更常見的是用造紙過程中的副產品造紙廢液，輕而易舉地製造出來：

> 造紙廢液主要的成份是木質素，是陸地植物細胞壁之間的物質。木質素使植物堅硬，佔木材25%的淨重。它並非化合物，而是不同酚類交叉組成的聚合物。[331]

合成香草精有趣的地方在於儘管它是用人工過程製造，但卻並不是假的，也不是仿製品，它和香草豆的天然香草精一模一樣。只是香草豆的香草精味道更豐富 —— 香、甜、有麝香氣息，這是因為其他無數的化合物之故。因此諷刺的是，合成香草精的純粹反而對它不利，讓它的香味粗糙刺鼻，並且餘味帶苦。儘管如此，以木材為基礎的香草精在釀酒天地中卻別有用處：「葡萄酒貯放在橡木桶時，香草精分子由木材濾出，促成陳釀（ageing）的變化。」[332]

香草已知最早的用法，是作為巧克力的調味品。1520年，西班牙征服者在墨西哥時，當時還是士兵的貝爾納・迪亞斯・德爾・

卡斯蒂略（Bernal Díaz del Castillo）注意到阿茲特克的蒙特蘇馬（Montezuma）皇帝飲用巧克力時添加了阿茲特克人稱為tlilxochitl（研磨的黑色香草莢）的香料和蜂蜜，他還注意到阿茲特克人喝的巧克力是冷的，還加上濃到「一定要把嘴巴張到很大」才能喝的泡沫。這個士兵後來寫書記錄了西班牙征服者埃爾南·科爾特斯（Hernan Cortes）的歷史。

香草蘭最早的書面紀錄始於1552年，出現在梵諦岡圖書館的藥草書《巴迪亞納斯藥典》（Badianus Code，以翻譯者阿茲特克文明的學者巴迪亞納斯為名，他把書由阿茲特克文譯為拉丁文）。作者如此記錄tlilxochitl的功效：「可以用來綁成小花束，其飲料可預防感染，旅遊時可戴在脖子上。」[333]1602年，英國女王伊莉莎白一世的藥劑師，埃塞克斯的休·摩根（Hugh Morgan）建議可多多運用在烹飪上，女王在暮年時非常喜愛其風味，因此下令她所有的食物都要用香草調味（不過好幾種香料都有類似的故事，難辨真偽）。到1700年，法國人已經開始用它來為香菸增添香氣。

目前人工栽植的香莢蘭主要分為4種：分布在印度洋島嶼的波本種；法屬玻里尼西亞的是大溪地香莢蘭，有花香味，屬 V. tahitiensis 品種；西印度香莢蘭屬 V. pompona 品種，主要在加勒比海地區栽種；還有墨西哥香莢蘭，屬 V. planifolia 種，但有時摻混零陵香豆（tonka bean，黑香豆）精。

大情聖卡薩諾瓦（Casanova）和薩德侯爵（the Marquis de Sade）都以香草為催情劑。卡薩諾瓦曾吃下一絡塞在甜點裡的情人頭髮，用

「龍涎香、歐白芷、香莢蘭、胭脂蟲粉和安息香精」調味。薩德則喜歡以香草和有刺激尿道功效的斑蝥（西班牙蒼蠅）製成的巧克力布丁招待晚宴賓客。為了逃避檢查，薩德由獄中寫的書信用了密語，「香草」的意思是「提升高潮的春藥」[334]，「馬尼拉」則意指自慰。1784年，薩德由獄中寫信給妻子：

> 我很清楚香草會使人過度亢奮，應該節制馬尼拉，但我還能怎麼辦？只有那個……早上1小時5次馬尼拉，……晚上足足半小時再做3次……

＊　＊　＊

香莢蘭的花不容易授粉。1836年比利時植物學家查理‧莫倫（Charles Morren）發現，除非墨西哥和中美洲無刺的麥蜂（melipona）協助授粉，否則這種植物難以自行結果，而且因為這種蘭花只開1天，因此可以授粉的時限很短。法國人想把香莢蘭移植到模里西斯、馬達加斯加和留尼旺島，但一直不成功，直到1841年留尼旺島上一名12歲的奴隸艾德蒙‧厄比爾斯（Edmond Albius）發明了人工授粉的方法。他用竹竿的尖端挑起花蕊柱頂端的蕊喙（rostellum），也就是分隔雄蕊花藥和雌蕊柱頭的片狀物，再用拇指把黏黏的花粉壓進柱頭。

艾考特解釋說，不久「大家都來請艾德蒙，用馬車載他到其他的種植園去，向其他奴隸展示『蘭花結婚』的技巧。這種『艾德蒙的動

作』（le geste d'Edmond）讓許多奴隸的主人都發了大財。」[335]

然而厄比爾斯本人並未獲利。1848年法國廢除殖民地的奴隸，他也恢復自由身，但沒多久就因偷竊珠寶遭定罪，判刑10年，後來因為考量到他對香草業的貢獻，才予以減刑。

高品質的香草精就和香草豆一樣實用且有效，只是就算適當保存，期限也只有10年，因此不用太在意花費。如果把香草豆存在糖裡，糖就會有香草味，曾辦過學校蛋糕義賣的人就知道，如果烘焙時加了太多香草，就會有教人作嘔的效果。《蜂鳥蛋糕店完全食譜》（*Hummingbird Bakery Cookbook*, 2009）對此有不少著墨 —— 不過《廚房》（*Kitchen*, 2010）中奈吉拉・勞森（Nigella Lawson）的魔鬼蛋糕把香草、黑糖和高品質的可可混在一起，製作出就連蒙特蘇馬皇帝也會讚不絕口的蛋糕。

香草是許多加工食物和飲料中的成份 —— 有時是秘密成份。多年來一直有傳說它也是可口可樂配方的成份，而且它的確出現在可樂發明人潘柏頓日記的「原始」食譜中。艾考特重述了香草商和香草農都相信的一則軼事，那就是1985年可口可樂推出新配方的「新可樂」，用意不只是要藉著加更多糖來打敗味道比較甜的對手百事可樂。他認為，香草的成本和是否可以取得，往往會大幅波動，可口可樂為了減少對香草的依賴，因此大幅減少可樂配方中的香草量。這種說法聽來很有道理，只是不能解釋為什麼到2002年該公司卻反其道而行，推出香草可樂，雖然一開始推出時跌跌撞撞（停產後又重新再推出），但後來依舊在全球大受歡迎。高檔冰淇淋廠商還是喜愛真正

而非人工合成的香草，不過在冰淇淋裡添加黑色的香草種子以表示貨真價實，則純屬噱頭：這種種子並沒有什麼味道。

香草也添加在加利安諾香甜酒（Galliano，義大利香草酒）等酒類，和牛奶布丁最搭，如藍帶廚藝學院（Le Cordon Bleu）的招牌香草布丁（crème à la vanille）。中世紀飲料蛋酒（eggnog）的現代版大都含有香草。我個人最愛的是《歡慶》（*Celebrations*, 1989）中克萊兒・麥當諾（Claire Macdonald）的蛋酒和巧克力派，香草用在派皮上，而非餡料中。

在香水中，香草常構成基調 —— 也就是在較有衝擊力但很快就揮發的氣味消失之後，還不散的餘香。

苦艾（Wormwood，中亞苦蒿）

Artemisia absinthium

苦艾是多年生植物，有強烈的辛辣味，葉呈灰綠色，上覆細毛，開管狀的黃花。它栽培容易，歐洲、北美和亞洲都有分布，經常為裝飾觀賞栽植，性喜未開發的乾燥多岩斜坡。

它該算香草植物或香料？和它屬同一家族的龍蒿（A. draculuncus）總被當成香草植物，而且苦艾可用的部份是它乾燥的葉片，可是，我明知這樣含混不清並不科學，但是我覺得它比較像香料。它的作用比較像香料，發揮了我們在〈導言〉提到的「香料效果」，自古就用來為泡製的飲料和酒精飲料添加提神醒腦的苦味，包括蜂蜜酒（mead）和波酒（purl），這是塞繆爾·皮普斯喜愛的一種加烈（fortified）的啤酒，英國首屈一指的啤酒達人馬丁·柯奈爾

（Martyn Cornell）說它是：

> 把啤酒加熱到快要沸騰的程度……加上一杯琴酒，通常是以
> 10份啤酒兌1份烈酒的比例混合，然後隨個人喜好加料：一
> 般是加苦味的材料，比如羅馬艾草（（Roman wormwood，
> 沒有「標準」苦艾那麼苦），可以再加上橘皮、薑，至少到
> 十九世紀中葉時，也加入糖。[336]

　　wormwood這個英文字就像vermouth（苦艾酒）一樣，源自古
英文字wermod，或許是指它原先用來治條蟲（tapeworm）的功效。
1996年在埃塞克斯的村莊史坦威（Stanway）發現了一個鐵器時代
德魯伊（druid，凱爾特民族的神職人員，擅長運用草藥醫療）的
墳墓，他的工具包括了手術刀、牽引器和外科手術的鋸子，還有過
濾器，裡面殘留蒿類植物的花粉。用這樣過濾的茶應對某種病有療
效──可以驅蟲或治療性病、催經或墮胎。伊夫林就有醫療用苦艾
酒的藥方，「每天清晨4或5點」時飲用，然後再回去睡覺。他告訴
我們，此方「治療呼吸急促極為有效」[337]。

　　不過我們最熟悉的苦艾用途，還是和洋茴香、茴香一起作苦艾
酒的調味料。按照不可考的浪漫民間傳說，之所以會發明這種味道
難喝的酒，要歸功於一位法國大革命的政治難民皮耶‧歐迪內荷醫
師（Dr. Pierre Ordinaire），他在1790年代定居瑞士西部的納沙泰爾
州（Neuchâtel）。原始配方其實是由當地的藥劑師亨麗埃特‧亨瑞

歐德（Henriette Henriod）所發明，賣給顧客丹尼爾－亨利・杜比德（Daniel-Henri Dubied），這個「仙丹妙藥」能治療他的消化不良，提升性欲，教他大為佩服，後來由杜比德的女婿亨利－路易・波諾（Henri-Louis Pernod）量產，到1849年，波諾已經在法國東部弗朗什－康地省（Franche-Comté）經營25間釀酒廠。

苦艾酒大受拿破崙三世第二帝國時期巴黎中產階級的歡迎，飲用苦艾酒的最佳時光是晚間6-7時的綠色時光（l'heure verte），可是在根瘤蚜（phylloxera，一種寄生於葡萄的害蟲）拖垮了法國的葡萄酒業之後，苦艾酒作為中產階級常喝的烈酒的地位也岌岌可危。摻雜其他成份的廉價苦艾酒取代了葡萄酒，成為貧苦大眾的飲料，最後飲酒的人經常作出放蕩的行為，影響了這種烈酒可敬的名聲，結果苦艾酒成了世紀末頹廢風氣的代名詞，為作家和藝術家提供了現成的題材，許多藝文圈人士〔魏爾倫（Verlaine，法國象徵派詩人）、韓波（Rimbaud、法國詩人）、波特萊爾、梵谷、土魯斯－羅特列克（Toulouse-Lautrec，法國畫家）〕都大量飲用。喜愛苦艾酒的英國人則包括王爾德和奧伯利・比亞德斯利（Aubrey Beardsley，英國插畫家）。

馬奈1859年的畫「喝苦艾酒的人」（The Absinthe Drinker）是一幅秋天色調的幽暗人像畫，畫的是嗜酒成性的拾荒者柯拉代，他戴著禮帽，身披斗篷，彷彿貴族。（他身旁壁架上半滿的苦艾酒是很久之後才加上去的，介於1867和1872年之間。）馬奈的老師托馬・庫蒂爾（Thomas Couture）看了之後大驚失色說：「喝苦艾酒的人！他們

竟然讓這些討厭鬼入畫！」竇加（Degas）畫的「苦艾酒館」（Dans un café，1876）後來在1893年改名為「苦艾酒」（L'Absinthe），他用了兩位模特兒，畫中並沒喝苦艾酒的那位是畫家兼蝕刻藝術家馬賽林·德斯柏丁（Marcellin Desboutin），另一位則是女演員艾倫·安德荷（Ellen Andrée）。這兩幅畫一開始都因評家認為畫作主題低俗而遭痛批。

研究苦艾酒的史學家賈德·亞當斯（Jad Adams）指出，竇加畫「苦艾酒館」時，「苦艾酒已有各式各樣的傳說：它是藝術家的迷幻藥，窮人的毒品，小資產階級世故的飲料。另外還有未經證實的恐怖說法，說苦艾酒會讓人變壞、發狂。」[338]

社會大眾對苦艾酒效果的憂慮，又經英國通俗小說煽風點火，比如瑪莉·柯雷利（Marie Corelli）的《苦艾：一齣巴黎劇》（*Wormewood: A Drama of Paris*, 1890），敘事者是中產階級賈斯頓·波維，他痛飲苦艾酒，結果成了「鬼鬼祟祟的野獸，半猴半人，外貌醜惡，精神狂亂，眼睛殺氣騰騰，如果你不巧在白天碰到我，可能會驚聲尖叫」[339]。

各國政府在社會大眾的支持下，禁絕了苦艾酒。到1915年，美國和包括法國在內的大部份歐洲國家都已禁止這種酒，到1988年，歐盟所有的國家都對此酒解禁，唯獨法國不然，不過法律還是有漏洞，只要不用苦艾酒的名稱，用苦艾製造的酒精飲料依舊可在法國出售。法國一直到2011年才取消禁令，原因是為了要和瑞士釀酒商對抗，因為後者想說服歐盟，說這種飲料就像帕瑪火腿（Parma ham）

一樣，是地方特產，應該有獨佔的製造權。

不論苦艾酒有什麼效用 —— 我們馬上就會討論到這些，它影響健康的主要原因，是在於它含高量酒精：通常酒精度是在65和72%之間。這些酒精的作用之一是要保持溶液中的油，苦艾酒喝前要兌水，一旦加了水，酒就乳化，原本綠色的液體就變成雲霧狀，這種呈乳白色的現象稱作'louching'，其他洋茴香酒如烏佐酒、法國茴香酒和土耳其茴香酒拉克酒（raki）也會發生同樣的現象。

苦艾引人爭議的地方，主要是這種植物所含的化學物質側柏酮（thujone），據說它正是苦艾酒影響精神心智的主要原因，即使只食用少量，都可能會造成抽搐和腎衰竭；然而極度濫用酒精也會有同樣的後果。

苦艾中毒的歷史紀錄敘述的是類似吸食大麻的效果，比如王爾德談到苦艾酒對小說家艾達・勒弗森（Ada Leverson）產生的影響：

> 拿一頂高禮帽放在眼前，你以為你看清了它的面目，但若你從未聽過這個東西，現在突然見到它，就會產生害怕或可笑的感受。苦艾酒產生的效果就是這樣，這也是它為什麼使人瘋狂的原因。[340]

到十九世紀末，歐洲藝文圈對文明社會的未來都抱著悲觀的看法，關於「墮落」的理論集中在有機衰退 —— 如威爾斯（H. G. Wells）《時間機器》（*The Time Machine*, 1895）的旅行者一樣。法國精

神病學家范倫丁‧麥格南（Valentin Magnan, 1835-1916）認為酒精是墮落的催化劑，尤其是苦艾酒，因為他認為苦艾酒引發的瘋狂會遺傳。麥格南做了大規模的研究，要了解酗苦艾酒的人體驗到的「苦艾酒效果」是否會超過一般酗酒者所體驗的感受。麥格南認為會，因此信心滿滿地說：

> 苦艾酒的作用和顛茄（belladonna）、莨菪（henbane）、曼陀羅花（datura）和印度大麻（haschisch）一樣，不像酒精那樣需要時間吸收，因此在苦艾酒的酒精還未發生作用之前，就能很快地造成幻覺或精神錯亂。[341]

　　遺憾的是麥格南所做的實驗極其粗糙，他把一些天竺鼠關在玻璃罐裡，旁邊放一碟苦艾精油；又把另一些放在一碟純酒精旁，前者吸進了苦艾蒸氣之後出現癲癇抽搐，蒸氣裡所含的側柏酮量遠高於苦艾酒內的含量。苦艾酒內所含的側柏酮其實微乎其微。2005年所做的一項研究按照1899的配方重新調製三種苦艾酒，並用氣相色譜法–質譜法測試，發現每公升最高僅含有4.3毫克的側柏酮[342]，換言之，在苦艾酒遭禁之前，這種酒含有的側柏酮量恐怕是過度渲染。苦艾酒並不是迷幻藥。

　　當今有些苦艾酒廠商吹噓他們的產品含有高量側柏酮，但苦艾協會（Wormwood Society）網站委婉地指出：「早在你由苦艾酒中攝取足量的側柏酮之前，就會因酒精中毒而死。」

在聖經啟示錄中，由天上落下名叫苦艾的一顆大星，它的苦味造成許多人死亡，這種苦艾應該不是前面所說的苦艾，而是「聖經苦艾」，或者叫茵陳（A. judaica），是以色列、埃及和沙烏地阿拉伯特有的品種。也有人說是在以色列沙漠地區處處可見的艾蒿（A. herba-alba）或「白蒿」（white wormwood），西奈半島和內蓋夫沙漠（the Negev）的貝都因人用來泡茶。在聖經上出現8次，常被譯為苦艾的這個希伯萊字是laanah，不過麥可・佐哈利（Michael Zohary）在《聖經植物》（*Plants of the Bible*, 1982）書中指出，laanah沒有正確的譯名，也沒有上下文顯示它是味苦的植物：「因為它常和毒芹一起出現，因此有些學者認為這兩者是同義詞，就像聖經上其他成對出現的植物一樣。」[343]

參見：豆蔻、罌粟子

鬱金（*Zedoary*）

Curcuma zedoaria

香料之所以會褪流行，常常是因為它們的味道不夠獨特，因此被味道相似但效果更強的競爭對手取代，鬱金就是如此。這種帶樟腦氣息的苦味香料原生於印度東北，但後來全亞洲都有栽植，屬於薑科，其棕色的地下莖略帶芒果味，但味道像薑。鬱金開黃花，生有紅和綠色苞葉。栽下之後要2年才能收穫。

鬱金在印尼稱作kentjur，它常混在泰式沙拉中生食，或者加入印尼的糯米肉丸和當作拌什錦燙青菜沙拉加多加多（gado-gado）的花生醬，或者做成印度式的醃菜（achar）。它常和薑與薑黃混合，為海鮮咖哩添加辛辣的前味。賣相可呈粉狀，也可成乾燥片狀，表面呈灰色，內部則是黃色。其根部所含的澱粉質稱作shoti，在印度當成增稠

劑使用，在印尼則作為嬰兒食物。

大體而言，如今鬱金的用途和六世紀時阿拉伯商人最先把它帶到歐洲時的用途一樣，較常作為香水和藥物，而非用於烹飪。它是印度滑石粉abir的成份，印度人把它撒在衣服上，在色彩節（Holi Festival）時也把它拋上空中。中國唐朝（618-906）時期則把它和番紅花與樟腦混合，撒在皇帝面前的路上。

在希臘羅馬的藥典上，並沒有鬱金的蹤影，但有趣的是在盎格魯薩克遜的醫藥和祈禱書《治療》（*Lacnunga*）中，卻記載它在十世紀前就出現在英格蘭，有個特別的用法是用它來調製預防遭精靈迷惑的「神聖飲料」[344]。

不過道比指出，這種香料的全盛期似乎是中世紀，阿拉伯和歐洲的作者都常把它和一種稱作球薑（Zingiber zerumbet）的野薑混淆：「兩者都來自東方，而且兩者的名字都是由阿拉伯文譯為歐洲語言（zadwâr, zarunbâd）。」[345]他引用寇佩柏的話說，雖然這兩種植物外觀不同，但效果卻一樣：「兩者性熱和燥都達第二級，可以驅風、解毒、調經、止吐、預防疝氣和驅蟲。一次可吃半打蘭[346]。法國御醫尚・德・何諾（Jean de Renou）在《藥方》（*Medicinal Dispensatory, 1657*）中說，鬱金和球薑相關，但「較通俗而名聲不好」。他還說：「在整個歐洲，幾乎都沒人看過兩種植物的全株。」[347]

球薑在原產地印度稱作kuchoora，在馬來西亞則稱為lempoyang，常用在香水和肥皂裡。這種植物生有多葉的莖，頭狀花序長達3英吋，其中有許多黃白色的小花。這些球莖成熟之後就會變

成艷紅色，在處理時會冒出芳香的水狀汁液，可以飲用，也可作為洗髮精，因此球薑亦有「洗髮薑」之稱。

法國蒙佩利爾（Montpellier）的醫師伯納・德・戈登（Bernard de Gordon）十三世紀末在他的《百合植物藥典》（*Liliumm medicinae*）中說：「如今常有的一種新作法是：把磨細的鬱金種子配湯或酒喝，顯然它能殺所有的寄生蟲。」人類史就是人類遭寄生蟲侵擾的歷史，迄今流行病學者依舊計數舉世人口的「寄生蟲量」（worm burden），這個量在中世紀必然特別高。醫學百科全書《醫藥綱領》（*Compendium medicinae*, 1230年）的作者吉伯特斯・安格利柯斯（Gilbertus Anglicus）醫師就曾見過寄生蟲嚴重到把病人逼瘋的病例：

> 他們時而狂亂，時而暴躁，時而憂鬱，時而則像昏睡的中風病患一樣靜默無聲，時而像癲癇患者一樣倒地，時而好像在子宮裡窒息一樣，時而像一陣陣的痢疾，時而則像坐骨神經痛一樣咬牙喊叫，時而則像疝氣一樣捶打自己的肚子。[348]

德・戈登是最先指出麻瘋、疥瘡和炭疽病會傳染的醫學作者之一，他對鬱金的說法就像他對其他許多題目的發言一樣，很有說服力，不過世上不乏驅蟲藥，最流行的是普及的苦艾，艾草、唇萼薄荷和桑白皮（mulberry bark）也可以使用。

按照體液之說，這些都是性熱而燥的藥物，用來對抗蟲體活躍的陰冷狀態。由於鬱金稀少罕見，意味著只有很少時候才會用它。醫學

史學者路克‧迪梅特（Luke DeMaitre）認為人們相信鬱金有療效，純粹是因為它神秘。如鬱金和由抹香鯨腸道所產生的蠟狀物質龍涎香之所以「備受珍視，全是因為它們來自異國，價格高昂之故」[349]。

　　不過傳統中醫大量使用鬱金來治療消化不良和調經。有時鬱金稱為「白薑黃」，有時這個詞又不只包括鬱金，也包括在四川、廣東和廣西省生長的近親蓬莪朮（C. phaeocaulis Val.）。傳說鬱金有淨化的功效，這或許可以解釋它為什麼會出現在如瑞士苦茶（Swedish Bitters）之類的苦味藥飲中。醫界也發現，由鬱金分離出來的一種倍半萜（sesquiterpene）── 去氫氧薑黃二酮（Dehydrocurdione），在關節炎的老鼠身上測試時，有抗炎之效[350]。

參見：薑、薑黃

混合香料總覽

　　以下是全球常用混合香料的綜合資料（醬狀、液狀和乾粉）。請記住，其中大部份，尤其是來自印度、非洲和東南亞的混合香料，並沒有單一固定的配方，其組成會根據地區、家族、廚師，和食物形式而有許多變化。請不要因此而畏懼，大可自由發揮！

阿德魏（Advieh）

　　阿德魏 —— 即波斯文的「混合香料」之意，這種溫馨芬芳的波斯香料通常一定會有薑黃、肉桂、丁香、小豆蔻、薑和孜然，常是各家自行混合，而非買現成混合好的成品，不過廣義說來，它很像格蘭馬薩拉或甚至像咖哩粉（見〈咖哩粉〉）。廚師可能以一種組合來煮羊肉大餐（可以消油解膩），再以另一種調配法撒在米飯上。食物作家亞倫・大衛森說明了伊朗南部和西北部兩地的阿德魏成份之差異，南部的成份大約如上所述，不過不用薑，而西北部的則更精緻細膩，還添加玫瑰花瓣或花蕾。娜米耶・巴特曼格莉吉（Najmieh Batmanglij）在《波斯味》（*A Taste of Persia*, 2007）中所列的混合配方雖簡單卻很有味道，包括2大湯匙玫瑰花瓣、肉桂和小豆蔻，再加上

1大湯匙孜然。

蘋果派混合香料（Apple Pie Mix）

竟然有人寧可買這種現成的香料，而不自己動手混合，實在教人訝異。這種混合香料通常含有肉桂、丁香和豆蔻。有人認為目前流行添加小豆蔻和薑，純屬畫蛇添足。（見〈英式混合香料〉）

在美國還流行一種類似的混合香料：「南瓜派香料」，通常含有多香果。十七、十八世紀，英格蘭也流行南瓜派，下面是漢娜·伍莉在《淑女良伴》（*The Gentlewoman's Companion*, 1675）一書中的南瓜派食譜：

> 取1磅南瓜切片，一把百里香，一點迷迭香，去莖的甜馬鬱蘭，全部切細；然後拿肉桂、豆蔻、胡椒和一些丁香打勻，再加入10個蛋打勻。按個人喜好加糖，像煎餅一樣煎熟、待涼，接著再以如下方法填入派餡：把切成薄片的蘋果排成圓形，鋪一層餅皮，再一層蘋果，每層之間填入醋栗，在完成之前要確定已經放入適量的甜奶油。烤派時，拿6個蛋黃，一點白酒或酸葡萄汁，調製成不要太濃的飲料；切開上層派皮、把它倒進去，趁著蛋和南瓜尚未定形之前攪拌均勻，然後上桌。[351]

巴哈拉特（Baharat，阿拉伯混合香料）

這種中東混合香料名字很有異國風情，其實它的意思和阿德魏一樣，是描述其基本的產品：巴哈拉特就是阿拉伯語的「香料」之意，顯然源自梵文巴哈拉塔（bharata），意思是印度次大陸。

巴哈拉特基本的成份是黑胡椒、桂皮或肉桂、丁香、芫荽子、孜然、豆蔻和乾紅辣椒。有時會稱為黎巴嫩七香粉（並用葫蘆巴代替薑）。在土耳其，這種香料常加入薄荷，在敘利亞則加入多香果，在波斯灣各國，則在巴哈拉特中添加月桂葉和乾萊姆粉，是調製雞肉飯（kabsa）的混合香料。美國食物史學家吉爾‧馬克斯（Gil Marks）說，伊朗人用巴哈拉特為charoset（乾果、葡萄乾和水果丁混合成沙拉糊）調味，這是猶太人在逾越節晚宴上吃的食物。

柏柏爾（Berbere）

柏柏爾來自衣索比亞和厄利垂亞，這種香料中含有葫蘆巴、印度藏茴香、大蒜、辣椒、芸香、黑種草和薑，通常還會加入的一種成份是「假」豆蔻或「衣索比亞」小豆蔻，稱作科拉利瑪（korarima，即Afromomum corrorima）。在衣索比亞，調製這種香料手續繁雜，辣椒要先在太陽下曬3天，才能和其他香料混合，再拿出去曬乾，其結果就是又辣又香的香料，最適合加在咖哩燉雞（doro wat）和燉羊肉（yebeg alicha）等菜色中。

1887年，泰杜‧畢圖（Taytu Bitul）女王在新建城市阿迪斯阿貝巴（Addis Ababa）的恩陀陀馬里亞姆教堂（Entoto Maryam）舉行奉

獻儀式，為此辦了盛宴，宰殺了5,000多頭牛羊，並且設計用木槽引蜂蜜酒為「河」，流入宴會大廳。柏柏爾應能反映出衣索比亞貿易網的規模，因此極具象徵意義，它含有紅椒、大蒜、薑、搗爛的紅蔥、芸香、羅勒、丁香、肉桂,小豆蔻、天堂子和印度藏茴香：「這些椒類在1600年代非常稀少，十分寶貴，但到1887年卻已經成為帝國低地和東非大裂谷佔領地的主要作物了。」[352]

比札阿舒瓦（Bizar A'shuwa，阿曼混合香料）

這是源自阿曼（Oman）王國的混合香料，潔兒‧諾曼（Jill Norman）在《香草和香料：廚師參考書》（*Herbs and Spices: The Cook's Reference*, 2015）中，按照《Al Azaf：阿曼烹飪》（*Al Azaf: the Omani Cookbook*）一書中拉米斯‧阿布都拉‧阿泰（Lamees Abdullah Al Taie）的一則食譜列出其成份：孜然、芫荽、小豆蔻、辣椒、薑黃和丁香混合，再加醋和大蒜調為稠糊，抹在肉上。

肯瓊（Cajun，卡疆）

十七世紀法國殖民北美東北，稱該地為阿卡迪亞（Acadia），後來英國人把阿卡迪亞人驅逐出境，稱為「大動盪」（Great Derangement）。阿卡迪亞人的後代在十八世紀到路易斯安納南方定居，和其他族群通婚，就被稱為「肯瓊」（可能是阿卡迪亞衍生出來的字）。肯瓊飲食結合了法國傳統、克里奧（Creole，指1803年美國購買路易斯安納之前，具有法屬路易斯安納原住民血統者）菜

餡和美洲原住民菜餚，創造出什錦飯（jambalaya）和海鮮秋葵濃湯（gumbo）等菜色。這種菜餚常用的香料包括卡宴辣椒、紅椒粉，可能也有孜然；另外還有1868年在路易斯安納發明的塔巴斯科辣醬。此外可能還含有大蒜。

卡薩里普（Cassareep）

一種如高湯般的濃湯底，用來做辣味燉鍋（pepperpot，西印度群島菜色，以肉、魚、蔬菜燉煮）。在圭亞那是以木薯塊根製作，添加丁香、肉桂、黑胡椒和卡宴辣椒。卡薩里奧有很強的抗菌效用，添加在燉菜中，即使在炎熱的天氣，也可以好幾天不放冰箱而不會腐壞。但木薯塊根含有氰化氫，如果在烹調之初煮的時間不夠久，食用就可能會致命。

恰馬薩拉（Char Masala）

阿富汗的混合香料 —— 用相同等份的肉桂、丁香、孜然，和黑或綠豆蔻*混合調製，經常加在香料飯裡。

摩洛哥青醬（Chermoula）

北非飲食中的一種辣味醃泡汁或調味品，其成份按每道菜而有變化。有許多種配方，我的是採取吉莉·貝桑（Ghillie B. Başan）在《塔吉鍋》（*Tagine*, 2007）書中的食譜。她用塔吉鍋烤羊肉配榲桲、無花果和蜂蜜菜色中的青醬含有大蒜、薑、紅辣椒、鹽、芫荽、歐芹、

---

* 綠豆蔻，新鮮的小豆蔻即綠色的、帶草香，黑色即陳年的。

磨碎的芫荽子、磨碎的小茴香子、橄欖油、蜂蜜和萊姆汁。塔吉鍋魚肉的青醬則有醃檸檬和薄荷，味道略有不同，捨棄了薑、芫荽子和蜂蜜，加入番紅花。

中國五香粉（Chinese Five-Spice Powder）

中國各地和越南都常用這種味道細膩微妙的混合香料，通常含有等量的桂皮、丁香、八角、花椒和茴香子，不過有些配方則包含了甘草、薑、豆蔻和薑黃。五香粉經常包括5種以上的香料，其名稱的內的「五」應是與中國五行（金木水火土）相關，味道當然也至少為5種（酸、甜、苦、辣、鹹），在五香中有分別的代表。五香粉尤其適合加在鴨和豬等富含油脂的肉類。

咖哩粉（Curry Powder）

curry（咖哩）這個字是泰米爾語kari和葡萄牙文caril兩字衍生的第二代，意即「醬」。不過在作為殖民地的印度，此字舖天蓋地，用在許多不同的地方菜上，成了英印飲食中的重要菜色。食物史學者科林漢說，這種菜式「吸收了印度各個地區的烹飪技巧和成份，在次大陸的東西南北都有人食用」。不過食用咖哩的人其實只有英國人，「沒有印度人會說自己的食物是咖哩」[353]。

英國人知道在果阿吃的食物和在旁遮普（Punjab）等印度其他地方的不同，他們想把這些食物分門別類（比如「馬德拉斯咖哩」比較辣，呈紅色），結果更加模糊含混。蒙兀兒式的菜式科瑪（korma）

一字，源自烏爾都語kormah，意思是「燜燒用」，然而搬到英國咖哩屋之後，卻成了像樹根一樣、淡而乏味的杏仁加椰奶，迄今在許多英國咖哩店都還可嚐到。所謂的科瑪變成和英國中世紀香料烹飪和印度菜混合在一起的菜式。

英國食譜中最早的'currey'出現在葛拉斯《簡易烹飪的藝術》（1747）。她身為諾森伯蘭（Northumberland）富裕仕紳的女兒，但婚姻不幸福，在貧困中以寫作食譜排遣。她在前言中說：「我相信我嘗試了至目前為止從沒有人覺得值得寫的烹飪法。」她把先前只是零散四方的食譜收集起來付印，有趣的是，她的咖哩只有用芫荽子和黑胡椒，可是在準備這些材料時，她卻十分挑剔：

> 拿兩隻禽鳥或兔子，切成小塊，3、4個小洋蔥去皮，切細丁，30粒胡椒和1大匙米。用乾淨的鏟子在火上把一點芫荽子燒黃，搗成粉末，再加1茶匙鹽，把它們全部混入肉裡，所有的材料都放進深鍋內，加1品脫水，小火慢燉到肉軟熟，再放進1塊如胡桃般大的新鮮奶油，搖晃均勻，等醬汁濃淡得宜時盛盤上桌。若醬汁太稠，就在尚未起鍋前再加點水，如果太淡就加鹽。要注意醬汁必須夠濃。

第一家提供咖哩的英國餐廳是1773年在倫敦乾草市場（Haymarket）的諾里斯街咖啡屋（Norris Street Coffee House）。而倫敦第一個印度老闆的餐廳是沙克·丁·瑪哈默特的印度咖啡屋（Sake

Dean Mahomet's Hindustan Coffee House），位於喬治街34號，顧客可以在此吸食裝有真正水煙菸草的水煙袋。到1860年代，當畢頓太太在寫印度禽類、咖哩肉湯和（美妙的殖民混合菜）咖哩袋鼠尾巴食譜時，英國人已經愛上咖哩，在家煮印度食物也不再是古怪的念頭了。

維多利亞時代的婦女刊物刊登了許多主婦的食譜和文章，鼓吹咖哩為新穎而充滿異國風味的家常菜色。畢頓太太暗示說：「如今男人在外面 —— 在俱樂部、酒館和餐廳都賓至如歸，中產階級的主婦如果對這樣的發展視若無睹，就會自嚐苦果。」[354]

咖哩雖然有便宜的優勢，可以用吃剩的肉或魚來做，但如果有意，也一樣可以把它做成豐盛的大餐。小說家柴克萊因為父親是英屬東印度公司稅務委員會秘書，而生在加爾各答，他在《潘趣》（*Punch*）雜誌上匿名發表了許多《廚房旋律》（*Kitchen Melodies*），其中一首〈咖哩詩〉，把在家煮食咖哩形容為一場情欲好戲：

> 我親愛的女孩準備了3磅小牛肉，
>
> 把它切成四方小丁；
>
> 接下來這小女子採購了5個洋蔥
>
> （最大的最好，她想道），
>
> 她加上近半磅的奶油，
>
> 在平底鍋裡燉到它們都變成褐色。
>
> 接下來我這位靈巧的小廚娘要做什麼？

她把肉丟進美味的燉菜裡，

加上咖哩粉3湯匙，

牛奶1品脫（最稠的那種），

燉了半小時之後，

她會倒進一個檸檬的檸檬汁。

接著，保祐她！接著她把這甘美的鍋菜

小火煮滾 —— 趁熱上桌。

附註 —— 牛、羊、兔肉，或者你如果喜歡，龍蝦大蝦或任何魚類，

都適合製作咖哩。煮好了，它就是

皇帝也愛吃的菜餚。

　　印度家庭通常是採買新鮮的香料，在磨石上磨細，有時會請特定的幫廚動手。但英國廚師顯然沒辦法這樣做，他們既欠缺技巧，也沒有必要的材料，因此他們只能訴諸現成的「咖哩粉」，通常是以薑黃和葫蘆巴為主要成份。

　　有時英國廚師也會依據印度親友寄來的咖哩粉配方自行調配咖哩粉，或是根據推廣咖哩的作家，比如甘迺迪-休伯特（Kenney-Herbert）上校所寫的食譜組合。甘迺迪寫了許多烹飪方面的文章，1878年被收集成書：《馬德拉斯烹飪隨筆》（*Culinary Jottings for Madras*），他的「咖哩粉配方」如下：「薑黃、芫荽子、小茴香子、葫蘆巴、芥末子、乾辣椒、黑胡椒子、罌粟子、老薑」，這樣的配方

和印度南方的咖哩粉（kari podi）很相似，只是缺了重要的咖哩葉。伊萊莎‧艾克頓在《現代烹飪》（*Modern Cookery*, 1845）的配方則是來自某位「阿諾特先生」：

薑黃8盎斯

芫荽子4盎斯

小茴香子2盎斯

葫蘆巴子2盎斯

卡宴辣椒1/2盎斯

　　至少早在1784年，就有咖哩粉出售，當時位於倫敦皮卡地里（Piccadilly）的索利香料倉庫（Sorlie's Perfumery Warehouse）已經在《晨報》（*Morning Post*）上刊登廣告，推廣它的咖哩粉，並以曾隨庫克船長赴太平洋的瑞典植物學者丹尼爾‧索蘭德（Daniel Solander）之名，稱作「索蘭德」。廣告中強調它對健康的好處：「促進消化」、「血液流通」、「心智活躍」，而且它顯然還是催情藥物，「有利生育」。

　　其他店家也推出咖哩粉和咖哩醬。孟加拉陸軍上尉威廉‧懷特（William White）發明的沙林氏（Selim's）咖哩醬在1844年上市，由目前還在營業的克羅斯和布萊威爾（Crosse & Blackwell）公司製造。湯氏（Trompe's）咖哩粉在瑞斯藥行（Reece's Medical Hall）的售價是4先令6便士。傳說1893年，一名業務員詹姆斯‧艾倫‧夏伍

德（James Allen Sharwood）赴馬德拉斯，嚐了由一位潘卡塔契倫（P. Vencatachellum）所調製的各種當地混合香料，大為驚艷，成了這些香料的出口代理商。

探險家李文斯頓（Livingstone）隨身帶著現成的咖哩肉湯糊赴非洲，但因使用不當，反而造成「筋疲力竭的情況」。1859年10月，他記錄說他的廚子沒有聽從一次只加幾湯匙的指示：「因為用量過度，造成我們嚴重的折磨，耽擱了數日。」[355]

由於有現成的咖哩粉，因此大家以為所有的咖哩都一樣，只有用量不同造成辣度的差異。此外，英國廚師烹調咖哩的方式，用麵粉調製麵糊，然後加入咖哩粉 —— 一直到1980年代都是常見的作法，如果印度廚師看到，一定會血壓升高。瑪德赫·傑佛瑞毫不讓步地寫道：「如果以『咖哩』這種過度簡化的名稱來形容一種古老的菜餚，那麼『咖哩粉』就是摧毀這種菜餚的元凶。」[356]

就某個方面來說，這話的確不容反駁：咖哩粉原本就只是形似而已，無所謂道不道地，因此隨著西方人的口味日益精緻，也被品質更好的咖哩醬取代。但我們可以說，一直到1960年代，一般的歐美廚師別無選擇，只能用現成的咖哩醬，不然他去哪裡找葫蘆巴？羅森嘉頓在《香料全書》（1969）中就寫道：「美國家庭主婦很難買到這些新鮮的熱帶香料，因此要煮咖哩，最實際的方法就是用已經按一般美國人口味調製好的咖哩粉。」[357]

咖哩粉的擁護者抬出情況和咖哩粉類似的格蘭馬薩拉為咖哩粉辯解，但格蘭馬薩拉比較像調味品，在烹飪最後才添加，為的是讓現有

香料的效果發揮得更淋漓盡致，而不是唯一的香料。同樣地，用在燉蔬菜的白優格（kolumbu）香料粉也還不夠完全，還需要用阿魏、芥末子和咖哩葉調和。

　　品質不佳的商業咖哩粉往往可以聞到強烈的葫蘆巴味，但其主要成份往往是薑黃，這正是史托巴特所正確描繪說是一種「泥土味，教人想到廢棄香料櫥櫃味道」[358]的來由。在1820-1840年間，由於咖哩粉在英國大為流行，因此英國進口的薑黃量也漲了3倍，由8,678磅增至26,468磅。

杜卡（Dukkah或Duqqa）

　　埃及傳統佐料，把香草、榛果和香料混合在一起，其成份是搗碎而非磨粉。杜卡之名源自阿拉伯文，意思就是「搗碎」。克勞蒂亞‧羅登說它通常是在早餐時，搭配浸在橄欖油裡的麵包食用，或者當作晚上的點心。在《中東美食》（1968）中，她擬了兩個食譜，第一個是她母親傳下來的，以榛果加上芫荽子、芝麻子、孜然、鹽和黑胡椒調製而成。第二個則取自愛德華‧連恩（Edward Lane）的《現代埃及人禮儀習俗》（*Manners and Customs of the Modern Egyptians*, 1836），作法截然不同。連恩說，杜卡「經常由鹽與胡椒搭配札塔或野生墨角蘭或薄荷或小茴香子，再加上如下成份之一或多或全部：芫荽子、肉桂、芝麻、和鷹嘴豆泥（或鷹嘴豆）。每一口麵包都浸在這種混合物裡。」

　　這種混合香料的現代商業版本各不相同，許多都受到澳洲和紐

西蘭的改良產品影響，在歐洲尚未流行杜卡之前，紐澳就已經盛行以杜卡入菜。調製杜卡的康渥（Cornwall）公司在「熱沙」（Hot Sand）配方裡加了杏仁、卡宴辣椒和其他辣椒。

芝麻鹽（Gomashio）

是日本料理的一種乾作料，用未去殼的芝麻種子烤過加糖、鹽，然後全部用日式陶缽加木杵磨細。講求原味粗食的長壽飲食（macrobiotic diet）常以芝麻鹽作為米飯的調味料，用芝麻子和魚乾、切碎的海苔、味精混合。

綠咖哩醬（Green Curry Paste）

泰國咖哩鼎立的三足中，綠咖哩的味道往往（但並非次次如此）都比黃或紅咖哩強烈，這是拜綠色雀眼椒之賜。有時紅咖哩看起來味道比較重，我們知道這是因為這個顏色象徵辛辣，而味道也會受到心理學的影響，但是當然也要看你用多少辣椒而定。黛莉亞·史密斯（Delia Smith）在《冬日食譜》（*Winter Collection*, 1995）中，把綠辣椒的量由「約35支」減為8支，瑪德赫·傑佛瑞則在《終極咖哩聖經》（*Ultimate Curry Bible*, 2003）中採用曼谷東方酒店大廚薩森·賈亞森尼（Sarnsern Gajaseni）的食譜，這也是我常用的食譜。有時很難找到帶根的芫荽，如果找不到，用芫荽的莖也可取代，或者也可如傑佛瑞建議的，用「一小把葉子」。以下是製作10大湯匙綠咖哩醬所需要的材料：

14 支新鮮的綠色雀眼椒

5 瓣大蒜

140 克/5 盎斯紅蔥頭,切碎

1 湯匙鮮香茅,切薄片

3 薄片去皮新鮮或冷凍的南薑,或者薑

1 薄片新鮮或乾燥的箭葉橙(kaffir lime)皮,泡水30分鐘

6-8 新鮮芫荽根,洗淨切碎

現磨白胡椒

1/4 茶匙蝦醬,或者2條罐裝鯷魚,切碎

1/2 茶匙磨碎的小茴香子

1/2 茶匙磨碎的芫荽子

　　綠、紅和黃咖哩是泰式飲食深受中(學到炒和蒸等烹飪方式)、印(學到大量運用香料)兩國影響的例證。但就如美食作家伊麗莎白‧藍伯特‧歐提茲(Elisabeth Lambert Ortiz)所寫的,它是「零零星星拾取,而非整個學去……讓新融入的方法雖然也彈奏泰國的音調,卻保有原先的作法:「因此中國人是清蒸魚,泰國人卻會加入香茅;印度咖哩可能只有兩種香料,但泰式咖哩卻有多種香料,加上香草、魚露和椰奶。」[359]請參見〈紅咖哩醬〉。

哈里薩辣醬(Harissa)

　　這種氣味芳香的辣味醬和突尼西亞、阿爾及利亞關係最密切,但

在北非、中東也都很常見，當佐料用，或者與水混合，加在塔吉鍋菜餚、庫斯庫斯（couscous，蒸粗麥粉）和湯裡。可以買到醬狀，也可買到粉狀的辣醬。或者你也可以用乾紅辣椒、大蒜、鹽、芫荽、葛縷子種子和橄欖油自行調製，其他可添加在其中的還包括燻辣椒粉、卡宴辣椒、薄荷、孜然，和檸檬汁。調製完成之後要放數小時，讓味道慢慢醞釀。

　　哈里薩辣醬之名來自奧里薩（Orissa），這是東印度省份Odisha的舊名，哈里薩辣醬所用的辣椒就在此種植生長。辣椒是在1514年由新世界抵達伊比利亞，在十七世紀初來到印度。除了哈里薩辣醬之外，其他可以相提並論的辣或酸醬包括義大利的酸葡萄醬（用未成熟果汁所製的醬，中世紀流行），和塞法迪猶太人（Sephardic Jewish，西班牙裔猶太人）的bagna brusca（類似希臘的檸檬雞蛋醬）。美國作家瑪莉・埃倫・斯諾德拉斯（Mary Ellen Snodrass）曾寫道：「把猶太人和摩爾人帶到西班牙，並且讓東地中海烹飪方式在整個西班牙發揚光大的中世紀發酵法，製出的產品就是這些醬料。」[360]

哈瓦傑（Hawaij）

　　葉門的混合香料，主要是用在煮咖啡，不過也可用在湯、燉菜裡，或作為燒烤肉類的乾醃料。最常見的成份是洋茴香、茴香子、薑和小豆蔻，用在湯裡的成份則包括孜然、薑黃和黑胡椒，而不用薑與洋茴香。以色列有大批葉門族群，因此哈瓦傑在那裡也十分流行。

庫姆里蘇內利（Khmeli Suneli）

這個名字的意思就是「乾香料」，這種香料來自喬治亞，可作肉類的乾醃料或者加在燉菜之中。通常其成份包括藍葫蘆巴（磨碎的種子和種莢）、芫荽子、大蒜、乾金盞花〔當地稱為「伊梅列季番紅花」（Imeretian saffron）〕、辣椒和黑胡椒。寶拉·沃佛特的《東地中海烹飪》（1994）也包括了丁香、乾薄荷和羅勒。

苦椒醬（Kochujang 或 Gochujang）

韓式辣椒醬，用發酵黃豆、紅辣椒、糯米和鹽製作，自1970年代起就有現成商品販售，但常見的還是家常自製品 —— 置於戶外陶甕裡，經過多年發酵而成。

拉卡馬（La Kama）

一種摩洛哥混合香料，不過比另一種摩洛哥混合香料哈斯哈努特單純得多，只以5種香料為基礎 —— 肉桂、黑胡椒、薑、薑黃和豆蔻，很適合搭配羊肉和雞肉，不過最相配的還是哈利納（harira）這種馬格里布地區的傳統蔬菜湯。《人類學家的烹飪書》（*The Anthropologists' Cookbook*, 1977）指出，一年到頭都可以喝哈利納，並不只限於齋戒月，只是在齋戒月間食材的價格飛漲。這也意味著這種湯並沒有固定的食譜，因為「哈利納湯的質與量端視那一家人的負擔能力而定，至少部份如此。此外，各家庭也自有與眾不同的特別配方。」[361]

馬來西亞混合香料（Malaysian Spice Mix）

　　馬來西亞是香料故事的中心，馬來半島與蘇門答臘島之間狹隘的麻六甲海峽曾是舉世最忙碌的水上交通要道，來自印度、中國和中東的商人群聚在麻六甲交易。當時稱為馬來亞的這個地區早在西元四世紀就和印度有貿易往來，到了十八世紀晚期，英國東印度公司租借了馬來半島外海的檳榔嶼，指定為印度的一部份，貿易更加繁榮。印度勞工，尤其是南印度泰米爾人就被進口到馬來黑胡椒、橡膠、糖和咖啡栽植園工作。在馬來西亞食物中，可以嚐出這些影響。瑪德赫‧傑佛瑞解釋說：「一道馬來-印度魚咖哩可能會用上南印度所有的香料，由芥末、芫荽子到紅辣椒、葫蘆巴，另一道則可能一方面會加入南印度咖哩粉，另一方面又會用上中國蠔油、老抽（黑醬油）和米酒。」[362]

　　通常基本而多樣化的馬來西亞混合香料可能含有下列成份，加入羅望子和香茅：黑胡椒子、芫荽子、茴香子、南薑、辣椒、小茴香子和薑黃。

馬薩拉（Masala）

　　馬薩拉的意思就是「混合香料」，可能是乾料，也可能是醬料，味道可溫和芬芳，也可能辛辣刺鼻。印度的每個地區，而且可能每個家庭都有自己的配方。最常見的是北印度的格蘭瑪薩拉，含有丁香、小豆蔻、肉桂、黑胡椒、豆蔻皮、月桂葉、孜然和芫荽子，常在烹飪最後加入，另外還有恰馬薩拉，當成調味料，加在沙拉和街頭攤販小

吃，成份包括孜然、老薑磨粉、薄荷、阿魏、黑胡椒和鹽。

瑪莎曼咖哩（Massaman）

受波斯影響的泰式北印度咖哩。瑪莎曼（意為穆斯林）咖哩通常味道溫和，融合了多種乾香料，可能包括下列部份或全部成份：乾紅辣椒、白胡椒、小茴香子、芫荽子、肉桂、薑、八角、丁香、小豆蔻和薑黃，和紅蔥頭、香茅、大蒜和蝦醬混合。譚泰瑞（Terry Tan，譯音）在《泰國菜》（*The Thai Table*, 2008）中介紹了一款瑪莎曼咖哩牛肉食譜，他說這道菜起源於十六世紀的波斯，「是典型泰國南部菜餚，因為泰南與馬來西亞北部接壤，而住在馬來西亞北部的大部份是穆斯林」；此外，馬來西亞的烹飪「本身就受到早期印度、阿拉伯和波斯商人的影響……當然，許多馬來西亞牛肉咖哩和貨真價實的瑪莎曼咖哩相去不遠。」[363]

米特米塔（Mitmita）

衣索比亞的辣味混合香料，由雀眼椒混合korarima（見〈柏柏爾〉）、薑、孜然、肉桂和丁香，比如用在傳統菜餚基特福（kitfo）裡，以米特米塔和印度酥油（niter kibbeh，添加印度藏茴香、小豆蔻和黑種草香料）醃生絞牛肉。

英式混合香料（Mixed Spice）

英式烘焙流行的甜香混合香料：肉桂、丁香、豆蔻，有時也加入

多香果和芫荽子，顯然和中世紀「甜粉」有淵源（見〈導言〉），又稱布丁香料，用來為麵包奶油布丁和耶誕蛋糕、十字小麵包等奶黃醬的甜點調味。見〈蘋果派混合香料〉。

五味混合香料（Panch Phoran）

Panch phoran 的意思是「5種香料」，而且是整粒（而非磨碎）的種子，主要是在東印度和孟加拉，通常含有小茴香子、葫蘆巴、黑芥末子、黑種草和茴香子。這些香料都是整顆下油鍋，用油或印度酥油煎。

大蒜辣椒醬（Pilpelchuma 或 Filfel Chuma）

一種類似哈里薩辣醬的大蒜辣椒醬，名稱就是「辣椒大蒜」之意。用在利比亞猶太人食物中，以葵花油為底，含有紅辣椒、卡宴辣椒、紅椒粉、孜然、葛縷子種子、大蒜和鹽。奧托倫吉建議在炒蛋前，先把這種醬打進蛋裡[364]。安息日的晚上要食用這種醬調製的辣魚（h'raimi）。吉爾·馬克斯說這種醬在羅馬也很受歡迎，這是1967年「六日戰爭」（Six-Day War）後，利比亞猶太人由利比亞逃往義大利而引進羅馬[365]。

法式四香料（Quatre-Épices）

4種香料 —— 通常是磨細的白或黑胡椒、丁香、豆蔻和薑，常用在法式肉製品和燉菜、湯裡。現存的法國烹飪手稿中，最早提到這4

種香料的是1393年的《巴黎好媳婦》，主要的味道是胡椒。另外也有甜的版本，就像〈英式混合香料〉，它用多香果代替白或黑胡椒。葛瑞森在《拉魯斯法國烹飪百科全書》中建議的配方如下：

125 克白胡椒

10 克丁香

30 克薑

35 克豆蔻

她建議把這些香料加入烤火腿的芥末和紅糖翻糖（glaze），或者把它撒在馬鈴薯泥上，「搭配豬（或小牛）頭肉凍、豬蹄、臘腸等食用」[366]。

哈斯哈努特（Ras El Hanout）

這個名字的意思是「一店之長」，也就是「由貨架最頂端」，意味著是現有最好的香料。哈斯哈努特是北非混合香料，以成份多樣而知名（12-30種）。每一家店或攤子都有自己的特殊配方，或者按照家族的指示調配出一批這樣的香料。通常成份包括孜然、肉桂、丁香、小豆蔻、芫荽子、黑胡椒、辣椒粉、葫蘆巴、薑黃、豆蔻、豆蔻皮和南薑。在過去，有時還會加入斑蝥素，或稱「西班牙蒼蠅」——磨碎的綠金龜，據說有壯陽之效。哈斯哈努特也有'brut'形式，保持香料成份完整而不磨細。摩洛哥美食專家寶拉‧沃佛特40年前買了

一些天然未加工的哈斯哈努特，如今「依舊芬芳」，不過她說她「買來只是為了分析之用」[367]。亞倫・大衛森說，突尼西亞的哈斯哈努特含有玫瑰花瓣，比摩洛哥的溫和[368]。

紅咖哩醬（Red Curry Paste）

和泰式綠咖哩醬大同小異，只是加了紅辣椒，可能也有紅椒粉。

桑巴粉（Sambar Powder）

加在印度南部和斯里蘭卡湯裡的桑巴粉成份包括：芫荽子、孜然、黑胡椒、葫蘆巴、芒果粉、棕芥末子、辣椒粉、肉桂、薑黃、咖哩葉、阿魏和鷹嘴豆粉。瑪德赫・傑佛瑞寫道：「早期英式咖哩粉可能是採用類似的香料和豌豆混合物，這點可見於許多十九世紀的食譜」[369]。（見〈咖哩粉〉）。

日式七味粉（Shichimi-Togarashi）

質地粗糙的日式調味料，辣椒的辣味分別由橘皮的柑橘味和海帶的碘味中和。通常可能不只7味 —— 含有日本山椒（花椒）、乾橘皮、卡宴辣椒、海苔片、薑、黑芝麻、白罌粟子或黑大麻子，以及蒜末。

據說這種香料始於1625年，就在紅辣椒粉引進日本之後不久。江戶（今東京）醫師藥房聚居的地區有一家藥房發明了七味粉，作為感冒藥方。不可思議的是，這藥店迄今依舊存在：你可以到淺草區藥

研堀（Yagenbori）買形形色色的現調七味粉 ── 大辣、或小辣，以及貯放的木製容器。

塔比爾（Tabil）

來自突尼西亞和阿爾及利亞，為芫荽子（tabil在突尼西亞阿拉伯文中意為「芫荽」）、葛縷子種子、乾辣椒片和大蒜粉的混合物，加在塔吉鍋煮羊肉裡。

塔克利亞（Taklia）

簡單的黎巴嫩混合香料，由磨碎的芫荽子和奶油炒過的大蒜混合。

塞爾（Tsire）

奈及利亞路邊攤小食 ── 牛肉串的同名香料，含有碎花生或花生醬、薑及辣椒粉。也可以加入丁香、豆蔻和肉桂，也適合塗抹在雞肉上。

札塔（Za'atar）

中東香料，由當地的百里香、奧勒岡和羅勒等香草混以芝麻、鹽膚木和鹽調製，其中一種香草在以色列和巴勒斯坦茂密生長，就名叫札塔（使你感到迷糊）。奧托倫吉和塔米米說，這種香料的氣味是巴勒斯坦傳統味道的「重要成份」，對在耶路撒冷或聖地山區任何

地方生長的人，這就是家的味道。大部份資料都把札塔香草列為牛至，但奧托倫吉和塔米米卻把它描述成牛膝草（hyssop，或Hyssopus officinalis），這種草原生於南歐，但自十六世紀以來，在英國菜園相當常見，用來漱口和洗臉。至於札塔這種混合香料則是撒在雞、鷹嘴豆泥、沙拉，和希臘式酸奶（labneh）裡。

蘇胡克（Zhug 或 Zhoug）

由葉門猶太人帶入以色列的粗辣椒醬，含有辣的綠辣椒，以及大蒜、丁香、小豆蔻、孜然、芫荽（鮮）和扁葉歐芹，據說有提升免疫系統之效，通常搭配袋餅（pitta，口袋麵包），和法拉費（falafel，油炸鷹嘴豆泥）、沙威瑪一起食用。

註釋

1. Lizzie Collingham, *Curry: A Tale of Cooks and Conquerors* (Chatto & Windus, 2005), p. 24.
2. Madhur Jaffrey, *Ultimate Curry Bible* (Ebury, 2003), p. 25.
3. Yotam Ottolenghi and Sami Tamimi, *Jerusalem* (Ebury, 2012), p. 000.
4. Jean Bottéro, *The Oldest Cuisine in the World: Cooking in Mesopotamia* (University of Chicago Press, 2004), p. 1.
5. 'Ready Happy Returns: The Instant Meal Celebrates Its 30th Birthday', *The Independent* (23 July 2009).
6. Nigel Slater, *Toast* (Fourth Estate, 2003), p. 2.
7. Alexandre Dumas, *Dictionary of Cuisine* (1873; Routledge, 2014), p. 18.
8. Jack Turner, *Spice: The History of a Temptation* (Vintage, 2004), p. xix.
9. Frederic Rosengarten, *The Book of Spices* (Pyramid, 1969), p. 16.
10. Andrew Dalby, *Dangerous Tastes: The Story of Spices* (British Museum Press, 2000), p. 10.
11. Ibid., p. 16.
12. Wolfgang Schivelbusch, Tastes of Paradise (1979; Vintage, 1993), p. 5.
13. John Fenn (ed.), *The Paston Letters* (Knight, 1840), p. 66.
14. Sara Paston-Williams, *The Art of Dining: A History of Cooking and Eating* (National Trust, 1993), p. 36.
15. www.godecookery.com/goderec/grec13.htm.
16. Odile Redon, Francoise Sabban and Silvano Serventi, *The Medieval Kitchen* (University of Chicago Press, 1998), p. 26.
17. Rosengarten, *The Book of Spices*, p. 61.
18. 'The Crusaders and the Diffusion of Foods', cliffordawright.com.
19. Quoted in John Block Friedman, *The Monstrous Races in Medieval Art and Thought* (Syracuse University Press, 2000), p. 166.
20. Charles Corn, *The Scents of Eden* (Kodansha, 1998), p. xx.
21. Anna Pavord, *The Naming of Names: The Search for Order in the World of Plants* (Bloomsbury, 2005), p. 21.

22. Agnes Arber, *Herbals: Their Origin and Evolution* (Cambridge University Press, 1912), p. 2.

23. Isabella Beeton, *Book of Household Management* (Beeton, 1861), p. 183.

24. Slater, *Toast*, p. 18.

25. Interviewed in Christopher Frayling, *Strange Landscape: A Journey through the Middle Ages* (BBC, 1995), pp. 12–13.

26. Ottolenghi and Tamimi, *Jerusalem*, p. 16.

27. Turner, *Spice: The History of a Temptation*, p. xiv.

28. Dalby, *Dangerous Tastes*, p. 128.

29. B. W. Higman, *Slave Population and Economy in Jamaica, 1807–1834* (Cambridge University Press, 1979), p. 25.

30. Robert Renny, *An History of Jamaica* (Cawthorn, 1807), p. 159.

31. *The Sugar Cane: A Monthly Magazine, Devoted to the Interests of the Sugar Cane Industry*, vol. 5 (Galt & Co., 1873), p. 24.

32. Carole Elizabeth Boyce Davies (ed.), *Encyclopedia of the African Diaspora* (ABC-CLIO, 2008), p. 591.

33. 'Sweet Heat: For Jamaicans, It's All about Jerk', *New York Times* (2 July 2008).

34. William James Gardner, *A History of Jamaica* (Elliot Stock, 1878), p. 322.

35. Paston-Williams, *The Art of Dining*, p. 160.

36. Ibid., p. 322.

37. Jane Grigson, *English Food* (Macmillan, 1974), p. 273.

38. P. C. D. Brears, *The Gentlewoman's Kitchen: Great Food in Yorkshire, 1650–1750* (Wakefield Historical Publications, 1984), p. 71.

39. Hugh Fearnley-Whittingstall and Nick Fisher, *The River Cottage Fish Book* (Bloomsbury, 2007), p. 418.

40. 'Beef Up your Christmas Menu', *Financial Times* (29 November 2008).

41. Mark Kurlansky, *Salt* (Random House, 2002), p. 124.

42. 'The Ultimate Corned Beef and Cabbage', epicurious.com.

43. Sue Shephard, *Pickled, Potted and Canned: The Story of Food Preserving* (Headline, 2000), p. 63.

44. Gil Marks, *The Encyclopedia of Jewish Food* (Houghton Mifflin Harcourt, 2010), p. 145.

45. Elizabeth David, *Spices, Salt and Aromatics in the English Kitchen* (Penguin, 1970), p. 22.

46. John Gerard, *Herball* (Norton & Whittakers, 1636), p. 1002.

47. Mrs M. Grieve, *A Modern Herbal* (Cape, 1931), p. 39.

48. James Nicoll, *An Historical and Descriptive Account of Iceland, Greenland and the Faroe Islands* (Oliver & Boyd, 1840), p. 387.

49. Louis Cheskin, *Color Guide for Marketing Media* (Macmillan, 1954), p. 37.

50. Dalby, *Dangerous Tastes*, p. 145.

51. Quoted in Dalby, *Dangerous Tastes*, p. 145.

52. George Don, *General History of the Dichleamydeous Plants* (Rivington, 1831), p. 294.

53. Rick Bayless, *Rick Bayless Mexican Kitchen* (Simon & Schuster, 1996), p. 66.

54. Quoted in Andrew Dalby, *Siren Feasts: A History of Food and Gastronomy in Greece* (Routledge, 1996), p. 140.

55. Garcia de Orta, *Colloquies on the Simples and Drugs of India* (1563; Sotheran, 1913), p. 44.

56. Ibid., p. 45.

57. Tom Stobart, *Herbs, Spices and Flavourings* (International Wine and Food Publishing Company, 1970), p. 29.

58. Nilanjana S. Roy (ed.), *A Matter of Taste: The Penguin Book of Indian Writing on Food* (Penguin India, 2004), p. 94.

59. William Beaumont, *Experiments and Observations on the Gastric Juice and on the Physiology of Digestion* (Maclachlan & Stewart, 1838), p. 15.

60. John Evelyn, *Acetaria: A Discourse of Sallets* (1699; Brooklyn Botanic Garden, 1937), p. 113.

61. Quoted in Ann Hagen, *A Handbook of Anglo-Saxon Food: Processing and Consumption* (Anglo-Saxon Books, 1992), p. 98.

62. Ibid., p. 99.

63. Robert Lacey and Danny Danziger, *The Year 1000: What Life Was Like at the Turn of the First Millennium* (Abacus, 2000), p. 90.

64. Jacobus Canter Visscher, *Letters from Malabar* (Adelphi Press, 1862), p. 153.

65. *Travels of Peter Mundy, in Europe and Asia, 1608–1667* (Hakluyt Society, 1967), p. 79.

66. Carolyn Heal and Michael Allsop, *Cooking with Spices* (Granada, 1985), p. 244.

67. David, *Spices, Salt and Aromatics*, p. 151.

68. 'Vietnam Pepper Output Likely to be 150,000 Tonnes, India's 45,000', *Business Standard* (19 November 2013).

69. Paul Freedman, *Out of the East: Spices and the Medieval Imagination* (Yale University Press, 2008), p. 4.
70. Tom Standage, *An Edible History of Humanity* (Atlantic, 2012), p. 65.
71. *The Roman Cookery of Apicius*, trans. and adapted by John Edwards (Rider, 1985), p. xxi.
72. Neil MacGregor, *A History of the World in 100 Objects* (Allen Lane, 2010), p. 216.
73. Pliny, *Natural History*, XII; 14, p. 29.
74. 'Grandpre's Voyage to Bengal', *Annual Review and History of Literature* (Longman and Rees, 1804), p. 49.
75. Isidore of Seville, *Etymologiae*, Book 17, ed. J. Andre (Paris, 1981), pp. 147–9.
76. Dioscorides, *De materia medica* (IBIDIS Press, 2000), Book II, p. 319.
77. Pierre Pomet et al., *A Complete History of Drugs* (J. and J. Bonwicke, S. Birt etc., 1748), p. 123.
78. Collingham, *Curry*, p. 120.
79. A. R. Kenney-Herbert, *Culinary Jottings from Madras* (1878; Prospect, 1994), p. 186.
80. Darra Goldstein, *The Georgian Feast: The Vibrant Culture and Savory Food of the Republic of Georgia* (University of California Press, 1999), p. xiv.
81. Jiaju Zhou, Guirong Xie et al., *Encyclopaedia of Traditional Chinese Medicines*, vol. 5, *Isolated Compounds* (Springer, 2011), p. 587.
82. Grieve, *A Modern Herbal*, p. 728.
83. Agatha Christie, *At Bertram's Hotel* (1965, HarperCollins, 2002), p. 8.
84. Ibid., p. 13.
85. Arabella Boxer, *Book of English Food* (rev. edn, Fig Tree, 2012), p. 200.
86. Elisabeth Ayrton, *The Cookery of England* (Penguin, 1974), p. 520.
87. Elizabeth Gaskell, *Cranford* (1853, Penguin, 2005), p. 81.
88. Postcard from Virginia Woolf to Grace Higgens, 1936, quoted in Jans Ondaatje Rolls, *The Bloomsbury Cookbook* (Thames & Hudson, 2014), p. 180.
89. Eliza Smith, *The Compleat Housewife* (Longman et al., 1727), p. 170.
90. Stobart, *Herbs, Spices and Flavourings*, p. 46.
91. Claudia Roden, *A Book of Middle Eastern Food* (Penguin, 1968), p. 397.
92. Nicholas Culpeper, *Complete Herbal* (1653; Wordsworth, 1995), p. 59.
93. Stobart, *Herbs, Spices and Flavourings*, p. 48.

94. Shihzen Li, Porter Smith and George Arthur Stuart (eds), *Chinese Medicinal Herbs* (Georgetown Press, 1973), p. 37.
95. thespicehouse.com/spices/whole-white-cardamom-pods.
96. Rosengarten, *The Book of Spices*, p. 169.
97. Stobart, *Herbs, Spices and Flavourings*, p. 48.
98. Ibid., p. 168.
99. James Baillie Fraser, *Travels in Koordistan, Mesopotamia, &c: Including an Account of Parts of Those Countries Hitherto Unvisited by Europeans* (Bentley, 1840), p. 119.
100. Ibid., p. 119.
101. Evelyn, *Acetaria*, p. 164.
102. Heal and Allsop, *Cooking with Spices*, p. 83.
103. Ibid., p. 90.
104. John Lanchester, 'Restaurant Review: Nando's', *The Guardian* (15 January 2011)
105. Paul W. Bosland and Dave DeWitt, *Complete Chile Pepper Book* (Timber Press, 2009), p. 10.
106. Harry T. Lawless and Hildegarde Heymann, *Sensory Evaluation of Food: Principles and Practices* (Springer, 1999), p. 202.
107. Ibid., p. 204.
108. Alexandra W. Logue, *The Psychology of Eating and Drinking* (Psychology Press, 2004), p. 274.
109. Ibid.
110. Heal and Allsop, *Cooking with Spices*, p. 90.
111. gernot-katzers-spice-pages.com/engl/Caps_fru.html.
112. Jason Goldman, 'Why Do We Eat Chilli?', *The Guardian* (14 September 2010).
113. Logue, *Psychology of Eating and Drinking*, p. 274.
114. Turner, *Spice: The History of a Temptation*, p. 12.
115. Collingham, *Curry*, p. 54.
116. Ibid., p. 53.
117. Rosengarten, *The Book of Spices*, p. 145.
118. Sallie Morris and Lesley Mackley, *The Complete Cook's Encyclopaedia of Spices* (Hermes House, 1997), p. 31.
119. Heal and Allsop, *Cooking with Spices*, p. 86.
120. Delia Smith, *How To Cook: Book Two* (BBC, 1999), p. 130.
121. Quoted in Dalby, *Dangerous Tastes*, p. 149.

122. Dave DeWitt and Nancy Gerlach, *The Food of Santa Fe: Authentic Recipes from the American Southwest* (Tuttle Publishing, 1998), p. 14.
123. Ibid.
124. gernot-katzers-spice-pages.com/engl/Caps_fru.html.
125. Susan Montoya Bryan, 'Chile Experts: Trinidad Moruga Scorpion is the Hottest', *Associated Press* (15 February 2012).
126. Ibid.
127. Gil Marks, *Olive Trees and Honey: A Treasury of Vegetarian Recipes from Jewish Communities around the World* (Wiley & Sons, 2005), p. 10.
128. Turner, *Spice: The History of a Temptation*, p. 4.
129. Joyce Tyldesley, *Hatchepsut: The Female Pharaoh* (Penguin, 1996), p. 145.
130. James Henry Breasted, *Ancient Records of Egypt: The Eighteenth Dynasty* (University of Illinois Press, 2001), p. 109.
131. Ibid., p. 113.
132. Quoted in Dalby, *Dangerous Tastes*, p. 37.
133. Theophrastus, *Enquiry into Plants*, IX, V (Loeb Classical Library, 1916), p. 243.
134. Malyn Newitt, *A History of Portuguese Overseas Expansion, 1400–1668* (Routledge, 2004), p. 107.
135. R. Van den Broek, *The Myth of the Phoenix* (Brill Archive, 1972), p. 169.
136. Grigson, *English Food*, p. 301.
137. Heather Amdt Anderson, *Breakfast: A History* (AltaMira Press, 2013), p. 238.
138. Dorothy Hartley, *Food in England* (1954; Little, Brown, 1996), p. 636.
139. David, *Spices, Salt and Aromatics*, p. 26.
140. Giorgio Buccallati, *Terqa: A Narrative*; http://128.97.6.202/tq/pages/10.html (January 2009)
141. Quoted in Dalby, *Dangerous Tastes*, pp. 50–51.
142. David, *Spices, Salt and Aromatics*, p. 27.
143. Turner, *Spice: The History of a Temptation*, p. 27.
144. Antonio Pigafetta, *The First Voyage around the World* (Hakluyt Society, 1874), p. 65.
145. Ibid., p. 102.
146. Ibid., p. 124.
147. Ibid., pp. 134–5.

148. Penny Le Couteur and Jay Burreson, *Napoleon's Buttons: 17 Molecules That Changed History* (Tarcher/Penguin, 2003), p. 33.

149. Turner, *Spice: The History of a Temptation*, p. 290.

150. Dalby, *Dangerous Tastes*, p. 126.

151. Ibid., p. 94.

152. Dan Lepard, *The Handmade Loaf* (Mitchell Beazley, 2004), p. 230.

153. *Leechbook III*, quoted in Peter Dendle and Alain Touwaide (eds), *Health and Healing from the Medieval Garden* (Boydell Press, 2008), p. 149.

154. *Oxford Companion to Beer* (Oxford University Press, 2011), p. 267.

155. David, *Spices, Salt and Aromatics*, p. 28.

156. http://www.splendidtable.org/story/how-the-flavors-of-the-middle-east-ended-up-in-mexico.

157. Rosengarten, *The Book of Spices*, p. 422.

158. Stobart, *Herbs, Spices and Flavourings*, p. 68.

159. Rosemary Hemphill, *Penguin Book of Herbs and Spices* (Penguin, 1966), pp. 75–6.

160. Malcolm Laurence Cameron, *Anglo-Saxon Medicine* (Cambridge University Press, 1993), p. 147.

161. William Coles, *Adam in Eden, or Nature's Paradise* (Streater, 1657), p. 53.

162. Gillian Riley, *The Oxford Companion to Italian Food* (Oxford University Press, 2007), p. 190.

163. David, *Spices, Salt and Aromatics,* p. 32.

164. Collingham, *Curry*, p. 35.

165. Hemphill, *Penguin Book of Herbs and Spices*, p. 81.

166. 'What a Hundred Millions Calls to 311 Reveal about New York', Wired.com (1 November 2010)

167. David, *Spices, Salts and Aromatics*, p. 33.

168. Stobart, *Herbs, Spices and Flavourings*, p. 77.

169. 'Diosgenin, a Steroid Saponin of *Trigonella foenum graecum* (Fenugreek), Inhibits Azoxymethane-Induced Aberrant Crypt Foci Formation in F344 Rats and Induces Apoptosis in HT-29 Human Colon Cancer Cells', *Cancer Epidemiology, Biomarkers and Prevention* (August 2004),

170. 'Europe E.coli Outbreak May Have Been Caused by Egyptian Seeds', *Daily Mail* (30 June 2011).

171. Freedman, *Out of the East: Spices and the Medieval Imagination*, p. 11.

172. Garcia de Orta, *Colloquies*, p. 209.
173. Carol Selva Rajah, *Heavenly Fragrance: Cooking with Aromatic Asian Herbs, Fruits, Spices and Seasonings* (Periplus Editions, 2014), p. 144.
174. Quoted in Wighard Strehlow and Gottfried Hertzka, *Hildegard of Bingen's Medicine* (Inner Traditions, 1988), p. 37.
175. Culpeper, *Complete Herbal*, p. 313–14.
176. Quoted in April Harper and Caroline Proctor (eds), *Medieval Sexuality: A Casebook* (Routledge, 2007), p. 119.
177. Turner, *Spice: The History of a Temptation*, p. 195.
178. Charles Corn, *The Scents of Eden: A History of the Spice Trade* (Kodansha, 1998), p. 6.
179. Marco Polo, *The Book of Ser Marco Polo*, trans. and ed. H. Yule and H. Cordier (John Murray, 1921), vol. 2, pp. 249–50.
180. Mathieu Torck, *Avoiding the Dire Straits: An Inquiry into Food Provisions and Scurvy in the Maritime and Military History of China and Wider East Asia* (Otto Harrassowitz Verlag, 2009), p. 147.
181. Quoted in Torck, *Avoiding the Dire Straits*, p. 147.
182. Ross E. Dunn, *The Adventures of Ibn Battuta, a Muslim Traveller of the Fourteenth Century* (University of California Press, 1986), p. 225.
183. Frederick J. Simoons, *Food in China: A Cultural and Historical Inquiry* (CRC Press, 1990), p. 371.
184. Dalby, *Dangerous Tastes*, p. 21.
185. Ibid.
186. Simoons, *Food in China*, p. 371.
187. *The Herbal of Dioscorides the Greek*, Book II (panaceavera.com/BOOKTWO.pdf), p. 319.
188. *Food in Motion: The Migration of Foodstuffs and Cookery Techniques*, vol. 2, ed. Alan Davidson (Oxford Symposium, 1983), p. 116
189. Turner, *Spice: The History of a Temptation*, p. 222.
190. David, *Spices, Salt and Aromatics*, p. 34.
191. Lorna J. Sass, *To the King's Taste* (Metropolitan Museum of Art, 1975), p. 24.
192. Hemphill, *Penguin Book of Herbs and Spices*, p. 87.
193. Ken Hom, *Chinese Cookery* (BBC, 2001), p. 27.
194. Turner, *Spice: The History of a Temptation*, p. 46.
195. Ifeyironwa Francisca Smith, *Foods of West Africa: Their Origin and Use* (National Library of Canada, 1998), p. 95.

196. Pieter de Marees, *Description and Historical Account of the Gold Kingdom of Guinea* (1602; British Academy, 1987), p. 160.

197. John Keay, *The Spice Route* (John Murray, 2005), p. 150.

198. G. Y. Mbongue, P. Kamptchouing and T. Dimo, 'Effects of the Aqueous Extract of Dry Seeds of *Aframomum melegueta* on Some Parameters of the Reproductive Function of Mature Male Rats', *Andrologia*, 44 (1) (February 2012), pp. 53–8.

199. Cheryl Lyn Dybas and Ilya Raskin, 'Out of Africa: A Tale of Gorillas, Heart Disease … and a Swamp Plant', *BioScience*, 57 (5) (2007), pp. 392–7.

200. Jessica B. Harris, *The Africa Cookbook: Tastes of a Continent* (Simon & Schuster, 1998), p. 153.

201. Ibid.

202. *Living through Crises: How the Food, Fuel and Financial Shocks Affect the Poor* (World Bank Publications, 2012), p. 223.

203. http://www.kitchenbutterfly.com/2011/03/01/how-to-make-nigerian-pepper-soup/.

204. Gerard, *Herball*, p. 242.

205. Grieve, *A Modern Herbal*, p. 419.

206. John Parkinson, *Theatrum botanicum* (Thomas Cotes, 1640), p. 861.

207. Jane Grigson, *Charcuterie and French Pork Cookery* (Michael Joseph, 1967), p. 37.

208. Elizabeth David, *French Provincial Cooking* (Michael Joseph, 1960), p. 73.

209. David, *Spices, Salts and Aromatics*, p. 36.

210. Marina Warner, *Monsters of Our Own Making: The Peculiar Pleasures of Fear* (University Press of Kentucky, 2007), p. 65.

211. Culpeper, *Complete Herbal*, p. 142.

212. Quoted in Dalby, *Dangerous Tastes*, p. 80.

213. David C. Stuart, *Dangerous Garden: The Quest for Plants to Change Our Lives* (Harvard University Press, 2004), p. 43.

214. 'Woman "Overdoses" on Liquorice', BBC News website, 21 May 2004.

215. Roden, *A Book of Middle Eastern Food*, p. 414.

216. *The Etymologies of Isidore of Seville* (Cambridge University Press, 2006), p. 296.

217. K. Takahashi, M. Fukazawa et al., 'A Pilot Study of Antiplaque Effects of Mastic Chewing-Gum in the Oral Cavity', *Periodontal* (April 2003).

218. Quoted in Freedman, *Out of the East*, p. 15.
219. Richard Sugg, *Mummies, Cannibals, and Vampires: The History of Corpse Medicine From the Renaissance to the Victorians* (Routledge, 2011), p. 1.
220. Ibid., p. 173.
221. Quoted in Okasha El Daly, *Egyptology: The Missing Millennium: Ancient Egypt in Medieval Arabic Writings* (Psychology Press, 2005), p. 97.
222. Samuel Pepys, *Diary 1668–69* (University of California Press, 2000), p. 197.
223. Thomas Pettigrew, *A History of Egyptian Mummies* (Longman, 1834), p. 7.
224. Joyce Tyldesley, *Egypt: How a Lost Civilisation Was Rediscovered* (Random House, 2010), p. 41.
225. Philip McCouat, 'The Life and Death of Mummy Brown', *Journal of Art in Society* (2013), www.artinsociety.com.
226. Arthur H. Church, *The Chemistry of Paints and Painting* (Seeley, Service & Co., 1915), p. 14.
227. Quoted in McCouat, 'The Life and Death of Mummy Brown'.
228. Georgiana Burne-Jones, *Memorials of Edward Burne-Jones* (Macmillan, 1904), p. 114.
229. Rudyard Kipling, *Something of Myself* (1937; Cambridge University Press, 1991), p. 10.
230. 'Techniques: The Passing of Mummy Brown', *Time* (2 October 1964).
231. Gerard, *Herball*, p. 245.
232. John Kingsbury, *Deadly Harvest* (Allen & Unwin, 1967), p. 90.
233. Robert May, *The Accomplishd Cook* (1660, Brooke, 1671), p. 156.
234. Stobart, *Herbs, Spices and Flavourings*, p. 125.
235. Ibid., p. 126.
236. Sir Hugh Plat, *Delightes for Ladies* (1609, Boles, 1630), Section D (10).
237. 'How English Mustard Almost Lost Its Name', bbc.co.uk (2 September 2012).
238. Barbara Reynolds, *Dorothy L. Sayers: Her Life and Soul* (Hodder, 1993), p. 191.
239. David, *Spices, Salt and Aromatics*, p. 41.
240. Hartley, *Food in England*, p. 93.
241. Evelyn, *Acetaria*, p. 30.
242. Grieve, *A Modern Herbal*, p. 567.

243. Culpeper, *Complete Herbal*, p. 176.
244. Turner, *Spice: The History of a Temptation*, p. 208.
245. Marco Polo, *The Travels of Marco Polo*, trans. Henry Yule (Wikisource).
246. Marina Warner, *Alone of All Her Sex: The Myth and the Cult of the Virgin Mary* (Oxford University Press, 2013), p. 102.
247. Freedman, *Out of the East*, p. 81.
248. Edward Gibbon, *History of the Decline and Fall of the Roman Empire* (J. & J. Harper, 1826), p. 431.
249. R. A. Donkin, *Dragon's Brain Perfume: A Historical Geography of Camphor* (Brill, 1999), p. 6.
250. Jane Mossendew, *Thorn, Fire and Lily: Gardening with God in Lent and Easter* (Bloomsbury, 2004), p. 34.
251. 'Popular Names of British Plants', *All The Year Round*, vol. 10 (1864), p. 538.
252. Cathy K. Kaufman, *Cooking in Ancient Civilisations* (Greenwood, 2006), p. 31.
253. www2.warwick.ac.uk/knowledge/health/nigella-seeds-the-vicks-inhaler-of-ancient-greece.
254. Anna Forbes, *Unbeaten Tracks in Islands of the Far East* (1887; Oxford University Press, 1987), p. 58.
255. Giles Milton, *Nathaniel's Nutmeg* (Hodder, 1999), p. 6.
256. Forbes, *Unbeaten Tracks in Islands of the Far East*, pp. 61–2.
257. Ibid., p. 228.
258. Milton, *Nathaniel's Nutmeg*, p. 368.
259. Louis Couperus, *The Hidden Force* (1921; University of Massachusetts Press, 1985), p. 159.
260. S. Ahmad Tajuddin et al., 'An Experimental Study of Sexual Function Improving Effect of Myristica fragrans Houtt', *BMC Complementary and Alternative Medicine* (20 July 2005).
261. Garcia de Orta, *Colloquies*, p. 273.
262. Robert George Reisner, *Bird: The Legend of Charlie Parker* (Citadel Press, 1962), p. 149.
263. Malcolm X, *The Autobiography of Malcolm X* (Grove Press, 1965), p. 152.
264. Alfred Stillé, *Therapeutics and Materia Medica*, vol. 1 (Blanchard and Lea, 1860), p. 511.
265. W. T. Fernie, *Herbal Simples Approved for Modern Uses of Cure* (Boericke & Tafel, 1897), p. 395.

266. Elizabeth David, *Is There a Nutmeg in the House?* (Michael Joseph, 2000), p. 94.

267. Hemphill, *Penguin Book of Herbs and Spices*, p. 130.

268. 'Paprika: A Primer on Hungary's Spicy Obsession', CNN.com (29 November 2013).

269. Raymond Sokolov, *Why We Eat What We Eat: How Columbus Changed the Way the World Eats* (Simon & Schuster, 1993), p. 129.

270. 'FDA and French Disagree on Pink Peppercorn's Effects', *New York Times* (31 March 1982)

271. Jared Diamond, *Guns, Germs and Steel: The Fates of Human Societies* (Norton, 1997), p. 101.

272. Robert Graves, *The Greek Myths*, Book One (1995, Penguin, 1982), p. 96.

273. Wolfgang Schivelbusch, *Tastes of Paradise: A Social History of Spices, Stimulants and Intoxicants* (1979; Vintage, 1993), p. 207.

274. Rosengarten, *The Book of Spices*, p. 353.

275. Kenaz Fillan, *The Power of the Poppy: Harnessing Nature's Most Dangerous Plant Ally* (Inner Traditions, 2011), p. 226.

276. Ibid., p. 95.

277. Roy Porter and Mikuláš Teich (eds), *Drugs and Narcotics in History* (Cambridge University Press, 1997), p. 8.

278. 'DJ Died after Drinking a PINT of Deadly Poppy Tea He Made Using a Recipe He Found Online', *Daily Mail* (31 December 2013).

279. 'Tourists Warned of UAE Drug Laws', BBC News website (8 February 2008).

280. Diamond, *Guns, Germs and Steel*, p. 119.

281. Grieve, *A Modern Herbal*, p. 67.

282. Stobart, *Herbs, Spices and Flavourings*, p. 155.

283. David, *Spices, Salt and Aromatics*, p. 48.

284. Jason Burke, 'Kashmir Saffron Yields Hit by Drought, Smuggling and Trafficking', *The Guardian* (19 July 2010).

285. James Douglass, 'An Account of the Culture and Management of Saffron in England', *Philosophical Transactions of the Royal Society* (1 January 1753).

286. Quoted in Dorothy Hartley, *The Land of England: English Country Customs through the Ages* (Macdonald, 1979), p. 354.

287. Richard Hakluyt, *The Principal Navigations, Voyages, Traffics and Discoveries of the English Nation*, vol. 5 (Cambridge University Press, 1904), p. 240.

288. Pat Willard, *Secrets of Saffron* (Souvenir Press, 2001), p. 112.

289. 'Meet the Producer – David Smale', *The Guardian* (16 November 2013).

290. David, *Spices, Salt and Aromatics*, p. 46.

291. Collingham, *Curry*, pp. 27–8.

292. Claudia Roden, *The Book of Jewish Food* (Penguin, 1996), p. 384.

293. Gerard, *Herball*, p. 152.

294. The notes to William Woys Veaver (ed.), *A Quaker Woman's Cookbook: The Domestic Cookery of Elizabeth Ellicott Lea* (Stackpole Books, 2004), explain that, during the Middle Ages, a German *latwerge* could be 'any of several thick, partially dehydrated preparations of slowly cooked fruit. Because it was generally cooked with sugar, at the time treated as an internal medicine, *latwerge* was once only available through apothecaries. By the sixteenth century, however, the concept of *latwerge* as food had become part of German folk cookery.'

295. Roy Strong, *Feast: A History of Grand Eating* (Cape, 2002), p. 72.

296. 'Something Smells Odd in the Lucrative World of Saffron', *The Independent* (10 January 2011).

297. Umberto Eco, *Foucault's Pendulum* (Picador, 1988), p. 289.

298. gernot-katzers-spice-pages.com/engl/Sesa_ind.html.

299. 'Galland's Ali Baba and Other Arabic Versions', by Aboubakr Chraïbi, in Ulrich Marzolph (ed.), *The Arabian Nights in Transnational Perspective* (Wayne State University Press, 2007), p. 11.

300. Colette Rossant, *Apricots on the Nile: A Memoir with Recipes* (Bloomsbury, 2001), pp. 17–18.

301. Ottolenghi and Tamimi, *Jerusalem*, p. 112.

302. Heal and Allsop, *Cooking with Spices*, p. 283.

303. Joan Pilsbury Alcock, *Food in the Ancient World* (Greenwood, 2006), p. 183.

304. Alan Davidson (ed.), *The Oxford Companion to Food* (Oxford University Press, 2014), p. 378.

305. Ibid..

306. Jessica B. Harris, *The Africa Cookbook: Tastes of a Continent* (Simon & Schuster, 1998), p. 320.

307. Quoted in Davidson, (ed.), *The Oxford Companion to Food*, p. 742.

308. Pliny, *Natural History*, XV; 33, p. 21.

309. Gerard, *Herball*, p. 1006.

310. *The Roman Cookery of Apicius*, trans. Edwards, p. 8.

311. Ibid., p. 166.

312. Angus McLaren, *A History of Contraception* (Wiley-Blackwell, 1992), p. 28.

313. John Laurence, *Complete Body of Husbandry and Gardening* (Tho. Woodward, 1726), p. 398.

314. Collingham, *Curry*, p. 241.

315. Iqbal Wahhab and Vivek Singh, *The Cinnamon Club Cookbook* (Absolute Press, 2003), p. 31.

316. Willem Schouten, *The Relation of a Wonderful Voyage* (Nathanaell Newbery, 1619), quoted in Dalby, p. 81.

317. 'Demand for a Chinese Fruit Skyrockets', *Washington Post* (18 November 2005).

318. Stobart, *Herbs, Spices and Flavourings*, p. 197.

319. Theophrastus, *Enquiry into Plants*, III, XVIII, p. 303.

320. Yotam Ottolenghi, *Plenty* (Ebury, 2010), p. 214.

321. Guiseppe Inzenga and Sir Henry Yule, 'On the Cultivation of Sumach, *Rhus coriaria*', in the Vicinity of Celli, near Palermo', *Transactions of the Botanical Society*, vol. IX (1868), p. 14.

322. Dalby, *Dangerous Tastes*, p. 76.

323. Elleke Boehmer (ed.), *Empire Writing: An Anthology of Colonial Literature, 1870–1918* (Oxford University Press, 1998), p. 331.

324. Grieve, *A Modern Herbal*, p. 788.

325. http://gernot-katzers-spice-pages.com/engl/Tama_ind.html.

326. Rick Stein, *Rick Stein's India* (BBC/Ebury, 2013), p. 266.

327. Marco Polo, *Travels*, p. 340.

328. Tim Ecott, *Vanilla: Travels in Search of the Luscious Substance* (Michael Joseph, 2004), p. 209.

329. Quoted in Edwin Thomas Martin, *Thomas Jefferson: Scientist* (Collier, 1961), p. 15.

330. Dalby, *Dangerous Tastes*, p. 148.

331. Le Couteur and Burreson, *Napoleon's Buttons*, p. 130.

332. Ibid.

333. Ecott, *Vanilla*, p. 21.

334. John Phillips, *The Marquis de Sade: A Very Short Introduction* (Oxford University Press, 2005), p. 26.

335. Ecott, *Vanilla*, p. 125.

336. Martyn Cornell, http://zythophile.wordpress.com/2010/12/23/how-to-go-a-wassailing/.

337. Christopher Driver (ed.), *John Evelyn, Cook* (Prospect, 1997), p. 43.

338. Adams, *Hideous Absinthe*, p. 55.

339. Marie Corelli, *Wormwood: A Drama of Paris* (1890; Broadview Press, 2004), p. 363.

340. Richard Ellmann, *Oscar Wilde* (Penguin, 1987), p. 441.

341. V. Magnan, 'On the Comparative Action of Alcohol and Absinthe', *The Lancet* (19 September 1874), p. 412.

342. Dirk W. Lachenmeier, J. Emmert, T. Kuballa and G. Sartor, 'Thujone – Cause of Absinthism?' *Forensic Science International* (May 2005).

343. Michael Zohary, *Plants of the Bible* (Cambridge University Press, 1982), p. 184.

344. Wilfrid Bonser, *The Medical Background of Anglo-Saxon England* (Wellcome, 1963), p. 164.

345. Dalby, *Dangerous Tastes*, p. 100.

346. Culpeper, *Complete Herbal*, p. 320.

347. Jean de Renou, *Medicinal Dispensatory* (Streater and Cottrel, 1657), p. 272.

348. Quoted in Luke DeMaitre, *Medieval Medicine: The Art of Healing from Head to Toe* (ABC-CLIO, 2013), p. 259.

349. DeMaitre, *Medieval Medicine*, p. 25.

350. T. Yoshioka, E. Fujii and M. Endo, 'Anti-Inflammatory Potency of Dehydrocurdione, a Zedoary-Derived Sesquiterpene', *Inflammation Research*, 47 (12) (December 1998), pp. 476–81.

351. Hannah Woolley, *The Gentlewoman's Companion* (Maxwell, 1675), p. 146.

352. James C. McCann, *Stirring the Pot: A History of African Cuisine* (Ohio University Press, 2009), p. 73.

353. Collingham, *Curry*, p. 115.

354. Beeton, *The Book of Household Management*, p. 3.

355. David Livingstone, *Expedition to the Zambesi* (John Murray, 1894), p. 143.

356. Hazel Castell and Kathleen Griffin (eds), *Out of the Frying Pan: Seven Women Who Changed the Course of Postwar Cookery* (BBC Books, 1993), p. 135.

357. Rosengarten, *The Book of Spices*, p. 423.

358. Stobart, *Herbs, Spices and Flavourings*, p. 71.

359. Elisabeth Lambert Ortiz, *Encyclopedia of Herbs, Spices and Flavourings* (Dorling Kindersley, 1992), p. 150.

360. Mary Ellen Snodgrass, *Encyclopedia of Kitchen History* (Routledge, 2004), p. 256.

361. Jessica Kuper (ed.), *The Anthropologists' Cookbook* (1977; Routledge, 1997), p. 110.

362. Madhur Jaffrey, *Ultimate Curry Bible* (Ebury, 2003), p. 16.

363. Terry Tan, *The Thai Table* (Marshall Cavendish, 2008), p. 128.

364. Ottolenghi and Tamimi, *Jerusalem*, p. 302.

365. Grigson, *Charcuterie and French Pork Cookery*, p. 41.

366. 'A-Z of Unusual Ingredients: Ras el hanout', *Daily Telegraph* (20 November 2013)

367. Davidson (ed.), *Oxford Companion to Food*, p. 672.

368. Jaffrey, *Ultimate Curry Bible*, p. 326.

369. Ottolenghi and Tamimi, *Jerusalem*, p. 34.

致謝

　　想要在植物知識方面對香料作更進一步探究的人，請搜尋加諾特·卡澤的Gernot Katzer's Spice Pages——這個網站貨真價實是豐富的香料饗宴。對古代如何使用香料有興趣的讀者，則請讀安德魯·道比（Andrew Dalby）的 *Dangerous Tastes: The Story of Spices*（2000）和 *Food in the Ancient World from A-Z*（2003）兩書。若想對香料有充滿學識和發人深省的概觀，則再沒有比傑克·特納（Jack Turner）《香料傳奇》（*Spice: The History of a Temptation*，2004）更好的介紹。我也欣賞並採用約翰·基伊（John Keay）的 *The Spice Route*（2005）、吉爾斯·彌爾頓（Giles Milton）的《豆蔻的故事：香料如何改變世界歷史》（*Nathaniel's Nutmeg*, 1999）和Bertha S. Dodge的 *Quests for Spices and New Worlds*（1988）。我感謝湯姆·史托巴特（Tom Stobart）的《香草、香料和風味》（*Herbs, Spices and Flavourings*, 1970）和伊麗莎白·大衛（Elizabeth David）精彩的《英國廚房的香料、鹽和調味料》（*Spices, Salt and Aromatics in the English Kitchen*, 1970）提供的各種資料。

　　我在為本書收集資料時，許多人都給予我慷慨的協助：提供種種訣竅和故事，開拓了許多新途徑；為我或買或借或推薦好書給我；或

者為我烹調有滋有味的餐點（Stephen Heath 和 Martin Brookes，就是你們兩位）。我尤其要感謝 Ruth Taylor 讓我使用她龐大的歷史烹飪圖書收藏，讓我不必天天泡在大英圖書館裡傳染感冒，或者喝價格高得離譜的咖啡。我要感謝 Matthew Horsman, 遠從加拿大寄來賈德・戴蒙（Jared Diamond）的《槍炮、病菌與鋼鐵》（*Guns, Germs, and Steel*, 1997）。謝謝 Blessing Ohanusi 協助天堂子的條目；謝謝 Joe Luscombe 協助羅盤草的資料；謝謝我的手足 Alex 和 Peter，父親 Brian，及岳父母 David 與 Julia Newman，這兩位對植物興趣濃厚的化學家不辭勞煩，回答我中學程度的問題，還順帶幫我們帶孩子。

我很榮幸能與下列各位合作：Rebecca Gray、Andrew Franklin 和其他在 Profile Books 的每一位同仁，以及我的經紀人，Greene & Heaton 的 Antony Topping。謝謝 Matthew Taylor 細心謹慎地校稿。但若非我妻 Cathy 和兩個女兒 Scarlett 與 Molly 的支持與無盡的耐心，我不可能完成本書。謹以愛把此書獻給她們。好，好 —— 我明天就去清理書房。

單位換算

1英哩 =1.6公里

1英呎 =12英吋 =30.48公分

1噚（fathom）=1.8公尺

1里格（league）=5.55公里

1夸脫（quart）= 2品脫（pint）= 1.14公升

1及耳（gill）=0.14公升 =1/4品脫

1磅（pound）=16盎司 =0.454公斤

1盎司（ounce）=16打蘭 =28.35公克

1打蘭（dram）=1.7公克

1配克（peck，乾量單位）= 8夸脫 = 9.12公升

1格令（grain，英制重量單位）= 0.065公克

1英鎊 =20先令（shilling）

1先令 =12便士（penny）

攝氏 =（華氏 -32）×5/9

聯經文庫

香料共和國：從洋茴香到鬱金，打開A-Z的味覺秘語

2017年8月初版　　　　　　　　　　　　　定價：新臺幣450元
2022年3月初版第九刷
有著作權・翻印必究
Printed in Taiwan.

著　　　者	John O'Connell
譯　　　者	莊　安　祺
叢書主編	林　芳　瑜
封面設計	陳　文　德
校　　　訂	陳　念　萱
校　　　對	宇　　　宏
內文排版	林　淑　慧

出　版　者	聯經出版事業股份有限公司	副總編輯	陳　逸　華
地　　　址	新北市汐止區大同路一段369號1樓	總編輯	涂　豐　恩
叢書主編電話	(02)86925588轉5318	總經理	陳　芝　宇
台北聯經書房	台北市新生南路三段94號	社　　長	羅　國　俊
電　　　話	(02)23620308	發行人	林　載　爵
台中分公司	台中市北區崇德路一段198號		
暨門市電話	(04)22312023		
郵政劃撥帳戶第0100559-3號			
郵撥電話	(02)23620308		
印　刷　者	文聯彩色製版印刷有限公司		
總　經　銷	聯合發行股份有限公司		
發　行　所	新北市新店區寶橋路235巷6弄6號2F		
電　　　話	(02)29178022		

行政院新聞局出版事業登記證局版臺業字第0130號

本書如有缺頁，破損，倒裝請寄回台北聯經書房更換。　　ISBN　978-957-08-4985-1 (平裝)
聯經網址 http://www.linkingbooks.com.tw
電子信箱 e-mail:linking@udngroup.com

國家圖書館出版品預行編目資料

香料共和國：從洋茴香到鬱金，打開A-Z的味覺
秘語/ John O'Connell著．莊安祺譯．初版．新北市．聯經．
2017年8月（民105年）．400面．15.5×22公分（聯經文庫）
譯自：The book of spice: from anise to zedoary
ISBN 978-957-08-4985-1（平裝）
[2022年3月初版第九刷]

1.香料 2.歷史

427.61 106012828